生命的真义

刘战魁 著

中医古籍出版社

图书在版编目（CIP）数据

生命的真义/刘战魁著．－北京：中医古籍出版社，2011.11
ISBN 978－7－5152－0066－8

Ⅰ.①生…　Ⅱ.①刘…　Ⅲ.①生命哲学－通俗读物　Ⅳ.①B821－49

中国版本图书馆 CIP 数据核字（2011）第 196454 号

生命的真义

刘战魁　著

责任编辑　刘　婷
封面设计　映象视觉
出版发行　中医古籍出版社
社　　址　北京东直门内南小街 16 号（100700）
印　　刷　北京金信诺印刷有限公司
开　　本　710mm×1000mm　1/16
印　　张　21.75
字　　数　300 千字
版　　次　2011 年 11 月第 1 版　2011 年 11 月第 1 次印刷
印　　数　0001～2000 册
书　　号　ISBN 978－7－5152－0066－8
定　　价　36.00 元

序

力拓智慧传承教育文化之路

大任于肩：有志者当仁不让

现今国人大多把中华传统文化——儒、释、道、医、易、史等等称之为国学，但是“国学”为何？怕是很少有人说出一二，于是便成为了“中国传统文化知识”的代名词。

中华文化为什么能够历传几千年而不绝？就是因为先圣对于宇宙自然与人自身生命的践证和总结——这些超越古今的生命与智慧内涵，经得起任何时代、任何民族的实践验证。智慧传承教育文化是中华传统文化的精髓，因此她绝不是历史、哲学等范畴所能涵盖的，而是真真正正的树国魂、开万世的立命之学、智慧之学。

可是如今一些搞传统文化研究的人们始终跳不出经史、学术的圈子，这样就使得智慧教育文化离我们现实的生活越来越远了。孔子两千多年前就说过：道是“百姓日用而不知”的。只是没有人真正去践证道——践证无所不在的兼容遍透于日常生活中的智慧内涵，所以这个“日用”被千百年来的知识分子们给一笔抹杀了，而将其束之于学术、礼教、仕学的殿堂，对老百姓的身心和谐、行住坐卧的生活内容没有起到实质的作用。这样的“传统”谁愿意去接受呢？

谁还愿意去践证而“知之”呢？中华传统文化的方方面面都面临这样的问题，就是后人未见证其智慧真义，而使其在实际应用中发挥不了作用，最后来个“传统无用论”就把责任推给祖先了。

举个最形象的例子，现在不少学医者都认为西医是先进、是高端的，而中医过时了。可是有哪个从医者真正践证到扁鹊、华佗“望而知之”的境界？如张仲景直断二十年后发作之病的“上工治未病”之学，于时下西医诊断中可能找到？中医与其他中华传统文化一样，都强调人与宇宙自然共生共存的整体关系、人的身心整体生命运化的和谐性，这些古医家哪个不是生命科学的实修者呢?！而现在很多中医者都流于下下工了，没有把祖宗的瑰宝继承下来。老百姓就看实际疗效，你没这个本事，就使得人们越来越质疑中医，很多从医者自己也对传统医学越来越没信心。归根结底，无用的不是“传统”，而是阉割传统教育文化的后学们！

文化、科技的发展，应该是以人为本的。可是现代人却不断地在制造疾病、破坏自然、影响社会的和谐发展，亲手把自己和子孙后代往坟墓里送。面对这样的现实，我的老师——刘战魁先生的一席话，让笔者深有感触。

先生说：人类文明的发展，必须能够为我们达成身心整体的健康服务，为开发人的根本智慧服务，为繁荣社会、和谐自然服务。如今西方式的科学技术越来越发达，但是在某些方面却给人类自身的生命活动和生存环境造成了越来越大的危害；而人类发展真正需要的智慧传承教育文化在东方，五千年传承未绝的智慧之根在中国！

东方的智慧经典《道德经》、《南华经》、《金刚经》、《薄伽梵歌》……都是永不熄灭的智慧明灯。“智慧传承教育文化”并不是崭新的内容，因为她是五千年世代相传的智慧命脉；同时她又要以全新的面貌出现，要立足于今天的社会现实而赋予其新的内涵，真正为现代人完善身心、和谐生活起到实际作用。并不是我们老祖宗几千年前的文明文化不管用了，而是后人缺乏实证不会用，这就等于是站在了巨人的身旁而无视其存在。我们就是要站在巨人的肩膀上，用生命实证做基础，将智慧教育文化传承下去、发扬开来，这是每一个炎黄子孙义不容辞的责任和义务，更是智慧见证者、生命科学实践者、社会教育工作者责无旁贷的使命。

平实又意味深长的话语，却有着振聋发聩的力量，让人感觉到的是先生“匹夫有责”的魄力与担当。

诚然，从唐装汉服的流行，到成年加冠礼、民间国学热的兴起，国人对于振兴传统文化的呼声不能说不强烈，热情不能说不高涨。在躁动空虚的普遍社会心理的影响下，人们向传统文化寻根是有其必然性的，但同时也不可避免地存在厚古薄今或停留于虚浮表象的盲目性，使之仅仅成为一种社会文化现象，而没有从根本上走向自我身心净化的实证之路、智慧教育传承之路。

现今社会流行着“崇古”和“非古”两种对立的极端风气，其中的本质问题，正是人们缺乏对于传统经典智慧内涵的生命实证。崇古者高喊“取其精华”，却没有践证到其智慧性，没有展现出其社会实用性，如此肤浅的认知很容易被人推翻，相互对立地在理论圈中打笔头仗，这样能拿出什么“精华”来为现实生活服务？非古者则高喊“落后”、“糟粕”，可是实践是检验真理的唯一标准，对于这些传统经典的智慧之理学明白了没有？脚踏实地地实践了没有？绝大多数人对传统经典读都读不懂，更别说去认识其“智慧教育”涵义了。我们必须真正学有所知、行有所得才有资格说“取其精华，去其糟粕”，否则能够知道“取”什么、“去”什么吗？能够知道怎样“取”、怎样“用”吗？

我们不得不面对今天人类正处在智慧教育断层时代的现实，智慧教育文化传承的开拓之路也必然充满艰辛，甚至要面对众多的不理解和非议。但是“知难而退”绝不是借口，“当仁不让”才是智者的风范。我们需要更多像先生一样能够以生命实证为依据、以智慧传承为己任并敢于奉献和担当的人，需要几代人坚持不懈的共同努力。这不正是《金刚经》中所言“荷担如来”的真实涵义吗？“如此乾坤须整顿，应有异人间起，君与我安知非是！”

教育误区：对古智慧经典现代译本的反思

一位老教育家曾经万分感叹地说："我们小时候启蒙教育学的是'人之初，性本善'，而现在小孩子们学的却是'小猫叫，小狗跳'。"于是，我们不得不重新思考"教育"的本质是什么，目的又是什么？

"师者，所以传道授业解惑也。"传道，是人立命修心的最根本的内容，也就是说要先学做人，然后才能学习各种知识和技能。人于孩提时进行正性端身的启蒙教育，如同在新垦的土地种下智慧的种子，否则长大后就会像没有根基只能在水面蔓延的浮萍了。因此，现在间接或直接喝洋墨水成长起来的青年一代，最大的困惑就是如何摆脱内心的空虚和浮躁，而少年一代则越来越沉迷于骄奢放纵的生活状态。这种表面无限风光的"浮萍现象"，最终不得不在自我困惑的疑问中回到对生命之根、教育之根、成长之根、做人之根、文明之根、科学之根的反思中，但反思的结果往往使自己更加迷茫。

正是基于这样的原因，人们开始把目光重新投向经过千百年实践验证的中华传统文化中，以期寻找到人的自我本性之根、智慧之根、生命之根。但是，在如今物质利益高于社会责任与义务的利欲横行之风的影响下，"重译经典"可谓粗制滥造，泛滥成灾。我们要知道，《道德经》、《南华经》、《金刚经》，包括"四书五经"等经典，都是古圣贤智慧实证的结晶，是智慧传承教育文化的重要内容，其言外之意必须以生命实证来契合，绝不是文字工作者的案头文学，更不是懂一点文言文就能够翻译的，否则那些皓首穷经仍感叹力不从心的古人们就未免太过冤枉了。

在先生的指导下，笔者翻阅了众多智慧经典的古今译解版本，其中不乏为后人推崇的名师大家。我们最先关注的是受众最多、对青少年影响最广的现代普及本，面对这些快餐文化生产出来的速成品，别说智慧内涵的阐释，就是连"治学严谨"四个字也已荡然无存了。

比方说在《道德经》的诸多普及译本中，对于“虚其心，实其腹……常使民无知无欲”是这样来翻译的：“减少百姓的思虑而填饱他们的肚皮……永远使百姓没有知识、没有欲望。”对于《金刚经》中“随说是经”是这样翻译的：“所到的地方随便讲讲这本经”。想想看，现代的青年人读到这样被歪曲真义的译本，还会愿意进入传统智慧文化的修习中吗？那些早就把古智慧经典当成落后思想的知识分子们，更会将其视为宣扬愚昧的证明而厌弃嘲笑。

商家打着“经典”的幌子来谋利，而众多读者没有分辨的能力，也就只能跟着这样的商业文化导向转，像这样妄想以浮躁的心性来摆脱浮躁，怎么可能不失望而返呢？

对于智慧经典的译解，如果失去其智慧性的根本内涵，就不可能展现其对后人生命实践、启智明慧的教育性、传承性和实用性。其实早在千年前文人墨客的手上，就已将其桎梏于门派纷争和学术理论中了，以至流弊于今，并且愈演愈烈。从春秋战国时期皆以人为本、以自然天道为根、以社会现实为基的百家争鸣，到秦汉以后分门别教、互相批驳，再到后世重理轻行的舍本逐末，于是就出现了时人对明末儒家“圣人满街走，贤人多如狗”的讽言。印度的释伽牟尼也早在两千多年前就留下了“正法时期、象法时期、末法时期”的预言。

为什么智慧教育文化不能像知识和科技一样越来越向前发展，反而渐趋没落稀罕呢？因为，见证智慧的过程是通过内向性运用意识的活动来完成的，是于提高人的身心健康水平的同时来跃升其智慧境界的生命活动实证的过程；而人们却越来越依赖于外求性的论证方式和逻辑推理，执著于从事物的形式、现象来认知和证明。直到今天，专门做古经典研究的哲学、文学、宗教界人士也仍然盲目地钻进理论学术中，进行艰深繁难的推论。

这样也就不难理解，为什么对《道德经》自古以来就颇多争议，有主张其为消极倒退论的，有主张其为权谋论的……针锋相对，众说纷纭；为什么像《金刚经》这样的超越宗教性的智慧经典，被拘禁在宗教领域，甚至成为玄学、神学的代名词。即便是古代名家也往往因缺少实证功夫、见地不透而妄自穿凿，失其智慧整体性之根本；食古不化而死在前人笔下者也甚多。

比方说对于《道德经》的解读，如王弼、董思靖、憨山等名家也不免将“王公”、“侯王”——人所呈现自觉自由的圣人之智慧境界，曲解为对封建统治者的教导。这样就违背了以人为本的智慧教育意义，与我们每个平常人本所具有的质朴真性、所需践证的觉悟智慧无关了。

没有真知灼见就不能够明了智慧经典的真义，反而自以为是地曲解，然后轻易地就为经典扣上“糟粕”的帽子。作为教育工作者，作为想发扬传统智慧文化的社会各界人士，这样来进行智慧教育文化的研究和传播必然会适得其反。

我们对于古智慧经典的学习和解读，一定要结合现实，为现代人的智慧教育服务，不能盲目地厚古薄今、食古不化；同时，即便是普及性的简析版本，也绝对不能流于庸俗粗浅，尤其是青少年教育读本，表达要深入浅出，但于智慧真义不能有丝毫违背，否则读者必然在误导中反受其害。

“执古之道以御今之有”，能够站在智慧整体观的高度，并做到解析的深入浅出，展现出其教育实用性，归根结底还是需要真正的智慧见证者才能为之。因此不可凭一己之私愿来妄解经典。师道尊严，希望我们的教育工作者、文化传播者们慎之又慎。

师传实录：脚踏实地的践证“手把手”的智慧传承

笔者的朋友圈中也有不少喜好经史者，甚至几十年专研的也不乏其人，往往出言引经据典，似有所得。但是大家却都面临着同样的困惑，就是除了通过博闻强记、理论上似懂非懂的理解，将其用在文学写作或与人论辩上，对于这些传统经典的学习，在我们现实生活中为什么没有为自己起到启智明慧、修身养性的作用？为什么社会关系依然是疑虑而淡漠的，没有起到促进交往和谐的作用？难道真的有所谓的“历史局限”，传统就意味着“过时”吗？

现今市面上所谓“养生智慧”、“处世智慧”、“经商智慧”等等以“智慧”为标牌的流行文化，对普通老百姓来说，为什么看着是那么回事，而到现实应用中却无法下手了呢？

就这样极具普遍性的问题，笔者曾经请教过先生。先生认为：不是古智慧经典过时了，而是千百年来见证到其智慧真义的人太稀罕了。智慧教育文化是无古今、无国界的，其内涵具有智慧性、教育性、传承性、科学性和社会实用性。智慧教育实用的作用之所以在人们日常生活中没有被体现出来，甚至形成了如今智慧文化传承的断代现象，最根本的原因就是——缺乏智慧功夫的实证！

传统的智慧教育文化讲究“修身养性”，这是我们每个人呈现身心整体生命活动的根本。身因“修”而正，性因“养”而和，这是处处不离生命实证功夫的。老子讲“虚心弱志、专气致柔、涤除玄览”，释家讲“四果罗汉、智慧五眼”，无不重于理行并进的践行实证。儒家文化在中国千百年来对社会教育影响巨大，历朝历代无以计数的知识分子皆以“儒生”身份为荣，可其中有几人真正注重“止、定、静、安、虑、得”身心修证的功夫内涵？又有几人真正践证到“喜怒哀乐之未发谓之中，发而皆中节谓之和”的智慧修养境界呢？

就像《南华经》中的故事一样：庄子说鲁国儒者太少了，鲁哀公则认为举国上下的人皆着儒服，怎么能说少呢？庄子答说：“儒者戴圆帽，即知天时；穿方鞋，即知地理；佩彩带玉玦，即达人事而至断。明其道者未必如此穿着，这样装扮的人未必真知其道。如果您不相信，可以下令‘未达真儒修养境界的人，擅着儒装则处死罪’。”果然，令下五天，鲁国就只剩下一位有真才实学的人敢着儒服。

少真知、欠实证的“口头禅”之风非释家独弊，儒道后学皆从其害。“天命之谓性，率性之谓道，修道之谓教”，智慧教育文化的学习者与为人师者，皆当以此为纲纪。三家之言根本皆不离“道”之生命实证！一旦沦为知识、学术的“记问之学”，就必然失其智慧性，无法指导我们成就身心整体的健康与生活应对的自觉自由之智，那么教育实用作用又从哪里来呢？智慧传承又怎么可能不断绝呢？先圣言此“不足以为人师”，嘱后世为人师者切莫“毁”人不倦啊！

如此想来，先生在如今重西学而轻国学的普遍观念下，仍然致力于智慧教育文化的传承，并潜心深研传统中医，以继往圣之绝学为己任；在如今趋利浮躁的社会风气下，仍然能够真正俯下身来，用自己的生命实践，一步一个脚印地为后来人踏出一条更为平坦广阔的健康与智慧的践证之路，实在令人肃然起敬。

对于我们平常人来说，大多研读经典却不能解其真义，想实证智慧却无法下手；书读了不少却不会实际应用，健康没有达成，烦恼没有减少，社会关系没有和谐，自然生存环境日渐破坏。面对这样的问题，先生认为：智慧教育的目的就在于获得身心整体的健康和根本智慧的开发，最终达成人与自然及社会关系的整体和谐性。健康的身心整体是成就智慧的基础，意识修养是达成真正健康的根本，而思想意识必须于日常生活方方面面的点滴小事中去修正，克除自我的偏执性要从产生意识的源头做功夫，从提高事物应对的警觉性入手。

在人的警觉意识没有初步建立起来的时候，不能够自觉修正，那么再多的理论也没有办法付诸实际了。这不是通过知识讲座的教育方式和书本的阅读所能够获得的，必须在实际生活中，由真正明理实证之师进行“手把手、传帮带”式的教育传承，随时随地进行解惑纠偏；而且其中还有一点最重要的内容，就是师者的“言传身教”。

确实，古时候的师徒传承方式有着现代教育模式难以取代的深意和作用。但是，能够跟在明师身边学习的机遇可谓是千载难逢，而现代人们想在紧张忙碌的工作和生活中抽出一定的时间和精力去寻师问道，也是十分困难的。怎样才能让更多的人如临其境地接受明师的教诲呢？因此我们想到，可以将先生的讲课和生活教学内容进行原汁原味的、全方位的实况记录，让更多的人从中受益，这也是我们出版本书的初衷。

“古今中外一切的文化是为人服务的，而不是人成为文化的附庸”，这是笔者初闻先生《金刚经》的讲课内容时发自内心的感叹。以前很难想象佛经的文化原来可以这样贯穿到最实际的柴米油盐的生活过程中，真正成为生活的智慧、智慧的生活。有惑能解、拿来能用，这不正是我们接受教育、学习文化的目的吗？

先生于日常生活中亲传亲授的关于如何学做人的讲课内容也已整理成书，这是现代版的修身立命之书、人生智慧之书，相信每一位读者都能从中感受到属于真正生命践证者的广阔胸怀和博大智慧。书中针对人们现实生活所存在的健康问题与不符合生命法则的各种生活习惯、偏执习性，从饮食起居、生理心理各方面进行了全方位的养生指导，包括疾病的防治和最方便有效的健身方法，以及开智法等“不传之密”，适合社会各层面人士的养生需求；同时，此书从智慧整体观的高度，将开发人的根本智慧、和谐社会、完满人生作为指导我们生命实践的最根本内容。尤其先生对于学生们在修身养性的践行过程中所遇到的各种问题，用最平易的生活语言答疑解惑——家庭关系、子女教育，生活和工作的点滴小事，以及疾病康复、心性修养无所不包——从中我们都可以看到自己的影子，困惑疑问就这样随之而解了。

为了能够将先生及其与学生间交流互动的教育内容、将智慧者生活中的一举一动——身体力行的带动与影响如实地呈现在广大读者面前，我们以近几年的讲话录音为依据，力求做到“真实再现”。为了在生活化的辩证施教的内容中突出理论整体的智慧性和教育性，因此以录音资料为基础，由先生亲自对其内容进行了补充和整理，更利于指导广大读者理行并入地进行身心实践，而在书的编校过程中不做任何雕琢，没有任何粉饰；大体保留生活化、口语化的语言风格，直接展现其亲切平易、幽默睿智的生活对话，让读者学习此书就如同先生时刻在身边耳提面命、手把手地教导一般，这样才能够真真正正地对我们修正意识、完美身心做出最切合实际的指导，因此值得每一位想获得健康、完满人生的朋友学习和践行。

就像一些接触过本书内容的朋友所反馈的那样：“书中内容怎么好像是特意为我讲的，每句话都直指我内心最不愿碰触的困惑、矛盾与不安，让我看到了身心解放的希望。”

师者的“传道授业解惑”正当如此，直指根本！我们愿为智慧教育师承之路的开拓尽最大的力量。

薪火相传：你就是智慧之火的传播者

“为中华之崛起而读书”，这是周恩来总理少年时期所立下的志愿，言犹在耳。究竟从何时起，我们已经失去了这种主人翁的社会责任感呢？

一个没有传统的民族，是无土之花；一个没有智慧教育传承的民族，是无根之树；一个没有继往开来气魄的民族，是无志之邦；一个没有社会责任感的人，是无德之人。前人经过数千年对自然、社会与人生的实践和总结，将智慧教育文化传承至今；“为天地立心，为生民立命，为往圣继绝学，为万世开太平”，则是我们每一位来者对自我生命的回报与义不容辞的责任。

五千年的智慧文明薪火相传，智慧生命的践证当下即始，智慧教育文化的传承有你我同行，人类社会就会有和谐发展的明天！

最后，感谢田静、周彬、罗钰萍、李学敢、阮仕涛、张志强为本书录入和校对工作所付出的努力。

杨　明

二零零九年四月六日

引言

聆听人生真谛的开示，用真爱与智慧的力量来重塑自我，重新燃点生命之火……

◆ 本书概要

《生命的真义》分为人生篇、真爱篇和命运篇。

『人生篇』——怎样才是有意义的人生，怎样才能获得真正的自觉自由、健康智慧的人生？“人生篇”引领我们把握人生的方向，树立智慧整体辩证的人生观，以开阔的胸怀赢得广阔而灿烂的人生。

『真爱篇』——爱是维系人与人之间和谐的纽带，爱是通往实相智慧的本真之路。“真爱篇”，打破世人对爱的自私心态和盲目认知，以无我的真爱与智慧展现出心心相印、携手互助的无限力量。

『命运篇』——人之命运，生长壮老已之不可易，生老病苦死之不可测，是常？是无常？我们要如何面对和把握？“命运篇”，从人与自然及社会不可分割的整体关系中，来揭示现实生活中的人的身心行为活动状态，来认识动态中人的思想言行是否符合生命运化法则的整体要求。通过人的自然属性和社会属性的解读，通过人的先天因素和后天因素的剖析，来认识命运的规律，把握人生的轨迹，拓展生命的空间。

◆ 如何学习本书

1. 泛读与浏览。要打破平时惯性的思维参照模式，建立起整体辩证的智慧参照模式，那么在学习智慧传承教育文化的过程中，就不能凭借知识性理解和逻辑推理，必须先通过“泛读”来奠定智慧传承教育文化理论的基础。切莫执思，切莫强辨。“浏览”式地阅读，可以帮助大家形成记忆中的印象底本，为日后能够与现实的具体生活内容相结合奠定基础。

2. 重复与圆熟。反复习读，不要在文字上找任何规律与关系。直至圆熟，如烙印脑中，为形成一触即发的灵感智慧思维而夯实基础。

3. 运用与自然。在反复温习与研读本套书的过程中，循书中所讲之理法在生活中展开运用。以理导行，以行证理，理行并进地为帮助自己修炼行神合一的智慧功夫建立基础。像这样学习智慧传承教育文化，则会帮助自身逐渐提升警觉意识，终达熟能生巧的智慧教育之目的，为读者的智慧人生服务，为顿现自然自觉的整体映现与辩证应对的觉悟智慧服务。

目录

人生篇

真爱篇

命运篇

人生篇

人生的目标

为智慧文明的发展作贡献

智慧的实证　人生的真义

生命存在的转变

智慧生命力与社会价值

科学的人生观　积极的精进

智慧的实证 人生的真义

有位朋友问了我这样一个问题，她说："我想如果投奔到修身养性、传承智慧教育文化这个事业上来，为了自己肯定不行，为了丈夫、儿子、父母则没有必要。"关于这个人生目标指向何处的问题，我们以前思考和探讨过很长的时间了。我是这样想的。

过去说发大愿，首先是为了普度众生，为众生服务，然后自己才能树立起宏大的目标——了悟人生。我们从现代科学的观点来看待这个问题，其实了悟人生就是使生命活动发生质的变化。人的觉悟智慧，用最通俗的方式说，是源于我们所有脑细胞的运动整合到非常和谐与理想的状态，是通过这样优化组合后产生的智慧功能效应。至于宗教里边讲的很多内容，我们就不去讨论了。

关于人的生命科学，只有当人在了悟人生——即达到了觉悟这个层面上时，有些问题才有探讨的余地。如其不然，讨论那些内容没有用，不如听我们讲一点科学道理，并按照这个科学的道理去做、去践行。像这样去做，就会对自己的身心健康有利，有利于自我意识的净化，以方便我们提高自己的觉悟智慧境界；同时还有利于社会，因为像这样的身心健康与觉悟智慧是有利于社会进步的，其所做所为都是有利于促进人类精神文明进步和身心健康的内容。

生命存在的转变

人生命的存在形式是分很多个层面的，要不然怎么会说“物以类聚，人以群分”呢？有的人，其生活方式和绝大多数人生活的方式就是不一样。按照宗教中的说法，对于那些富裕的人，生活好的人，说他们已经具备了福德；而对于那些贫穷的、经济上非常窘困的人来说，那是由于他们不具有这方面的福德。那么对于修身养性的人，又需要具备哪些条件才能进入呢？任何一个真正的行者，都需要具有的条件包括四大要素：法、侣、财、地。而且古智者们又说了，命的贫贱确实是可以通过自己修证①智慧的不断努力而发生转变的。

通过我自己的生命实践证明，人的生命存在是可以发生逆转的，只要你能够达到那个层面之上，就会获得自然的转化。那么在哪个层面上才有可能发生转化呢？当人五脏六腑之气呈现出和合的生机，而使自己常保中和之气，在那个层面上，人自己的命运就会呈现自然的转化，如此贫贱之命便自然转成富贵命、智慧命了，但那需要花很大的努力才行。关于这些问题，可以参考一下以前所讲的关于命运的内容。

如果人的命运转了，那算不算了悟了人生呢？还没有哪。因为那个气还只是五脏六腑之和气，以后还得把五脏六腑和合之气的精华信息升到上丹田去，与上丹田的信息能量进行混化，借此来濡养人脑的组织细胞，使人脑的智能效应功能重新得到整合，从而为开发人的觉悟智慧服务。所以佛家有这样的一种说法：眉间（上丹田）

① “修证”，即修行践证，强调修炼实证；“修正”，即通过自身修治而使偏离正道的身心活动转为中正，强调偏正中和。本书按照句义表达的不同，对二者进行区分应用。

以上属于无色界，无色界以上的智慧空间是没有生死的。但是，我们不管这个原理是什么，我们就管自己实实在在地活着，健健康康地活这一生。

我们大家如果在这一辈子能把自己修好，假如有来生，那么来生也是好的。如果我们这一辈子修成功了，了悟人生了，那不就是佛家所说的拥有不可思议多的三千大千世界吗?！而且可以在这个所谓的三千大千世界里边，做一个自觉自由的、净化了的、有智慧的人。但是，你不要去追求下一辈子如何如何，你不能把自己的生存状态寄托于妄想中，而是应该把你现在要活着的这几十来年过好。

智慧生命力与社会价值

人需要学会当下！当下起觉，当下放下，这样才能呈现自觉自由的觉悟智慧境界。起码我们现在作为普通人，要做一个既在生理上获得健康，又在心理上保持稳定的人。那么在这个基础上去转凡入圣才有可能，呈现根本智慧才有希望。

平时我们开导人是这样讲的：只有当你的脑细胞发生改变，各种信息都优化组合了以后，当你了悟了人生——其真心自性与宇宙之道体德用全合之后，那么对自己的子孙后代，对周围的环境——无论是自然环境还是社会人文环境，都将具有不可估量的影响，将产生不可思议的社会效益，也就是说能够对社会做出巨大贡献。那时，我们会看到自己的亲朋好友，都能随我们了悟人生后而发生改变。关于这一点古人也说过，道家文化中有讲过“一人得道鸡犬升天”。它形象地说明了人与自然及社会环境中的各种事物，都是能够挫锐解忿、和光同尘的。这既是人自身智慧的生命力的展现，又是人生在世社会价值的全面体现。

一个人生活在这个世界上，他的生命价值怎样体现？就是体现在与自然及社会的各种关系中，达成与自然关系的平衡，通过社会关系的和谐来展现其社会价值。这时人就不是以我为中心的生命存在，而是呈现身心整体的生命和谐状态，呈现人与自然及社会的整体和谐状态。那么人的一切自然关系就与自然事物的运化规律相符合，展现的就是和谐共存的状态；人的一切社会关系也会协调融洽，在各种事物的应对上就会展现出觉悟智慧的境界，这样才是人最大程度地创造了自身的社会价值。你作为社会中的一员，为人类社会的发展、为人类智能的跃升作出了贡献，这才是修身全性的目的，这样的人生才是有意义的人生。

如果我们展开来想一想，假若我们不是某一个人，而是有五个或十个人了悟人生，走向觉悟了；那么这五个或十个人，每一个人再按照“传、帮、带”的方式带四个觉悟的人出来，用自己的生命去拥抱四个人，我想不用一百年，人类就会出很多的大智慧者。因为我们不搞宗教，我们不是要到天国、到佛国去，我们就是要好好地活着。其实人能够如实地、好好地、没有障碍地活着，那就是极乐世界！

当社会上一切的事物不再成为自己生命活动的障碍——无论是思想上的，还是行为上的——而且自己还能立于这个社会环境之中，做自己力所能及的事，利益大家，利益众生，那么我们为社会作出的贡献就会是巨大的，为人类真正的文明发展、人类智能的进化，都将会作出很大的贡献。

如果我们每一个人都以我为中心，学习和工作是为自己得到利益，修身养性就是为了自己觉悟，抱持这样的目的去做事、去修证，那肯定是没有办法获得大成就、大智慧的。因为你的心胸就那么一点点小，你的思想在狭隘的同时，生命的道路就随之变得非常地曲折、狭窄。像这样的人，其生命能够展现的力量就会非常弱小了，生命价值显现出来的内容也是很有限的。所以我们每一个人，每一个修身养性的人，不要困在自己这个生命的小天地里，一定要有广阔的心胸、高远的志向，要能够放怀世界，展现出为全人类造福的觉悟智慧境界。

科学的人生观 积极的精进

过去修身养性的人，在了悟了人生以后都成佛成仙走了。如果我也有这样的想法就到庙里去了，何必传承智慧教育文化呢？我会给人治病，会中医，也可以搞些预测，还会一点面相术和风水术，要不了两年就发起来了。但是那样不解决问题，那样搞就会助长迷信宗教、神学宗教之风。

所以我觉得，我们还是应该建立一个科学的人生观。对过去那些高功大德的身心经验，我们再通过亲身的生命实践经历一遍，在这个基础上，我们结合现代的科学知识文化来发展、发展、再发展。我们要力求使自己做一个身心健康而长寿的人，不是为了单纯地追求长生不老，而是真正地去尽自己的责任和义务，为人类文明的进化作贡献，那才是落到实处了。这不是空说，我本人是积极努力地为这个目标而奋斗的！

我以前举过例子，教我中医的有位老师姓黄，她们家的祖上就是宋朝的一位大诗人，而且还是一位大觉悟者。据说他们家族有一脉从宋朝到现在一直都是很好的，这一脉发展了八九百年没怎么衰败。这说明了什么？前人种树，后人好乘凉。所以他们家的这一脉直到现在，其子孙后代都是国家名牌大学毕业的，即使在上世纪70年代那样的境况也是这样，都是社会有用的人才，这就是人类的福啊！

所以我想在这方面进行探索。由于我们不搞宗教，所以应该找一条新的路，探寻生命科学之路，走智慧教育文化传承之路，应该没问题。我们大家一起共同地好好努力，人如果自己没有本事是帮不了别人的。在十几年前，我是搞过六年专业康复研究的，也取得了非常好的效果。我当时还只是一个初到康复部的老师，能够产生那样好的效果，首先是依凭于混元整体理论的指导，受其教育和启发。并且，在这十几年中，我也是用自己的生命在践行、见证智慧教育文化的真实性、可靠性、实用性、科学性。我自己亲身证明了这么些内容。

我能够达到今天这样的智慧功夫水平，与我的各位老师有着根本的、直接的关系。但是，我目前所见证到的智慧功夫水平还是非常肤浅的，所以才会想着用更多时间、在更高层面上来净化自己的身心。因为在修身养性、净化意识的方式方法方面，虽然都说行住坐卧不离“这个”，但是在行住坐卧之中都存在着动与静的关系。既要了解动的存在，还要践行静的境界；既要见证动中的静，又要去践行静中的动。我用了十几年证明了动中的静，那么以后我还要再花十年来证明静中的动。像这样去践行才能得证动静一如的“净寂圆融”的觉悟智慧境界。像这样去完善人生、净化自我，尽可能去见证圆满净寂的境界——道之绝对真理，应该说是一个圆满的途径和探讨生命科学的方法之一，也是我们人生最根本的目标。

谈人生观

一个礼拜一晃就过去了，时间流逝得真快。对于我们每一个人来说，光阴应该是非常宝贵的。我们的家长们、长辈们和祖先们告诉我们：一寸光阴一寸金，寸金难买寸光阴。所以我们应该在改变意识的过程中争取时间，在社会关系的方方面面，在现实生活过程的点点滴滴中，在行住坐卧的细行中改变自己。

人为什么活着

人这一辈子，说起来是挺奇怪的；回忆起来，其实也是既平常又平淡的。如果你觉得一生中有很多现象不理解，那么就会感到很奇怪了。人在这一生的生活当中，应该会有很多的困惑，也会有很多的曲折与磨难。如果因此而障碍了自己的生命活动，那么这一辈子就是曲折、磨难与困惑的人生，没有幸福可言；如果人在这一生当中，虽有曲折、磨难与困惑，但并不障碍自己的生命活动，那么自己就会觉得过得非常愉快，好像没觉得怎么样，也就在不知不觉中过来了。因此像这样的人生就是舒服、快乐和幸福的，时间也会在不知不晓当中流过。

但是我想问一问大家，我们的人生到底获得了什么、做了什么？获得了哪些有利于自己身心健康的东西？做了什么有利于大家和谐的事情？我们应该是反省一下自己的人生经历，反思自己所走过的路，看一看是否利于自己的身心，利于自己的行为活动内容与活动过程。我们在利于自己的身心、利于自己行为内容的过程中，是否符合了我们这个社会的各种环境，是否遵循了我们作为人在这个社会中生存的法则。这些内容确实是非常重要的。

咱们基本上在每一个礼拜里就可以见一次面，总是像这样去教、去帮就显得有点奢侈了。因为我现在所讲的内容太多，大家一下子消化不了。修身养性是需要理行并重的。我们大家在这一个礼拜里边，做了什么？改变了哪些？实质上，我觉得大家应该去看一看《了凡四训》，学习了凡先生是如何一日三省的。最近有位朋友学习了《了凡四训》以后，很是感慨，其思想意识的变化是比较大的。我们暂且不去评论了凡先生的觉悟程度，即便是他每日反思反省的自我修养作风，就已经很值得我们借鉴了。

其实所谓的修身养性的内容，并不是像我们在平常生活当中所认识、所追求的那种刺激或是神奇的东西，而是什么？而是那种平静的，那种平淡的，那种平凡的现实生活的内容和过程。尽管我们作为社会的人，在社会当中要进入到社会的生产劳动领域，为大家服务，为社会服务，但是在这个过程中，作为我们自身的生命存在来说，心应该符合宁静而祥和、清净无为而快乐的要求。我们内心的动静，应该是像这样去符合生命的喜悦，就仿佛是在生命的长河之中自然流淌。这就是我们所要追求的，是那种既不刺激，而又平凡的轰轰烈烈的生活过程。人的生活意义不在于生活的本身，而在于生命本身的存在内容和自然运化过程。

自古以来，人们总是探讨着这样一个命题：人为什么活着。平常人认为："人活着就是为了吃饭，是为了享乐，享受生活。"历史可以告诉我们，在整个人类历史的发展过程中，除开那些极少数觉悟者，其他绝大多数的人都是这样过来的，他们寻找着自认为生活当中的亮点，寻找生活当中的刺激与神奇，寻找生活当中所谓的满足与幸福，比如吃喝玩乐的这样一个过程。所以一般的人，他们的人生观就是：人活一辈子，如果不吃点，不喝点，不玩点，不接受点挑战，不带点刺激，或者是不带着幻想去生活，那这一辈子就算是白活了。

而千年以前的哲人是这样总结的：有的人活着是为了吃饭；而另外一些人，他们吃饭是为了更好地活着。因为作为人的存在，不仅仅只是一个生命本能需求的能量摄入的问题，在更高层面上，人区别于动物的本质内涵就在于人有主观能动性，有主观能动作用；人有适应环境、顺应环境和改变环境的思想意识和行为活动，这种意识活动能够主导人的生命活动。有这样一些本质内容在里边，所以每一个人的人生观就不一样。

人生观决定不同的人生

每个人的人生观不一样，那么其生活的态度就不一样，内容与过程也不一样。社会中大体上存在着上述这么两类人。如果还有第三类人，就是既想把现实生活当中的吃喝玩乐享受了，又想把自己的精神生活内容丰富起来。有很多人想把这个生活过得潇洒，过得圆满。那么我们说，在你没有觉悟之前，这个结果是不可能实现的。作为人的一生，时间是非常有限的。一天 24 小时：睡眠是 6 ~ 8 小时，8 小时的工作，余下的两三小时用于做饭、吃饭，有的人还要用两小时甚至更长时间往返于工作的路途当中。像这样余下还有多少时间为咱们所向往的潇洒生活服务呢？

那么作为一个人，究竟应该怎么活着，才最符合生命存在的意义呢？从古至今，只有极少数的人在真理这个层面上、在道这个层面上去热爱生命。古往今来，任何一个追求生命真谛的人，他们都是忘我地践行，无我地探索着人与自然及社会相和谐的生命运化规律，把自己的追求与自己的生命活动结合起来。我们把这样的践行内容与过程就称之为修身养性、修心全性。关于这样的自我完善、自我净化的内容，从实质上讲，就是修正我们平时在生活、学习、工作当中的一切思想与行为，使之符合生命存在的规律性。那么，这些内容就叫做修身养性，实质上是对生命活动规律的探索与实践。

从历史的演化过程来看，只有这样极少数的人，他们是时时刻刻地全然于生命活动之中，那种轰轰烈烈的程度涵盖了人存在于每一天的24个小时之中，但又是极其平常，极其朴实无华的。不像人们现在所过的生活，寻求新鲜、寻找刺激。在生活中去找刺激，去追求那样所谓的绚丽多彩的生活。

每个人都会延续自己祖辈所走过的路，都会经历红尘中的世俗生活。人们以为自己是在寻找那种完美的生活内容，其实不然，而是恰好住在那不完整的、偏执了的、残缺了的、刺激了的、贪欲无明和愚昧无知的生活境界中，而且还把这些内容当成是绚丽多彩的、五彩斑斓的世界。所以，当人觉得自己就是生活在五彩斑斓、绚丽多彩的世界时，其实不然，那只是自以为是的错觉与假象，与符合生命法则的内容毫无关系，困惑与贪执一刻也不会离开这样的人，即人的那个偏执僵化的思维参照模式。

人的幸福总是相似的，而不幸却各有各的不幸。什么是幸福的概念？俗世中的人们认为，幸福就是拥有名利或自以为是的情感。所以，常人就是因为执著于这样的一些概念，才会因此而生困惑，因困惑而障碍住了自己的人生。其实，人的一生是一个运动变化的过程，是一个有升也有降的发展过程，是一个没有固定准则的过程。而在常人的眼里，没有准则是不可能的，因为固定标准的思维参照模式是俗世之人生活的根本内容，他们都是在这样固有僵化的思维参照模式中去感受人生、感受生活的。

那么，人幸福的概念到底应该如何定义呢？其实一个人，只要当自己感觉到了满足，那就是幸福。幸福总是相似的，只要自己的欲望被满足，我们就会觉得幸福；不幸的总是各有各的不幸，其实那些所谓的不幸就是没有被满足，自己的欲望没有被满足就自然地产生了疑惑、愤懑、曲折、痛苦和不平等……

对于人的幸福总是相似的，人的不幸却各有各的不幸这一现象，咱们再归纳总结一下：不幸，从形式上看，各有各的不幸，但从本质的内容上来看，就是愿望没有被满足、被达成。那么我们很多的人有这样的愿望，那样的愿望。例如做买卖的人，当挣了50万，他会想："50万的目标完成了，我还能否挣80万？"当80万挣完了以后，他想："我能不能挣150万？"当人的欲望不容易被满足的时候，那么我们所获得的幸福也就是暂时的现象了。

知足常足 适可而止

其实幸福的本质内容是什么？它的内涵是什么？是和谐啊！我们人的幸福就应该是感受到了和谐，是一种身心的和谐存在。那么统计一下，我们每一个人，在每一天的24小时当中，你有多长时间是处在和谐的状态中？又有多长时间是不和谐的呢？在这或多或少的时间中，存在着和谐与不和谐的内容在里边，那么还有多少时间是平平淡淡的，是那样朴实无华的、平淡无奇的生活呢？

实质上，人的生活本来是平淡的，就像高山流水那样平平常常地流动着。如果你总是不断地产生过度的欲望，超出了生命活动正常的范围，那么必然需要你透支生命力去达成欲望。像这样违背生命运化规律的思想和行为，就算能够因此得到一时的满足感，但很快就会尝到自种的恶果——透支自己的精、气、神，这样必然会促使自身生命力过早衰竭，那么人自我身心的和谐就消失了。这就是人把自己推入到分别、执著和妄想之中，而自然产生不幸的根本缘由。一旦无法达成自己的妄想和贪欲，那么你就会始终生活在不满足中，生活在幻想中，那怎么可能会有生命的和谐、生活的和谐呢？

所以说，每个人对幸福观的认识，都应该是在自我净化的过程当中完成的、或不断地被提高的。怎么样才能得到真正的幸福？那就需要我们体认生活，与生活的本真内容达成和谐。和谐是怎么达成的？以前的智慧者已经给我们总结好了。像古语所说的“有容乃大，无欲则刚”；老子说“夫唯不争，故无尤”，“去甚，去奢，去泰”。人啊，你得学会知足，知足者常足，知足者常乐。人在做任何事的时候要学会适度，要知道适可而止。如果对幸福的概念像这样去理解，那我们就是在觉悟智慧的这个根本的意义上去界定它的。

大家也知道，在现实的社会生活中，每一个人都有他们自己的人生观，这样一来就决定了不同的人对幸福的观念和看法都不一样。一个宗教徒的幸福内容，是通过外求——祈祷神性而获得的。其实，在宗教产生之初，是通过祈祷的方式，使人产生全然的诚信而走向内求，以此来达到开发人的觉悟智慧的目的。但是现在的文化都变了，包括宗教方面的文化也变了，变质了，变味了。所以现在人们在祈祷的时候，总是会按照自己的心愿来感受，好像感觉到了平安。不过当他们因此而内心能够感到满足，这个时候自己也觉得是幸福的。而一个做买卖的人，当他赚了一笔钱，不管这个钱是多还是少，只要符合了自己的心意，那么他就觉得是幸福的；作为一个文化人，当他写出一篇小说，心满意足的时候……

社会中人们的现实生活都是这样的。不同的人有不同的满足感：当官的人，走仕途的人，当他升官的时候，他会感觉到非常地幸福与满足；当一个学生考试成绩考得很好的时候，符合了自己内心的愿望的时候，那么他就会觉得幸福……所有的人感觉到满足、感觉到幸福的这样一种经历的过程，以及这种思维参照衡量的标准就是一种观念，这叫什么？叫人生的幸福观。而所有在事业、在生活当中经历到曲折和磨难的人，都会形成痛苦观。而所谓的痛苦观，是因自己不满现状的观念、观点和概念所形成的，同时也是人走向幸与不幸的分水岭。

不管是幸福的内容，还是不幸的内容，这些都是人生观中的具体内容。因为任何人的人生观内容，都是从小就开始建立起模式了的。我们的父母以及亲人，还有各种社会关系的帮助和教育，为我们打下了形成人生观的基础；而我们则会在各种关系的应对中，把这些帮助、教育的模式及内容，与具体事物相结合。像这样逐步形成的各种观念、观点和概念，是随着年龄的增长而慢慢地建立起来的。一个人人生观的形成：一般萌芽于少儿时期，建立于青年时期，成熟于中年时期，固执不变于晚年时期。

人生观的两大内容

人生观的内容，一般来说有两大支柱性内容——情感利益与物质利益的内容。

第一个内容，情感方面的内容。从小的时候，自己的父母对自己的爱，建立起了最初的那种情感，那是一种家庭式的道德伦理范畴的情感。所以说，在那个时候，在我们小小的参照系里边形成了一种思维参照模式，在这样的模式里对那种最初的情感进行了定义，认为那就是一种“爱”。

随着人的成长，我们长大了，就会感受到有老师对自己的爱，有哥哥姐姐对自己的爱，有自己的亲朋好友对自己的爱……这样就形成了各种各样关于爱的概念。当自己成长为正常的青年人以后，婚姻的要求就自然地出现了。通过谈情说爱，那种爱又会和自己的生理功能——性结合上来，也就是人们说的所谓爱情，或叫“性爱”，并把性爱扩展到爱情的内容里边了。

在我们成长的过程中，周围很多人都无私地给予了我们许多的爱。如果一切围绕着人家对你的给予，把这种观念树立起来以后，它就成为了未来自己障碍自己人生的一种观念，因为你不断地在那儿分别。我们从小建立起来的参照系的内容就是父母爱我，不需要让我付出；兄弟姊妹爱我，并没有对我提出另外的要求。人们总是在爱的时候，去给予，不管是有条件的还是无条件的，那么作为接受爱的这一方，他就不断地在认识，有一个什么样的认识？有一个形成了以自我为中心的那种私心的、利己的、我执的爱的观念和形式存在。

这种观念和形式的存在，将阻挠我们人生真正获得自由。因为自己建立起来的这种参照衡量事物的标准，就像古城墙一样不变，就好像古老的神话里边的那种城堡一样，把我们的主人翁牢牢地圈在了城墙的里边，城堡的最里边，那个最小的屋子里边。而人真正的那个主人翁——自性真我，就被自己感官功能的需求、要求和欲求所形成的观念、观点和概念这个假我所淹没。这样人的觉悟智慧就不可能得到自然的呈现，这是一重重利益的城墙和情感的城堡在障碍着咱们人生的结果。

另一个内容，就是物质利益方面的内容。从小父母给我们喂吃的喝的，随着年龄的增长，当自己成长成熟以后，自己有能力谋生存的时候，就形成了自私的利益观念。在社会生活中，在与人交往的过程中，人这样的情感与物质利益自然地产生了对立面。这种对立面的形成，使自己特别执持、在意自己的劳动所得，形成了这样利己的占有欲的价值观念。那么，这种以我为中心的价值观，在成长过程当中积淀成为什么？成为衡量一切物质利益或情感利益的标准。它形成了另外一堵城墙，或者说是另外的一种经济利益的城堡，它把我们的主人翁，从另外的层面上卡在了城堡的地下室中——地狱里边。

所以说，一个没有觉悟的人，是不可能生活在自由的空间里边的，而是生活在地狱里边。为什么？在人与人的交往过程中，可能会出现这样的情况，任何的一句话都可以障碍你，使你感受到不舒服或是痛苦。因为，人们在社会生活交际的过程中，所说的每一句话，都可能会涉及人的情感利益，或者是物质利益。所以，这就是我们所讲的人生观当中所包含的内容，也是应该引起我们每一个人注意的东西；是关于人在成长过程当中，对自己所拥有的或是所见的，以及对一切无形与有形事物存在所形成的观念、观点和概念。

例如，因为自己能力大了，挣了一点钱。由于挣了一点钱，其内心中就不愿意把它给人，是因为它是自己的劳动所得，是因为自己的精神和身体共同有了某种付出的概念，也是与自己从小到大的过程中，因不付出而形成的观念相对比、互为参照的结果。然后这种不愿意付出的观念所形成的习惯，便构成或是形成了平常人的这种思维参照模式。像这样的思维参照模式，就使得人产生了对自己的劳动成果因认可而不愿意付出的现象，想完全地占有它，这就叫私心、私利或是自私的欲望。这样的观念存在于人生活的各种环境和各个层面中，并不断地障碍自己。

所以在我们的人生观当中，其实就存在着这两大方面的内容，那就是情感方面的和对经济物质利益方面的观念内容。有的人说“刘老师你讲得不全”，是的，但归根结底，人的存在在今天世俗的社会里边，都可以归结到这两大方面的内容之中，或者说是因这两方面的内容而滋生了其他内容。

觉悟者的智慧人生观

只要我们知道这两方面内容形成了人生最大的障碍——绊脚石的时候，我们就可以通过自我意识的修正来拆除这些城墙。拆除城堡的这个过程，就是解放自我的过程，就叫什么？这就叫做修身养性或是净化自我的内容和过程，也可以叫做改变人生观的过程，还可以叫做重新塑造自我的过程，还可以叫改造自我的过程，同时也是恢复真我之性——主人翁的本来面目的过程，开发人的觉悟智慧、恢复人的自立、自主、自强和自由的成长过程。总之，不管用什么样的名词、概念，都是表达了这样的内涵。

其实，我们修身养性的过程，是自己那个“真我”，那个“法性”，或者说那个“佛性”，或者称根本意识的“体性”，把它立起来成为什么？成为自己的主人翁——真正的主人，而不是随感官功能的需要向外驰求所展现出来的那些东西。平时我们脑子里面的任何观念观点，都不是自己那个主人翁呈现出来的本质内容，而是什么？仅仅只是我们人后天所形成的参照系标准的内容在那儿作怪！是我们所谓的人生观中的是非观与价值观在那儿做主！

那么人是否在见证到觉悟智慧以后，就没有了人生观呢？这是一个大是大非的问题。是什么样的大是大非问题呢？是人觉悟和没有觉悟，世俗的人和出离了世俗的人的分水岭之所在。

世俗的人有人生的观念，那么超脱世俗的人、走向觉悟智慧了的人，有没有人生观呢？也有！只不过与社会中平常人的人生观不一样。世俗社会的人，他们的人生观只是符合什么？符合利己的两大愿望，那就是围绕着情感利益和经济物质利益来服务的。

而出离了世俗情感和物质利益的那种人，是在成就了觉悟智慧以后而展现出来的那种自觉自由的人生观，它符合什么？它符合“道生之，德畜之。生而不有，为而不恃，长而不宰”的主人翁存在的这种本质内涵，符合这种根本真理的存在要求；是以不垢不净、不增不减、不断不常、无内无外、无始无终、无涯无际这样辩证统一的智慧整体观作为参照事物的标准，也是以此来建立思维模式的。只有像这样，才能符合宇宙自然的绝对真理存在，符合任何事物都处在不断运动、变化、发展中的这个自然运化规律的要求。所以说觉悟与不觉悟，二者的本质区别就在这儿。

有的人可能会认为，人在成就了觉悟智慧之后，就没有其他的任何境界了。我告诉你，一个活人如果没有任何的境界，那么像这样的人是根本就不存在的。佛祖讲法四十九年，在这四十九年的过程中，随着自己智慧觉悟功夫的增长，就存在有不同时期、不同环境的不同境界。讲到最后了，要涅槃了还有涅槃的境界。所以佛祖说：“说法四十九年，一字未说。”还有个“一字未说”的境界自然地呈现出来，只是这种境界不是一种形式和概念，而是生命运化的本然呈现。

所以，我们要明白人生观到底是什么。人生观就是我们对人生存在的态度，这个态度取决于我们的观念。有的人说镇江醋好吃，有的人说山西的陈醋好吃，到底是哪个醋好吃？取决于每个人自己的需求与观念。由于地域文化的差异，黑人以什么样的美为标准，黄种人以什么样的美为标准，白种人、西方社会以什么样的美为标准，这就受民族、文化、习俗以及人生观的界定来区别。

但是对于一个自觉自由了的人来说，他的这种观念，就是只要符合生命存在规律性的内容，都是美的。这个“美”，不是我们所认为的世俗美的概念，而是自觉自性、自洽自足的和谐性的呈现。这也叫人生观，但是这种人生观也就是后来人们通常所说的世界观或宇宙观，即人与宇宙自然混融无间的智慧整体观。

人对一切事物的认识和看法，就是因自己所持的观念来确定的。对！就是来源于个人的观念。一个获得了圆满觉悟智慧的人，其人生观与俗世中人的人生观是有区别的：后者是狭隘的自我主义者，而前者就是以生命的本真淳朴之性为本底的自然无为的大智慧人生观，二者是存在有本质上的差异的。

生活的土壤 生命的本真

所以我们每个人，都要站在包含智慧整体观在内的人生观的高度上，去认识自己的生命活动，去认识自己的身心行为活动，这对我们生存的意义是非常大的。我们应该怎么样去进入？好像说着说着就不好理解了，就脱离开了生活，其实不然，我们人在生活当中的一切观点，存在的一切观念，都是我们人生观的内容。

人需要学会主动去改变自己的命运。鉴别一个人的命运是否获得了改变，其实质就在于是否改变了自己旧有的、狭隘的、僵化的和固执的思维参照模式，是否改变了偏狭自私的人生观。改变自我偏狭人生观中自私利己的僵化的观念，就在于提高自己对生命活动和身心行为的认识，对自身的生命运化规律的认识，对生命科学理论知识的认识，而不是外求感官对象的那些享受方面的内容。如果人执意要求获得自我想象中的所谓平等自由，追求自我主观印象中享受生活的内容，我可以明确地告诉你，那是永远都不可能实现的。

人要想改变自己，就必须要有追求真理的愿望，要有践行智慧的决心才行。只有在这样的条件下，人才能调动好自己的主观能动性；人的生命活动才能呈现出符合生命活动的运化法则，人的身心行为才能朝着符合生命真义——实相智慧的那个方向去追求、去践证！

而人不能随自我的主观想象去追名逐利、贪求物欲。如果人住在这样的妄念之中，那就会引发很多矛盾、困惑和磨难。如果人执意地生活在这样虚妄不实的境界中，那是肯定不会获得健康快乐与和谐幸福的生活的。如果人执意追求能够刺激感官功能的所谓享乐的生活方式，我可以明确地告诉持这种观点的人，那是永远都不可能实现的，因为人的欲望比天高。人要想真正地改变自己的命运，就应该首先把自己的身心健康搞好，把自己的智慧境界提高，把自己与周围的环境和谐好，这才是硬道理。

所以，请大家在学习了这些内容之后，就需要随时放下刘老师所说的那些观点，以免产生偏执性。我们讲的内容是需要通过实践来证明的！

正在遗失的教育文化

教育文化与文化教育的辩证关系

教育和文化的真正涵义

思维参照模式的形成过程

错位的教育与偏执的溺爱

攸关民族兴亡的智慧教育传承

对利益文化现状的反思

教育文化与文化教育需共同发展

培养孩子需要教育与文化。教育与文化的课题范围非常大，然而其在我们整个人类社会发展的历史长河中，又是一个关系到民族兴旺和国家昌盛的大问题，同时又涉及我们每一个人的成长。那么对于这个问题我们应该如何认识与具体实施呢?

教育文化与文化教育的辩证关系

当今人类文明的发展和社会的进步，都依赖教育与文化——教育的文化和文化的教育。关于这样大的一个课题，我们是想从智慧传承教育文化和智能生命科学的高度来认识教育文化与文化教育在培养孩子方面的重要作用。

对于教育文化与文化教育的认识，我们要运用一个原理和一个观点，那就是：辩证法的原理和智慧整体观的观点，并站在智慧整体观的高度来运用辩证法的原理。

教育文化不是我们人类独有的一种生命延续的文化现象。其实我们大家可以通过《动物世界》这个栏目来了解这样的内容，有很多动物在成长的过程中，也同样是离不开生存教育的。只不过我们人类自身的智能要比它们高级，因为人具有更高级的智能，有更复杂的思想意识活动。

我们认为，从人生命成长的自然要求上去看人的传承教育，它是人的生命得以延续的纽带，是我们人作为人自身存在的一种不可缺少的过程，也是生命存在的内容；从人类集体的社会存在和发展的需求上来看教育文化，它是人类这个集体的社会活动存在和延续发展的必然要求，是人类集体智慧共存与和谐发展不可缺少的过程，是人类认识自身和认识大自然最基础的内容，是我们人类的类本质功能外化的结果。

从人的生命成长的自然要求上去看人的教育文化现象，它是人的生命力存在的一种外延，是人的智能和自己内在能量外化的展现，是通过自己存在的各种实践活动进行混化之后的结晶，是教育发展的结果。文化教育是人类社会各种族集体存在和发展需求的产物，是人类的类本质——即不同层次人的智慧和能力在顺应自然和社会时的具体运用，是对人类自身的这个自然的认识和改造——在生产力和生产关系、经济基础和上层建筑以及在自然科学和社会科学领域外化的结果。

教育文化的目的，是关于人如何建立符合社会规范的人生观；文化教育的目的，是如何培养符合社会存在需求与发展的人才。

教育与文化在我国古代，实质上是教育包含着文化，而文化则在流行于世的过程中必然包含着教育，它们是这样一个辩证的关系；文化是通过教育来展开的，教育里边贯穿着传承的文化内容，它们是这样的一个发展过程。

教育和文化的真正涵义

在过去，由于生产力不是很发达，人们过的生活还是非常地质朴，在社会生产力和生产关系方面能够体现出来的，都是非常淳朴的内容，所以文化和教育没有分立，没有分开。我国文化与教育分开的历史时期主要是在上个世纪初，那个时候开始了新文化运动，真正的文化与教育在那时就发生了变革、发生了变化，那还是在解放教育文化体制的时候，在教育不断改革以后。

但是，我们怎样来看待教育的涵义呢？教育是一定要通过文化手段来展现出来、把它展开的。教育的内涵，包含着培育培养新生的这种存在力量，新生的人群，成长起来的人群，让他们认识、让他们具备独立的生存能力，能够真正地在未来融于自然，融于社会的生活当中。

从另一个层面来看，教育是个培养生存能力的文化。它是培养人有独立生活能力，并能够与社会以及自然相融合的过程，是一代生命培养另一代新生命成长的过程。教育是通过人的生命力外化的展现——文化、语言、行为等方式方法，来培养一个人身心的具体内容。教育就是表达这样一些内涵。

文化的涵义怎么讲？文化是我们人类自身智慧的结晶，是人们在社会劳动过程当中，在人与自然活动的过程当中，总结出来的经验，通过文字归纳、总结、升华起来的理论知识。文化既可以通过文字表现出来，也可以不通过文字表现出来。像诗歌、小说都属于前者，而舞蹈、美术、音乐、戏曲等等也是一种文化。

然而，在我们今天这个社会里，教育与文化基本上是分开了。从教育的涵义来看，从它表达的内容上来看，法定教育是通过文化的熏陶，通过人生的方方面面，来培养一个人成长，使之成为符合我们今天这个社会规范要求的人。这是教育通过文化所要表达的内容。

文化要借助于教育使人们能够学到知识，在社会上立足的方方面面的知识。文化是一种工具，教育是文化的本质，文化是教育的内容。但是现在呢？随着科学的进步，生产力的发展，教育与文化脱节了。现在大多数的人，只注重文化方面的学习，只是把教育里边关于如何教育人们学习科学文化知识这方面的内容强化了，从而失去了教育本身的最本质的内涵，那就是：如何做人。

在培养新一代方面，我们既要看自己的长辈，也要看看自己驾驭生活的能力，还要看看现在的孩子的独立生活能力，通过比较就会知道几代人之间的差距。现在的人们，包括孩子们，在学习社会文化，应对社会关系，独立实施具体生活内容时，所体现出来的人生态度是怎样的呢？只要我们用心观察一下，就会发现他们是否接受过真正的教育。

教育里边包含着一个人在成长过程中对社会伦理道德，对社会文明的礼仪、习俗，以及对社会政治、经济、社会制度、法律等等的认识。它应该是一个具有相对规范的内容，符合当代社会的要求，是这样的一种模式，才能称为教育。人被培养出来，在现今的这个社会里，是不可能培养出一个具有封建社会意识形态的人的。如果这个人是从那样的一种思想境界里面出来的，那么对我们今天的社会来说无疑是倒退了。

但是，在今天的社会之中表现出来的是什么样的呢？我们现在有好多的小孩子是一种什么状态呢？从对社会所生产的商品和物质产品的浪费方面，我们就能看出来，小孩子是有教育还是没有教育的。例如，小孩子用手纸是毫不计较的，不管是浪费还是不浪费。有的孩子在擦手时是不用毛巾的，而是用手纸，他就把那个卫生纸拽出来用手挽，挽得不想挽了，一扯就擦手了；还有的小孩在洗脚的时候，他不用毛巾，他就用卫生纸来擦脚。这是极大的浪费！如果养成了浪费的习惯，那么像这样的行为活动就会在生活的过程中各个方面不知不觉地体现出来，是具有破坏性的。

另一个就是我们现在的这些人，养成了不少毛病，如自私自利的习惯。大多数人只顾自己的利益，在社会生活的交往中，不管是对自己的亲人、朋友，还是工作中的同事，都会以自己的利益为中心。像这样的社会现象告诉了我们，现在已经没有了人生活在人群当中的那种和谐共处的氛围了。我们大家共同地处在一个环境当中，应该是有和谐性的，人们的关系应该也是融洽而又友善的。但是现代人们的生活过程就是这样相分离的。比如，当我们回到家的时候，把自家的门一关，隔壁左右四邻从不往来，大家相互之间不认识了；即使是认识了以后，关系也是非常地平淡、陌生的。

我们人应该是生活在群体当中的人，可是现在已经产生了这样的一个现象，人与人之间、邻里之间、同乡之间、朋友之间等的关系开始出现互不关心，甚至相互背离的状态，你不用关心我，我也不用关心你。但是我们回忆一下，在20年前、30年前、甚至40年前，隔壁哪一家有个什么问题，街坊四邻都能够帮帮忙。哪家如果有个老人病了，那么其他街坊四邻甚至于比他的亲人关照得还要好，马上就给送医院；而现在呢？人们之间的关系，不是以利益来维系，就是变得很冷漠了。

其实，人们生活在社会这个大家庭之中，确实是需要相互帮助的，如果因不方便缺少了什么、拿不到东西，大家都是可以帮帮忙的。家里边来了亲人、来了朋友而家里没人，邻居都会好心地告诉人家“他们家里没有人，你有什么事跟我说”，甚至于款待留下隔壁邻居的这个亲人或朋友，直至邻舍下班或外出回来。

而今天的社会关系出现了这样的一种现象，人们之间互不关心，大家相处以利益为先。如果没有利益的关联，那么即使是街坊邻里、同事同学，或是亲人朋友，彼此之间都表现得比较冷漠。这样人群中就很少发现和谐的现象，至少人们之间相互关系的和谐度远远不如三十年前了。因为每一个人都是自己生活在自己的一个小小的空间里面，缺失了人与人之间的沟通，也缺失了这种关爱与真情。

为什么会出现这样的现象呢？因为旧有的教育体制已经被打破，新的教育体制还未形成。社会发展的快节奏、高效率，也使得我们没有时间和精力去培养或去接受教育。所以人也就自然地缺少了友爱与真情。这种爱是怎么培养出来的？是通过教育的文化来反复地熏陶的，是通过社会伦理道德规范和行为活动准则的文化知识来灌输的，也是通过家庭和社会中长辈对晚辈的言传身教来传承的。

但是，现在的人们已经缺少这样的熏陶、灌输与传承，因为大家把搞活经济放在了第一位，把仕途地位放在了首位，把追求名利和感官享受放在了重要的位置，这样一来也就忽略了教育这个关于人健康成长的根本要素。因而就自然地重视能够带来眼前效益和社会文化需求的知识，重视科学知识、技术知识、娱乐知识等各种各样层面层次的文化教育的学校，还有各种传媒如电视、电影、网络通讯和文学作品等等。一个人接受文化知识的学习教育，不能等同于接受教育文化的内容，尽管它们之间有很多内容是相似的，但是它们的内涵却是不一样的。

中国古代传统的教育法告诉我们："师者，所以传道授业解惑也。"这个"传道"，就是教学生如何做人，做一个符合生命运化规律的人，做一个和谐生存环境的人，做一个有觉悟智慧的合道顺德的人。以前教育是很严格的，师父先要考验弟子的品性，指导教育弟子，达到符合社会伦理道德标准的时候，才会"授业"，也就是传授技艺和知识，把"传道"放在最前面。

现在国外，尤其是在亚洲，有很多的国家和地区，像新加坡、韩国、日本，我国的香港、台湾这一带，还是把中国的儒学文化不断地展开。儒学这个贯穿人共性的、涉及伦理道德以及人涉世立足的修养等等方面的内容，是比较全面的。但是有一点，它被打上了封建社会那个历史阶段的印记，就是统治阶级为了束缚人民思想来保障自己的利益，把这样的教育文化给歪曲了。随着社会的发展，人类文明的进步，这个文化需要改变发展，需要后来的人们根据时代的要求去丰富、完善它。但是迄今为止，这个文化没有随着社会的进步而被完善起来。

在教育子女方面，《三字经》里有一句话："子不教，父之过。"现在我们的父母是怎样教育自己的孩子呢？小孩子一要钱就给钱了，一要玩具就什么玩具都给买，基本上是不顾一切地满足孩子的欲望。这样满足孩子欲望的本身，是不符合生命成长规律的。一个人在很小的时候不断地被满足，像这样做就很容易使孩子养成一种贪欲的习气。在人的生命规律里有一个适应性，当适应性发展到一定程度的时候，这个适应了的环境反映到人脑里边，产生了一种物质沉淀——形成贪欲的习气。这样一来必须要得到满足的想法就会在不经意间出现，如果不被满足，就可能造成所谓自尊心方面的一些伤害，进而形成激进的、分裂的人格，甚至走上犯罪的道路。

这就是我们现代人没有注重教育而产生的后果，因不懂得教育的本质内涵，而不断地满足他人或孩子的欲望。父母不断地满足儿女的要求，总是以己心度人，害怕自己的儿女吃亏，害怕他们吃苦受累，而不懂得“人生一世，草木一春”是有规律可循的，不懂得在社会中生活是“不如意者常八九”的。不懂得培养人的关键，就在于不懂得如何提高人适应社会生活的生存应变能力，不懂得培养人提高适应与自然发生关系时身心健康的状态和水平。

思维参照模式的形成过程

因为自己不懂得教育文化的重要性，所以盲目地满足孩子的愿望。好像觉得自己吃过苦，所以心想“我再吃点苦也不要紧，得让孩子享福”，像这样盲目地溺爱孩子的过程，同样也是一种错误的教育法，是愚昧无知的教育引导法。像这样去满足他们，是享福吗？因此他们在人生成长的过程中，所获得的很多经验已经偏颇了，这都是在培养孩子贪欲的经验和懒惰的经验。这样孩子在成长过程中需要建立起勤俭、坚忍、独立等人生经验的机会就没有了、丧失了。

为什么会有这样的说法呢？人在 3 岁以前会形成思维模式的雏形和印象；7 岁之前就会形成最基本的模糊的思维参照模式。所以才有“三岁看大，七岁看老”的说法。人到了十五六岁时，其基本的思维模式已经形成；18 岁至 24 岁时，人的基本思维参照模式就已经形成；从 20 多岁到 35 岁时，人的思维参照模式已经成型。因此大家都会知道人在这一时期，其人生观已经形成，所以处在这一时期的人，其思想意识活动的观念观点都已经形成了偏颇的固执性。从35岁之后到55岁时，人的思维参照模式所产生的意识活动就已经出现了固执僵化的现象；人到55岁以后，其思维参照模式中演化出的思想意识活动内容已经变得非常固执、僵化和狭隘了。希望大家把这些内容认识清楚才行。

所以，只要一接触到或讲到教育这两个字，就会讲到孩子的教育，因为认清教育的重要性能够帮助下一代人健康成长。今天讲到了思维参照模式的形成过程，这是非常重要的内容，属于规律性的东西，而且人类社会之中所有的人都是经过这样的阶段成长起来的，其思维参照模式形成的轨迹，就是这样发展变化的。如果我们做父母的不能把自己良好的人生经验传承下来，而一味娇惯溺爱自己的孩子，那么人生的宝贵经验就会变得没有意义了，而在不知不觉中建立起了宠坏孩子的经验。任何一个人的成长，都会凝结着成年人的经验和智慧、或贪欲无明、或愚昧无知的教育文化内容在其中。只不过这三者之间的比例，在很大程度上决定了人在社会生活中的生存能力，人生经验以及文化素养。

错位的教育与偏执的溺爱

教育文化是帮助人如何适应或应对好社会生活方方面面的事物的。可是现在当父母在培养子女的时候，基本上培养成不会洗衣服，不会开煤气炉子，不会做简单的自己生活所需要的食物，不会面对陌生人，在面对新的环境时就感觉恐惧等等，出现了这种低能儿的现象。这种现象在社会上已经产生了很大的影响与共鸣，但是在社会中还是有大多数人不明究竟，不知道为什么会有这样的结果。最关键的原因，就是不断地满足小孩子的欲望造成的。一开始可能是2毛钱、2块钱、20块钱、200块钱……当父母一旦不能满足小孩欲望的时候，这个小孩在家庭中就有极大可能出现叛逆性的行为。

另一方面的原因，是在社会文化现象方面，存在隔代养育孩子的现象。现在有不少爷爷奶奶辈的、外公外婆辈的，这些长者们隔代教育小孩。从隔代教育小孩这一方面来看，确实是给自己的儿女减轻了包袱，但是在祖辈、父辈和子辈之间出现了情感真空，做父母的这一代人就丧失了养育孩子的经验。现在养育一个小孩都是非常困难的，也是非常匆忙的。但是，当我们站在智能生命科学的高度来看这样一个问题的时候，就会认识到人的情感是通过父子之间、母子之间来传递的。在祖孙之间传递很容易造成孙辈与其父母之间产生一种代沟，而且会很快产生这种代沟。

这样一来，在儿童的成长过程当中，他们所形成的人文环境印象和思维以及知识结构，都与当前的社会发展错位了，这样他们对人与人之间交往的情感认识和形成的概念也不对了。因为爷爷奶奶不断地用自己已经过时了的方式来呵护小孩。大家应该知道，呵护的方式也是一种教育法。现在的爷爷奶奶们，这些祖辈们不能用符合时代节奏、符合时代的文化、符合时代的精神的方式来教育小孩，而是用超过了父母辈年龄的阅历，那种深沉的阅历，那样一种在文化层面上有空白、在情感上有缺欠的方式方法来培养小孩。这样小孩长大以后，很容易造成的结果就是产生情感真空。一旦情感上有真空了，他与父母的情感交流就会疏远，对父母这一辈人的认识就不能全面了，那么结果是当孩子走入社会之后，就自然缺少了对父母这一年龄段的人各方面的认识。

这样就出现了对上一代人亲情关系既不认识、又不会应对的现象。他所形成情感的参照模式是什么呢？就是爷爷奶奶的那种特有的关怀，那种无微不至的爱护，那种不用自己给予而完全被满足的宠溺。因为父母曾经生养了小孩，但是没有负责教育小孩，教育小孩的这个过程丧失了，这是一个原因。然而还有更深层次的影响和现象产生，在这样一辈子孙的后面，孙辈、重孙辈的社会问题与社会矛盾就显得更为强烈了。

当做父母的已经升格做爷爷奶奶的时候，由于自己在养育小孩的过程中没有经验，没有情感付出的经验，因此也就不懂得人与人之间的沟通与交流；那种父母如今作为祖父祖母，对子孙儿女这种教育的情感，他们没有这种经验。然后随着一代一代人对情感的淡漠，整个社会的教育文化也就退化了。不仅如此，随着教育文化的退化，随着教育文化退化过程中接受教育的人们的成长，整个的社会意识形态也发生了变异。这样的情形对社会文明的进步和社会文明高潮的到来，是有非常大的影响与障碍的。教育与文化、教育文化与文化教育对民族的兴亡有很大的关系。

教育文化与文化教育是两码事，现在我们丧失了的就是教育这一方面的文化内容，现在发展起来的是文化方面的教育。对于文化方面的教育，有很多做家长的在孩子的学习方面，只要自认为孩子是在刻苦地学习，或只要学习好，孩子有什么要求，这些做长辈的什么都会满足。像这样去娇惯儿女的生活内容也是一种教育法。这些孩子本来是能够接受全面发展的教育的，可是现在有不少长辈却在孩子的成长过程中，不知不觉地教育孩子向偏执的、一味索取的人格方向发展。这种有缺陷的人格教育方式，给孩子的自身和家庭以及社会的和谐，都会造成直接和间接的障碍。

大家不要把教育看成是很简单的一件事。传承教育和教育文化是贯穿人类进步的纽带，是人类文化进步的阶梯，是人类文化延伸的传导媒介。我们说，如果教育与教育文化没有一代一代地传承下来，就会产生教育文化信息遗传的变异。当我们教育的遗传信息发生了偏移，那么对社会的发展就会产生直接的障碍。

如果人与人之间缺少了语言的交流和情感的交流会怎样？如果人与人之间没有语言的交流，就会形成语言文化的真空；语言文化真空的出现，自然会给人与人之间的关系造成荒漠，自然会给社会科学文化、自然科学文化与技术文化的发展造成障碍，形成真空。如果没有人与人之间的情感交流，就会出现情感的真空；情感真空的出现，就会自然导致各种情感的偏颇。尤其是今天我们现代化工业革命、现代化工业文明以及高度社会化的通讯网络发展，带来这种真空的局面和现象更加的严峻，这种差距变得越来越大！

攸关民族兴亡的智慧教育传承

一个民族为什么不能兴旺100年、200年、500年、1000年？为什么不能正常地兴旺发展？就是因为在这些看似很小的方面丧失了教育，在点点滴滴的生活内容和过程中失去了传承教育文化的内容，大家从来也没有像这样去认识啊！虽然，我们的古圣贤之人——老庄的自然道德学说和孔孟的儒学，以及其他的诸子百家等，在两千多年前就把这些内容讲清楚了，也讲得非常透彻，但是我们的文化随着人类文明的进步，很多本质的东西在发展的过程中被遗忘了。

现在70岁以上的人，如果在解放前还上过私塾的话，那么他们就会学习《弟子规》、《百家姓》和《三字经》等，如果要学更深层次一些的内容，就还需要学习《大学》、《中庸》、《周易》、《道德经》和《南华经》等等。为什么要学这些内容？学习这些内容是干什么用的？就是学习做人！学习如何做一个符合时代、符合社会规范、符合生命规律的人，学习做人的一种准则和标准。如孔夫子的一生，就是致力于如何使教育文化真正地贯穿到每一个家庭、每一个子孙中去。一个民族，一个国家，如果有了完整的符合智慧传承的教育文化，那么这个民族和国家就有了发展的希望和途径。如果能够把符合民族和国家的智慧传承教育文化运转起来，那么这个国家就会不断地进步，民族就会不断地兴盛。

可是近百年以来，随着教育文化体系的改革开放，中国古典的传统的教育文化内容已经随着文化改革的步伐，把那些旧文化的糟粕连同精髓一起丢弃了。我们失去了很多教育文化中的瑰宝，使之不能真正地让我们认识到传统教育文化的精髓。我们今天的讲课只能算作是抛砖引玉，现在已经有了很多有识之士，他们已经开始重视教育文化的内容了。

但是，如何才能真正地确立起教育文化的繁荣和兴盛呢？确实是需要从关于人的生命成长规律上去认识。因为人的思维参照模式和社会性就是从一两岁开始，到28岁的过程中逐步地建立起来的。在这个层面上去认识教育文化的重要性，无疑就得从人自身与自然以及社会这个关系的整体的高度去认识，站在智慧辩证法的高度去认识，站在智慧整体观的高度去进入、去研究、去实践、去发展。我们只有像这样去进入，民族的希望、国家的富强才能不断地持续下去。

中国也有几个朝代是比较兴盛的，每一个朝代都有一个兴盛期。为什么？春秋战国时期，战乱纷纷，战乱以后就是百废待兴，百废待兴以后就是文化昌明，文化昌明带来了社会的繁荣，带来了人类文明的进步。但是，也就是在这个社会的繁荣时期，社会中的人们就开始忽视了教育体系的传承文化内容，而一味地贪图人生的享乐，享受这种文明的繁荣昌盛，而导致了社会中人们的成长缺乏了符合生命运化规律的智慧传承教育内容，缺乏了符合社会生活的伦理道德和行为规范方面的教育文化素养。这样整体的社会意识形态就会逐渐地从繁荣合理时期衰退至恶性的矛盾时期。

为什么要这样讲呢？因为整体的社会意识形态是由不同层面层次的人群的群体意识形态构成的，而群体的意识形态是由单个人的个体意识形态组成的。大家知道吗？这单个人的意识形态又是由所受传承教育文化的本质内涵所确定的，而人所接受传承教育文化内容的时期正好是儿童和青少年时期。这样我们就能清晰地认识到，每一个个体的人的意识形态的形成，都与整个社会的整体意识形态有关系，而且社会中的任何人都会受这个整体的社会意识形态的影响与制约。这也就是世俗社会中的任何一个人不容易“跳出三界外”的根本原因。

所以任何人要走超凡入圣达真之路，就需要“跳出三界外，不在五行中”。只有这样，人才有可能超越整体的社会意识形态的束缚，同时为整个社会发展的和谐化进程起到推波助澜的作用。当然，人要真正地见证跳出三界外而不在五行中的智慧觉悟境界，那就得需要花自己毕生的经历去为之奋斗。只有这样，人才有可能进入到超凡入圣达真的自由王国；社会中每一个人都向这样觉悟智慧的方向努力精进，人类整体智能的跃升才有希望。这是我们站在社会意识形态的高度来看待教育文化的发展。

如果我们大家能够站在辩证的历史观的高度来看教育文化的内涵，那么我们就会知道，中国的古智者圣贤们没有一个不注重教育文化的本质——传承性内容的。如古代五千年以来的黄老哲学与孔孟之道，再加上大乘佛学中般若部的内容，这些都是智慧传承教育文化中最睿智的光辉典范。这些内容的本质内涵为中国几千年以来的精神文明建设作出了巨大的贡献。当然，我们只是从教育文化的层面来说黄老哲学、孔孟之道与大乘般若部的佛学内容的，与现代社会中人们认识的道教和佛教文化没有关系。

从典籍中看黄老哲学的发展，我们可以知道春秋末年是黄老哲学的成熟期，孔孟之道从战国初开始形成。但是，从古至今却很少有人知道孔孟之道的教育文化体系是对黄老哲学思想细化的内容、社会化了的内容。

到了汉朝的时候，也有一个发展的高潮。但国家为什么会衰败呢？就是在教育这个问题上忽略了。为什么会是这样的结果？一个国家的衰败首先是从教育文化的衰败开始的；一个国家的繁荣富强同样也是从教育文化的崛起开始的。难道说过去的皇帝们就不学习这些文化吗？不是的，每一代皇帝都学习，但是每一代皇帝都因选择自己的需要而丢弃其他。这样丢弃的内容多了，那么教育文化的精华也会在不知不觉中丢弃了，当然这其中遗失的东西就是最关键的教育文化的智慧性，这种智慧性就是教育文化的本质内涵。

如何从教育文化这个高度上去认识人的生命力与生命的关系、与自然存在的关系，以及与社会存在的关系，并去解决这些问题？从古至今都没有能够解决这些问题。今天我们在这个层面上提出这样学术探讨的观点，为将来的人们在这方面进行研究找出课题。

对利益文化现状的反思

在唐朝的时候，也曾经繁荣了几十年，甚至于到清朝的时候还有个“康乾盛世”。史料记载“开元盛世”百十来年，“康乾盛世”近百年，而实际上这期间能算得上兴盛的都只有几十年。为什么也就那么几十年，过去之后也就不行了？为什么不行了呢？

看看我们的现在不也是一个盛世吗？中国的现在就是一个和谐的盛世。当和谐盛世到来的时候，我们就应该警惕了，警醒教育文化与文化教育是提高国民素养的基础，是发展生产力的基础，是和谐生产关系的条件，其重要性是不言而喻的！对于我们子女的教育，需要从生活的独立性、从意识的修养性、从身心整体健康的和谐性方面着眼，从勤俭、节约、吃苦和耐劳等诸多方面去进行整体的要求。只有这样，人的成长才能得到全面的发展。

小孩子在成长过程当中应该学会吃苦，这都是过来人给我们总结好的经验。一个人如果能够吃苦，那么“吃得苦中苦，方为人上人”。人要吃苦，就不要选择环境。但是我们现在的家长，就是尽力为自己的孩子不断地创造一个自认为的良好环境，并且常持这样的观点：我小时候吃苦吃够了，现在得给我的小孩把各方面的外在条件弄好。有穿的还不行，要穿名牌；有吃的还不行，要吃高档的；有玩的还不行，还得要玩最贵的；有同学一起玩还不行，还得找更高级、更复杂的玩具，像电脑啊……殊不知，这些外在的条件，却为孩子形成贪欲的偏执性奠定了基础。

像电脑游戏、电子玩具等这样一类的所谓高科技含量的东西，是促使人形成狭隘、孤僻、多疑和偏执的儿童玩具，因为儿童的成长不仅仅只需要开发自我智能的自然属性，还需要使其认识和掌握群体交往关系的技能，那么孩子们一起游戏玩耍就是开发出孩子们自我智能的社会属性的良好方法。所以教育文化和传承教育的内容，应该从开发自我智能的自然属性和社会属性着手来进行整体性的培养，这是人形成思维参照模式、形成人生观的最重要的内容。

人如果不能认识到教育文化和传承教育的内涵，那就是社会成长中的人们形成偏执性思维参照模式的重要原因。如果社会中的人们没有受到好的教育模式的培养，那么素质素养低下的人们，就会自然地成为社会发展过程中的障碍。所以我们认为，没有良好的、或不重视教育文化和传承教育体系，是社会从繁荣走向衰败的重要原因之一。

当小孩的兴趣全部都放在电脑上的时候，就只学电脑或游戏，而不学文化和社会交往、生存技能了，这些同样是在接受教育，然而所接受教育的内容与其接受教育的实质性目的却大相径庭。像这样极力地给孩子提供方便，孩子就会形成依赖懒惰的毛病而不能健康地成长。这就是造成民族衰败、国家落后的重要原因，社会的发展也会因此而退步。

我们平常所说的溺爱，如果溺爱体现在教育的方方面面，那么我们的子孙后代就会成为不适合社会节奏和文化发展以及阻碍社会科学进步的人。像这样的孩子就已经变成一个偏执的人了，因为做父母的给他们创造了一个形成偏执性格的环境。这样一来，做孩子的就不想动脑筋了，也不会动手了。

举个例子，我有个中医老师，他是如何教育他的小孩的呢？孩子在小的时候做作业，是老师布置的家庭作业，有些地方做不出来就会问父亲，父亲看了一下就说：“哎呀，你就别做了，我帮你做吧。”然后父亲给他把作业做了。当参加劳动的时候，父亲因为疼爱自己的孩子，就让孩子别做了，父亲来做。小孩子之间玩游戏，产生了打斗，因争抢产生了矛盾，做父亲的站出来打人家的小孩。十几年如一日地以这样的方式“培养”小孩，结果导致小孩不能成为一个正常的人。

这个孩子我看到过，他吃的时候要吃好的，喝的时候要喝好的；长大后他没有工作，一个月得花一千多块钱，在生活中处处讲排场、要面子，脑子里面有无数的幻想，想挣大钱……而在现实的生活中，任何一个实际的工作他都不会做、不愿意做，嫌苦、嫌累、嫌时间长等等，不断地选择环境。为什么会出现这样的结果？父亲的溺爱！现在父亲的年纪大了，这个孩子已经30岁了，有时候在家里不如意，眼一翻，就跟他的父亲说：“你不拿钱给老子，老子就走。”这也是溺爱教育模式中培养出来的孩子，培养出来的一个自私自利、狭隘、贪欲和偏执的结果。像这样的现象，都是我们做父母的人在教育方面的严重失误啊！

如果有很多父母都以这样的方法来教育小孩，那么我们的社会秩序、民族的希望和兴旺、国家的发展和富强就完了，就没有了保障，这是一方面内容。另外一方面，就是我们的家长盲目地培养自己的小孩，而不是教育小孩学习文明，学习礼貌，学习如何做人、如何与人相处，学习如何宽容和认识人的心理等等。其实在这些方面，我们的父母是有能力的，我们做父母、做爷爷奶奶的有能力去告诉正在成长的小孩，让他们学习如何做人，如何符合这个社会的行为规范，如何做个利己利人的人。

现在的社会，有没有人敢说我就可以脱离开这个社会制度去生存？肯定没有！在今天的社会当中没有这样的人，谁也脱离不开现实的社会生活环境。科技可以兴国，教育才能使人才倍增啊！缺乏教育文化的民族一定不是一个兴旺的民族！

现在，当吃的东西不缺的时候，我们的孩子就什么东西都不愿意吃了。如果现在一样的菜做两遍，他们就不愿意吃。这个挑剔的分别心是谁造成的？就是我们这些为人父母的造成的啊。我们现在的生活宽裕了，说这个东西没有什么吃头，那个东西没有什么吃头，时间长了小孩也变得挑食了，学会挑食了，这是我们做长辈的人在无形之中把这种不健康的认识、也是一种偏狭①的教育文化熏陶给了孩子——选择、挑剔、不认可，这种固执、分别的想法在生活之中潜移默化地教育了小孩。比如打麻将、抽烟等不良习气，很多都是父母在生活中“熏陶”给孩子的。例如我有一个朋友，他的小孩读初中，父母就允许他在家里边抽烟，是父母让他抽的。父母说：“哎呀，这个孩子的精神太紧张了。”在我们去他们家玩的时候看见的就是这样的现象——支持他抽烟。现在我们做父母的就是这样在教育孩子啊！

有人说，我们不可能用这样的方法，我们用另外一种方法，用激进一些的方法去教育孩子行吗？培养小孩具有高度的竞争力。在孩子太小的时候，你就教他竞争力干什么？通过奖励的方式来教育孩子，“你把这个做完，我拿东西奖给你”，结果是小孩完成了自己应该完成的任务，同时也学会了不符合他生命成长的那些观念，做什么都要求有回报，形成执著利益的人生观。像这样小孩能正常地成长吗？

在社会上也是一样的，电脑网络里什么游戏都有，什么文化色彩的游戏都有。这种文化在不知不觉当中熏陶了我们的子女，熏染、影响了孩子们的心灵啊。其实孩子娱乐的过程也是一种接受教育的方式，如果给孩子脑子里面的参照系内容，增加了不健康的内容和因素，那么就形成了一种不符合生命成长规律的内容和思维参照模式了。

两千多年以来，中国的文化一直延续着对人生命力的认可，强调内求诸己，追寻、探求身心合一的整体健康。可是现在的文化变

---

① 偏狭：即偏执狭隘，是人的偏执性使然；词义与常见的“褊狭”形容狭小有很大区别。后文皆取此义。

了，教育的模式也变了，强调外求于学习文化知识和科学技术，忽略了社会是由人构成的，忽略了人生命活动的生理和心理基础，而教育文化正是和谐社会生活不可缺少的内容。现在是放弃了传统的教育文化内容，但是新的教育文化体系又没有形成，所以现在正是缺少教育文化的时期。

看看现在的社会生活，我们就会明白。在电视和电影里，无一不是强调刺激的画面。如进口国外的枪战片、打斗片等。在文学领域也是一样的，为了提高经济效益，满足人们的感官寻求刺激的需要，在文学作品中，或明或暗、或隐或现地增加对两性生活的描写，说那个就是“爱”，“爱”就是那样的。在有些广告里也存在这些现象。像这样刺激人的欲望和利益心态的各种各样的影视剧，各种各样的广告宣传，以及各种各样的文学书刊等等，都在潜移默化的过程中影响着世人的人生观，所以现在的人们连什么是真爱都不知道了！

现在，世人在经济利益的诱导下，对于什么是爱，自己都不知道了，观念已经模糊了，都搞那些比较刺激的东西去了。所以有不少人把性爱当成了“爱”。很多电视剧或电影里，一开始谈“爱”就有床上的镜头。这些文化从哪儿来？大多是从国外来的。文化领域里的很多现象都是这样，这是人类社会于现阶段存在的普遍现象。

今天的人类在不断地强调现代科学技术文化的同时，却对人自我身心存在的认识变得越来越模糊了。为什么会出现这样的现状呢？从根本上来看，由于放弃了古文化中的“人天整体观”，所以人对自己的身心整体认识不足，不知道人与自然、与社会的关系应该是和谐的整体，对于这些观念已经是非常地模糊了。因此说人对于今天的社会文明以及科技文明的认识还是非常肤浅的，肤浅到把人生命的感官本能需求——“性欲”当成了爱，即把本能的情趣当成了真爱，这是一种误解，也是一种谬误。所以说，各种文化宣传对我们身心的熏染，是我们这个社会资本经济形式下的特点和特征，较古代的文明、古代教育文化的内容发生了翻天覆地的变化。

记得在我们小的时候哪有枪战片呢？没有！社会秩序相对于今天来说已经非常安定了。可是现在把这些“利益”文化引入以后，没有制定出一种正确的引导制度。这个文化引进来不要紧，但是在下面要加一个文化的注解，你要注解这个东西是不利于人成长的要求的。例如警匪枪战片、间谍破案片、夸张疯狂的妄想休闲片等等，因为像这样的娱乐文化会引导人走上犯罪的道路，如拿刀砍人、杀人、吸毒和诈骗等犯罪活动。各种各样的娱乐商品对孩子们的影响是极大的。像电脑游戏、儿童卡通节目等，有很多内容都对孩子的成长造成了不好的影响。造成小孩不读书、吸毒这样的结果，盲目地从国外引进的文化是其原因之一。

在现在的学校文化教育里，没有强调教育文化这方面的内容。现在的“三好学生”只要“成绩好”就行了，“德好”的要求削弱了。所以这些小孩能不能爱护同班同学，能不能自觉地、主动地去为他人做好事，都被忽略掉了。德育被忽略掉了，也无疑助长了孩子们向自私利己的方向发展。

记得在我们小的时候都是自觉地去为他人做好事的，那时候有教育文化倡导，倡导向雷锋同志学习，倡导向王杰叔叔学习，有为人民服务的精神；向邱少云叔叔学习，董存瑞炸碉堡，刘胡兰、江姐等等，学习一不怕苦、二不怕死的牺牲精神……难道这种教育文化就那么可笑吗？那么荒诞、荒谬吗？在这样一种教育文化的熏陶下，确实使一代人真正成长了，现在成为各行各业发展的中坚力量了。

当然，这其中还有一个教育引导的尺度把握问题。可是我们的下一代该怎么面对呢？我们是用什么样的文化在熏陶？我们的下一代，涉及国家的兴旺与发展。在教育文化发展方面，今天在我们的社会里已经非常缺少内容了。学校里几乎只是象征性地安排一些活动，说这教育的问题是家长的问题。现在的电视、电影、游戏对孩子有那么大的吸引力，为什么不能在这样受孩子关注的方面，发展一些有利于他们身心成长的教育文化内容呢？能不能在这样的方面多生产一些道德文化教育题材，来引导我们的孩子们呢？当社会文化领域还没认识到这方面内容的时候，我们能不能从我们自身开始认识，开始做起呢？这个值得我们去探讨。这个就是我们讲课的内容，而且需要我们在更高、更广阔的领域里进行研究和探讨。

现在的人们就是重视了小孩的学习成绩。我的小孩也一样，在武汉的同龄学生排名中是两千名以内，那成绩已经蛮好了。当我们发现她身上出现不符合社会生活行为规范的内容时，在引导教育她而她还不能接受的时候，我们还要严厉地惩罚她。为什么要罚她？是为了纠正她在成长过程中出现的不正常的行为和心理现象。一个人学习的知识都是用来为社会服务的，但是只有知识是不够的，还必须要有符合社会要求的行为规范和准则，这是教育的目的所在，也是人存在于社会的必然条件。

有人说，处罚这个东西不好，它不合理。什么叫合理？你所谓合理的东西，你心里愿意的东西，它能给社会带来贡献和财富吗？如果能带来贡献和财富，那就是合理的；如果你觉得合理的东西却不能为社会培养一个好的人才，不能把他们培养成长起来，那么你自认为好的东西就不是合理的，它就是一个谬误，就是需要我们修改的内容。处罚其实也是一种教育方式，处罚本身不是目的，而是一种教育的方法和手段；它的实行也不是盲目的、暴力的，而是需要有智慧的教育法。

教育文化与文化教育需共同发展

一个民族缺少了教育和教育文化，这个民族的兴旺和发展也是不能长久的。不要总想着我们自己这一个家庭，我们每个家庭的繁荣与昌盛都是社会的缩影。我们应该去重视，应该去学习。今后我们要找些资料出来，最好是能把《大学》等古经典里的内容讲成白话，或释义成大家能够看懂的文字；然后再结合今天对社会文化的认识来宣传它，我想对每个家庭都是有好处的。这不仅关系到每个家庭的健康与和谐，而且还关系到整个社会的安定与团结。

从自然的角度上看，从人作为自然的人这方面来看，我们通过这样的培养，让孩子们在成长的过程当中保持一个和谐良好的生理和心理状态，这样才有利于下一代人的身心健康和智能的提升，有利于社会的和谐发展与繁荣。

每一个人的成长应该伴随着一定的曲折。曲折、苦难和不被满足，是一个人成长过程中必须要经历的内容。这种经历的过程是走向正常成长的关键要素，它是人生命成长过程当中非常关键的内容，是一个规律。在一般情况下，满足成长过程当中人的自然需求可以，但就是不能满足他们的要求和欲望。比如人在成长过程中是有需求的，如果能够满足个百分之五六十就够了，其他的就需要激励他们自己去努力、去奋斗来获得。如果我们百分之百地去满足他们，那么他们就没有奋斗的要求了，没有成长的动力了，你也就不能把这个生命真正地培养成有用的社会人才。如果你在每一个方面都去满足成长之中的人，那么无疑的你就是在破坏这个人生命的和谐性。我们要站在这样整体的高度去认识这个现象，人不能总是想感受自我观念中的所谓幸福啊。

还有一个，就是人成长的规律性。一个小孩什么都有，什么都不缺，条件很好，一点苦都不能吃，什么都不用做，那么这个小孩长大了，无疑会在生活自理方面是个白痴。小孩在生活上一定不要百分之百地满足，要培养他们动手的能力，要给他以自立，像这样地去培养小孩的创造力。为了培养一个成长中的人的创造力，你就不能百分之百地满足他；如果你百分之百满足了他，他就没有创造力了，他脑子里边就会形成依赖的习惯了，就产生惰性了。像这样什么都不做的人，就会养成好逸恶劳的思维参照模式，只想舒舒服服地享受自以为是的生活，而不求进步了。

现在的小孩什么都不会做，不会洗衣服，不会做饭，甚至于泡个方便面都不会泡。记得在我三岁左右的时候，父母给我两分钱，提个瓶子，去打两分钱的酱油，两分钱就是一小勺，五分钱一中勺，一毛钱一大勺，那个时候一般买两分钱、五分钱的酱油。可是现在我们做父母的对自己的子女不是这样的，而是让他们这个也别做，那个也别做，都让父母自己来做。对于这些孩子，就别说打酱油了，买包盐他们也不会，因为他们根本就不知道怎么去做。

警惕啊！做长辈的人，千万不能把我们的小孩培养成没有生活自主能力、没有想象力、没有创造力的孩子。一定要培养他们这种独立的人格，把他们独立的个性培养起来，独立才能让人成长。说“独立”，是让我们做长辈的什么都不管了吗？不是，人独立的人格是慢慢培养起来的，国外在这一方面较我们走得早几十年了。现在我们也应该觉醒了，不要百分之百地满足我们的孩子，在满足的时候一定只能在百分之五六十左右。

当然，在成长的过程中，一点条件都不提供，那样也不利于孩子的成长；但若是百分之百地满足了孩子的欲望要求，那就很容易助长孩子的贪欲心与占有欲，这样更不利于孩子的成长，不利于孩子智能能力的提高。最好的比例在百分之五十到百分之六十之间，剩下的就是培养自立能力，自己去立自己，自己把自己利起来；一个是站立的“立”，一个是利益的“利”，是这样的。

满足在文化方面，在情趣培养方面，在个性爱好方面，在文化学习方面，在人的道德修养方面，在社会秩序和规范的认识方面，在学习如何做人方面的需要。这些我们要满足他们，提醒、帮助和教育他们，而剩下的就要指导他们自己去做。当他们还没有真正地独立起来的时候，指导他们。

但是我们做父母的现在都没有责任了，小孩想怎样就怎样，好的坏的想学什么就让他学，说“如果不让他学，长大了后悔就恨我们”。大家看看，我们做父母的完全地站在自己的立场上，没有责任，没有情感，成了这样的一种教育环境了。从现象上看好像是开明了，实质上我们对于教育文化的内涵已经是不认识了，对教育的盲目就是对文化的盲目，对科学技术的盲目，对人生成长认识上的盲目。

这样的盲目可是了不得的，很容易导致家庭的衰败。在国家内部的社会成员中，家庭的存在是组成社会的基本单元。由于家庭是人组成的，一个民族的人群组成很多的家庭，国家的繁荣和民族的兴旺，与我们每一个家庭的健康发展是有密切关系的。那么传承教育和教育文化，不仅仅涉及社会的方方面面，更是涉及到了我们每一个人所在的家庭生活之中。

从现象上看，健康的家庭传递着健康，和谐的家庭传递着和谐，文明的家庭传递着文明，智慧的家庭传承着智慧。从本质上看，家庭是孕育生命的摇篮，是濡养生命力的驿站。因为教育和教育文化是生命存在和发展的纽带，而人类发展迄今为止的各种文化和科技成果，都是我们人的生命力外化的结果。所以，家庭和社会中各种各样的传承教育和教育文化，要求我们提高认识，从我做起，从现在做起。

大家不要觉得这些都是关于孩子成长的教育内容，其实可以适合于能够了解认识这些内容的所有人。无论你是孩子，还是青年人，或者是成年人、老年人，都应该学习这些内容。我们这个讲课，是讲给以后能够看到这个讲课内容的所有人们的，希望他们和我们一样，在对子女的培养上，在对待兄弟、姊妹、亲戚、同事、同学、朋友等人际关系时，都要按照符合智慧传承教育的要求去做，认真去认识，认真去研究，认真去体会，认真去实践。在文化教育和教育文化这些方面，只能是从我们自己做起，从现在做起，只有这样才能唤起整个社会对教育文化和文化教育的认识和关注，那么人类的进步就了不得了。现在我们从自己做起来就可以了。这就是我们对文化、对教育的认识。

如果我们整体辩证地看这个问题的时候，是教育方面的文化和文化方面的教育二者平衡统一。现在出现的偏颇，是社会上重视文化方面的教育，而忽略了教育方面的文化，这是至为关键的问题。但是，民族的希望、发展和腾飞，国家的兴旺、发展和整体的腾飞，需要教育文化与文化教育共同地发展！

教育在申诉

教育在申诉，它在对谁申诉？是对教育的模糊概念申诉，是对世俗的教育观念申诉，是对轻视教育文化的人们申诉，是对自以为了解教育文化的那些人申诉，是对现今浮躁的文化市场申诉，是对如今错位了的教育模式申诉，是对千年以来强调科举应试的僵化教育体制的申诉……

重识教育与文化

什么是教育？词典中的大意是这样说的：教育有两层含义，其一是培养新生一代准备从事社会生活的整个过程，主要是指学校对儿童、少年、青年进行培养的过程。其二是用道理说服人照着做。而我们则认为，教育是可以针对任何人的，绝不仅仅只是针对少儿和青年的培养过程，绝不仅仅只是用道理说服人，使人照着做的问题。像这样的定义太狭隘了，也太模糊了。

为什么会出现这样的问题？因为连做教育工作的人都不明白教育的涵义，那么可想而知，今天的整个社会对教育的本质内涵的认识已经变得模糊不清了，已经不明白教育的意义何在。现在社会中的人们大多把接受教育同学习知识文化搞混淆了。其实学习知识文化只是人接受教育过程中的一部分内容而已。

在学习知识文化的过程中，人们接受的大多是不同学科的文字知识内容，而且无论人在自己的一生中学习到多少文字文化方面的知识，都只是教育文化范畴中的某些片段性的内容，都只是学习了某种文化的知识点的内容。因为人类发明的这种文字，无论用其描述什么内容，都只能记录或描述人对其他的人、事、物认识的某些局部特征，只是对各种人、事、物及其相互关系的相对静止的文字性描述。这种记录或描述的文字内容，都不能涵盖和传达出人对其他的人、事、物及其相互关系的运化过程的综合性、整体性和辩证性的认识。因此庄子说：“吾生也有涯，而知也无涯，以有涯随无涯，殆已。”无论我们学多少知识，总会是有限的，不可能穷尽、也不可能真正认识和掌握不断运动、变化、发展着中的人、事、物。

人们要想认识和掌握不断运动、变化和发展中的人事物以及他们之间的关系，就必须以教育和教育文化为基础。因为教育和教育文化能够帮助人形成独立而又能动的认识论和人生观，能够培养人形成认识天地自然和各种社会关系的方法论和世界观，能够解决以吾有涯之生识无涯之知的认识论和方法论。如在教育领域和教育文化的范畴里，黄帝、老子、庄子、孔子和孟子，他们都是先驱者，是从古至今的楷模。

从知识性的文化方面来看，文字方面的文化功用只能帮助人们记录某些事物的概貌特征和片段性的资料。例如，在文学方面的表现形式有诗歌、散文、小说、说明文和杂文等；在自然科学方面有各种各样的学术论文，有数论模型、理论体系等。但是人在接受教育的过程中，却能够连续不断地显现出自己与其他的人、事、物发生关系的内容；而且像这样的内容具有连续性、重复性、可操作性等特征，只要人们对这些不同的特征进行描述、演绎和操作，就都会形成某种教育文化的形式而被表现出来，因为文化的广泛性含义是指人类于自身、自然及社会的历史发展的实践中所创造的物质财富和精神财富的总和。

教育的涵义

那么教育的涵义是什么？教育是指帮助人、培养人的过程，这个过程是促使人的身心行为获得生存技能、成长经验和生活教训等具体内容的条件，是帮助者和培养者通过自己思想言行的示范而影响受帮助或受培养人的身心行为发生改变的过程。教育的本质就在于身体力行与潜移默化，而且还具有帮助人、培养人形成维系生活、学习和工作等方面能力的特性。所以教育文化是把自己的所知所学通过身体力行的方式传授给他人，是通过言传身教的方式来潜移默化地育化于人的过程。

教育或者教育文化发展的最高级模式，就是智慧教育的传承模式，或说智慧教育文化。智慧教育或智慧教育文化，与教育或教育文化，最大的区别就在于教育性的职能有了差异，它们之间的差异就在于智慧教育文化具有智慧性，智慧性的教育过程涵盖了全面性、连续性、整体性和辩证性。其绝对不是固有、僵化的文化知识的传递，而是培养人能动地在自然及社会的运化发展中达成与事物间的动态平衡。我们《生命的真义》就是属于智慧教育文化范畴的内容。

由于现在社会上的人们对于什么是教育，什么是教育文化，什么是知识文化，什么是知识文化的教育……对这些内容的概念产生了模糊不清的认识，所以我们在这里不得不为教育申诉，不得不谈认识教育文化的重要性。

那么教育文化与知识文化到底有什么区别，或者说教育文化与知识性的文化教育有什么区别？这个问题自新文化运动以来，大约困扰了中国人一百年。从中国教育文化的发展历史来看，对教育文化与知识性的文化教育的概念产生了模糊，大家知道是从哪个时候开始起的吗？实质上，人们对教育的观念和概念开始模糊，应该是从科举制的后期形成的，至今都有几百年的历史了。科举制度、应试制度开始，那时教育文化与知识文化的界限就开始模糊了。

大家应该了解，教育的历史是非常悠久的，教育的存在几乎与人类的生命发展史同源。教育文化与人类最早期的文明史是同根同源的，甚至于可以这样说，教育方式的存在与地球的生命同源。为什么要这样说？大家可以看看电视节目——《动物世界》就晓得了。

那么怎样通俗地理解教育？我们可以把“教育”这两个字拆开看。在《说文解字》里，“教”的含义是“上所施下所效也”，就是给别人传授自己所知道的东西，帮助或培养他人对其他的人、事、物提高认识、加深了解，即指导他人学习的方式方法和思想言行；“育”的本义为生养，“养子使作善也”，就是把所教的内容进行具体培养、具体复制，并使他人能够掌握其规律而辩证灵活地运用的过程，育是这样的培养过程。教育，既有“为学日益”的知识性传授筑其基础，更重要的是有“为道日损”的智慧性传承合其根本。所以先圣说“有教无类”，任何片面的知识性内容和僵化的教学方式，皆非“教育”的真正涵义。

例如，我教别人学习经络，围绕着教育文化的模式展开，那就首先要介绍在人体的生命活动中存在有十二条正经和奇经八脉，并且要讲明白十二条正经和奇经八脉在人体中的运行路线，其中包含哪些穴位，通过怎样的方式方法去识别，以及每个重要穴位的生理位置、功用等。这一系列的内容不仅要通过文字进行介绍，而且还要通过自己的言行举止去指导，直到受教者能够掌握其要领，并能够在生活实践中灵活运用为止。对这一整套内容的教习过程称之为教育，完成了这一整套的内容就完成了学习经络理论的教育，把这一整套内容的教习过程用语言文字记述下来所形成的文章，也属于教育文化范畴的内容。如果把这一整套内容与开发人根本智慧的内容结合起来，从而为开发人的根本智慧提供了方便，那么这一套内容就成为智慧教育文化的一部分了。

反之，如果仅仅只是借助于文字的介绍来让人学习了解十二条正经和奇经八脉在人体中的运行路线，介绍其中所包含的各种穴位以及每个重要穴位的生理位置、功用等，那就只是知识性的说明文了。这种说明文属于知识文化范畴，而不具有教育文化的作用和特点。因此，学习者对始终变化发展中的现实的人事物及其关系，很难展现出举一反三、量行其度的应对，其教育实用性大打折扣，这样就舍本逐末了。这也是为什么当今教育体制下难出创新型、智慧型人才的一个根本原因。而知识文化型的学者却可以批量生产和复制，但其对社会发展的推动力量和作用，远远不如因接受教育文化熏习而成就的智慧型人才、综合型人才和创新型的专业性人才。

教育文化是使人类文明得以进步发展的根本基础，是使人获得生存技能和形成生活模式的重要条件。教育的过程是通过帮助和培育、培养、栽培来完成的。就好像我教你学炒菜的过程一样，一方面要通过语言来讲解如何炒菜的环节和内容，同时还需要用自己的行为活动来告诉你怎样去炒菜。炒菜要把菜洗好、切好、准备好，然后把炒菜的锅放在炉子上，再把炉子的火点燃，之后把油放进锅里边，让油烧温热之后再把菜倒里面……不仅如此，还要教你如何具体地使用锅铲，如何品尝味道，如何放盐、酱油或者是其他的什么佐料，最后煎到什么程度才算熟等等。不仅要教你炒菜的这个程序，而且还有身体力行的示范过程，就是我不仅要把这个过程讲给你听，还要自己亲自操作给你看，然后我还要在旁边观察你去做，并给予指导和纠正。教育是这样的言传身教过程，只有通过这样的育化过程，你才能在过来人经验的基础上学会炒菜的生活技能。把这一过程进行规范，规范化之后所记录下来的文字资料则属于教育文化范畴的内容了。这样我们就清楚了教育是这样的一个过程，教育文化包含了这样的一系列内容。这就是教育和教育文化的意义之所在。教育必须要有这样的传授过程，传授过程中的一切内容都属于教育文化的内容。

教育文化的属性特征

教育文化有自身的属性内涵。一方面，其具有全面性、连续性和综合性。教育是由若干个知识点和若干个不同的具体环节以及若干个层面的内容构成的过程，然后还得把这些不同层面的内容、不同环节的知识点通过自己的身体力行来授习于他人，这个教授的过程便是对事物规范性的把握与传承，这就是教育文化的特征。它具有经验文化的广泛性和操作知识的纵深性，就是说把同一事物的不同特征、不同环节的知识点、不同层面的内容以及与此相关的系列知识和人生经验等内容贯穿起来。这个贯穿起来的内容和过程，就是对事物根本内涵的掌握，这样才能做到合本及末地认知和应对运动、变化、发展中的人事物及其关系。

另一个方面，教育文化具有关联性、协调性和整体性，它有这样的特性。在知识、能力和经验等应用方面，需要体现出知识文化的相互关联的作用，需要在教与学的过程中协调教者与学者之间的关系，需要在教与学的过程中展现出知识、能力和经验的纵向的深度和横向的广度。教育文化会涉及到与此教育过程相关的一切内容，所以需要具有一定的辩证观来符合其整体性。这是人掌握事物运化规律的根本条件。

只有这样来认识教育、展现教育，才能在智慧教育文化这个更高层面上符合“执古之道以御今之有”的真义，才能达成“本”与“末”的整体和合，“无”与“有”的辩证统一。

因此，不能把教育或教育文化等同于知识文化来看，不能等同于知识性的文化教育来看。宣传知识文化与学习知识文化的目的，只在于了解某些知识点的内容，或掌握某些知识文化的片段内容，而且也是围绕着宣传与学习来展开的。知识文化的教育是教育文化体系当中的一个局部内容。可是人们不能很好地理解这一点，一直是在观念方面犯模糊，一直是在犯概念性的错误。

教育的申诉

应该说中国的传统智慧文化与中国的历史文化及中国的教育文化的发展都有关系。中国的文化不同于世界上任何一个国家的文化；中国的华夏民族不同于世界上的任何一个民族。中国文明史最大的特点，就是几千年、几万年以来都始终保持着教育文化的传承性。所以中国的古文化和历史才能被记录下来。

比如，老子的《道德经》、庄子的《南华经》，可以说是智慧教育文化的丰碑；孔孟之学对当时乃至后世国人的素养和社会发展的巨大影响是毋庸置疑的；还包括《易》、《黄帝内经》等。《易》是先圣对自然运化规律的总结，是对自然事物之间互根、互化、互合、互离等关系的总结，这与人类的生存是息息相关的。《黄帝内经》也不能只是简单地划为医书，因为其是将人自身的生命运化规律放在天地自然这个整体大象中来研究的，所以有人说《黄帝内经》既是医人之书，又是医世之书，的确如此。这些经典都是传承下来的非常优秀的智慧教育文化内容。

但是近百年以来，人们对教育文化与知识文化的概念已经发生了混淆，尤其是现在。为什么人们会对教育文化与知识文化的概念产生混淆呢？正是由于西方的社会文化和自然科学文化的崛起，这个新式的文化进入到中国，直接冲击了中国传统教育文化的模式，这样就使得人们对教育文化的属性特征产生了模糊性。现在社会中的人们已经完全不知道教育文化与知识文化的区别了。现在的老师与学生，现在的教授与专家们，现在国家的教育管理机构对教育文化和知识文化的这个概念完全发生了混淆，所以教育不得不在今天发出了“不在沉默中爆发，就在沉默中灭亡”的呐喊。教育文化需要我们去认识其本质内涵，需要我们去认识其特性和功用，需要我们去了解其发生史和发展史。

当然，中国的传统教育模式已经没落、退化变异到不适应社会化发展的要求的境地，所以在受到西方文化的影响下，在受到西方知识文化教育模式的冲击下，国内反传统教育文化和教育模式的浪潮也一波接着一波地进行着轰击，再加上新中国的成立，新文化运动的开展，所以就直接瓦解了那种传统的、保守的、狭隘的教育文化模式，促使人们的观念发生了转变。这其中有其积极的一面，但也有连根切断中华教育文化传承的消极一面，这些都是促使人们产生“观念错位和概念性模糊”错误的外在条件。另外，我们还应该看到，新文化运动也反映出了中国的传统教育文化和教育模式在那个时期确实是没落了，这是传统教育文化发生变革的内在因素。

但是，人类历史的发展总是波浪式前进和螺旋式上升的，人类社会的进步总是会自然符合循环往复向前发展的规律的。所以教育文化在变革了近一百年之后，终于发出了自己的呐喊声：我要伸冤！不要将婴儿与脏水一起泼掉；我要申诉！在完全放弃旧有的教育文化模式和教育文化的表达方式的糟粕的同时，不要把教育文化的本质内涵和功用也一起扔掉了。

教育文化不同于知识文化，因为知识文化只能涵盖某一个片段的知识性内容，而教育涉及到了人自身、以及人类对自己生存环境和生活状态的方方面面的认识，它是人的生命本能活动得以维系、人类社会得以发展、人与自然环境达成和谐的基础和关键性条件。所以重新认识教育和重新界定教育文化是非常重要的，而知识文化作为教育文化当中的一个片段性内容，只是教育文化当中的某一个环节而已。然而，现在社会上的人们完全不晓得教育文化、教育模式的存在意义与存在价值。

那么我们在生活中，应该如何认识教育文化的特征呢？教育文化具有整体辩证性和潜移默化的特征，这一点在前面已经说过了，现在我们需要理解的是生活之中的整体性特征是怎样在培育的过程里呈现出来的。例如小孩子不会走路，父母教育孩子的过程，就得扶着他走路，要跟他讲如何走路的关键和要点，同时还要把他扶着、牵着去走，手把手地教，身体力行地示范在前、扶助在前、辅助在前，这其中传授的内容就是教育文化，这其中承袭学习的过程就是教育的模式。

教育文化破冰前行

所以我们的讲课内容，关于如何学做人，如何做一个身心健康的人，做一个智慧的人，做一个与自然及社会整体和谐的人，这些内容整理成书，不同于现代社会上流行的其他书籍，它是具有智慧性教育功能的书，是继承了传统智慧教育文化之髓核而又赋予其新时代文化气息特征的书。为什么这样说？因为它对于人获得身心健康、自觉地净化自我意识都能起到积极的育化作用，并具有帮助人开发觉悟智慧的功用，而且还对培育过程中的每个环节和各种要求、及变化发展所需要的相关内容等，都基本上涉及到了。我们的书是通过什么来体现智慧教育的呢？是通过不同的知识点来贯穿的，并把这些知识点同践行的各种经验以及不同的方式方法联系起来。

对于教育文化书籍的表现形式，不能像编辑知识性的文化书籍那样去编辑，不能像表达某些知识点或某种观点那样去进行简单地说明，而是要对教育过程中所发生的各种内容去进行描述，而且描述的语言需要符合平常人的思维模式和语言表达方式才行；而不能直接按照所谓规范的书面语言那样去表达，虽然那样的语言表达方式读起来会给人流畅的感觉，但是，不能符合平常人们轻松随意的心理意识的要求，也就是说失去了自然阅读与吸收的整体性、融合性、辩证性。

为什么会这样说？因为那样的表达方式往往重于语言之间的逻辑推理与遣词造句的结构，而不能符合人们正常的、本能的思维习惯，也不符合人们平时的语言交流习惯，不符合人们平常的记忆习惯，所以不能像那样对教育文化的内容进行刻意的分割。尤其是对智慧教育文化的内容，不能在随意分割之后再添加小标题或简单的释义等而将其分裂成一段段的，这样做的后果就直接破坏了教育文化的全面性、连续性、综合性、关联性、重复性、辩证性、整体性和可操作性等特性的内容，这样就使教育文化既起不到教育的作用，也达不到教育的目的了。教育文化与知识文化的最大差异就是目的性不一样，作品的功用职能不一样。教育文化强调的是教育过程及其相关内容的继承性、系统性、协调性、辩证性、整体性，而知识文化强调的是知识性、逻辑性、时效性、宣传性、说明性。

教育文化实质上是人对祖辈传承下来的经验文化进行的复制式的传播，是人自身在与其他的人、事、物发生关系时所取得了宝贵经验之后而进行的某种规范或总结，是人对各种经验进行的身心活动的行为性传授内容。教育文化的内容是围绕着传授过程而对某一人、事、物所涉及的主体内容、关联性内容和旁系内容来展开的，其中会涉及到各种经验、知识、特性等，会涉及到人的心理活动和行为活动，会涉及到与传授内容相关的社会关系及自然关系。教育文化需要把这些方方面面的内容捏合成一个连续变化的整体来展开，这样才能构成教育文化的全部内容；而知识文化的表现形式是达不到这样的目的的。所以说，教育文化是人类生存得以维系的根本性文化。教育是在这个层面向社会、向文化领域提起申诉的。

因为现在的整个教育界与文化界，以及整个社会中的人们，对教育文化的功用与职能都没有一个明确的清醒的认识，所以出现了不认可教育文化及其表现形式的怪现象，而只认可知识性文化的传播方式。老子讲“知者不博，博者不知”，而现代人面对的正是求“博”弃“知”的教育现状，因此使人们难以获得独立思考、自主创新的能力。不只如此，现代文化普及率越来越高了，可人们的精神却越来越匮乏、越来越盲目浮躁，反而成为了下一代人形成自私狭隘人生观的温床。比如社会上不断爆出孩子为了零花钱而杀害家长，同学间为了一点小摩擦就挥刀相见等事件，高校学子自杀都已经不算新闻了。金钱、感情、工作、生活……一切都变成了自己人生的障碍。

为什么人们的心理变得这样扭曲和脆弱？为什么失去了承受压力、坎坷与打击的能力？为什么失去了自我反思与应变的能力？说到底，正是由于我们现在强调学习知识性的文化，强调应试考核的教学模式，而没有建立起培养健康人生观的教育教学模式，没有注重培养人们形成自然道德观的意识形态。从小到大都围绕着好的考试成绩打转，却没有教育大家学习如何去做一个身心整体健康的人、对社会有用的人，如何依循自然规律及社会法则来为人处事。再比如，现今人们越来越急功近利，只注重眼前的物质享受和经济利益，不惜大量破坏、耗损自然资源；现今社会利益文化的传播，也促进了巧伪趋利的社会意识形态的形成，使得市场经济只为谋取利益服务，文化与教育的市场只为效益服务的怪现象，从而淡忘了以人为本的社会需要依靠切实可行的教育和教育文化来促进其发展，需要通过教育与教育文化来搞好精神文明建设，为形成和谐的社会道德观服务。因此，人类生存的自然环境和社会环境在不知不觉中恶化了。

为什么会造成这样的结果？因为人们已经不懂得什么是“顺天应时”的自然道德观了，不懂得人与自然及社会关系应该如何保持动态平衡的整体和谐性了。显然，知识性的文化传播基本上不符合教育文化的属性，也无法体现教育文化的传承性。

教育需要以传承为主；教育需要以服务人类自身的和谐化生存为原则。所以说，接受教育与学习知识文化是有着根本区别的，其结果也截然不同。教育绝对不是某些知识点之间简单的串联或并联的结合，教育文化也绝对不是某几个知识点的顺承关系；它是人类生存活动和生活模式的整体性内容的表现。教育文化与知识文化的区别就在这里。

西方文化最大的特点就是知识性和知识性的文化教育，他们缺乏传承教育文化的体系；在现有的教育文化中，缺乏如何帮助人遵循符合生命运化规律的科学内容；在现存的教育模式中，缺乏如何培养人去做一个身心健康的人的学问。西方文化进入中国时，我们接受了其科学知识文化的一面，但同时也正好接受了其不具有传承性教育文化的那一面。

从现在开始，需要我们自觉地去把这个事情认识清楚，教育与教育文化对我们获得幸福的生活和自由的生存条件是极其重要的。教育与教育文化不仅涉及到如何做人的学问，还涉及到智慧生存的学问与技能的问题。教育与教育文化的形成与兴起，是促进民族和谐、人民富裕、国家强盛和长治久安的根本的基础条件。当然，在生存技能里面也包含着做人的技巧和做人的学问，它们之间是相互渗透、相互融合的关系。讲到这里，大家就应该会认识到教育和教育文化的重要性是不言而喻的。在这里强调的目的，就是希望大家把接受教育与学习知识的意义一定要认识清楚，以后我们才能通过共同的努力把智慧教育文化立起来。

教育文化的破与立

中国近百年来对教育文化的模糊观，需要靠大家一起努力破除才行啊！要想立教育文化，唯有先立智慧教育文化为根；如果智慧教育文化立不起来，想立教育或教育文化那就太难了。

知识性的文化有知识性文化的特点，像现在出的书籍，像现在学校里面教课的方式，它是不是教育？它也是教育，它只不过是知识性的文化教育。而我们说的这个教育，不仅仅只是包含了知识文化的教育，而且包含了一个人立足于世需要如何做人的教育。教育文化所涉及的范围是非常广泛的。

所以知识性的文化传播方式不能取代教育文化的传播内容。例如，在典型的教育文化中，某些看上去是重复性的内容，实质上它却是从不同的角度、不同的层面、不同的方位来揭示同一个事物的内涵特征，甚至是对某一个事例的分析也同样是从不同的层面、不同的角度、不同的方位、不同的高度，对它进行全面的、连续性的、综合性的、关联性的认证和传授。这不仅是教育文化的典型特征，而且还是智慧传承教育文化的典型特征。它照顾到了与此事有关的某个问题或者某一个技能的全面性、完整性、整体性、辩证性和协调性，它会整体性地强调这样多方面的相关内容；而知识文化的表达是不可能具有这些方面的特征的。

知识文化的表达只要求片断性的完整即可，把与人、事、物有关的时间、地点和事件说清楚就行了。但即使是像这样讲清楚了，也同样不符合教育文化的属性特征。因此我们就能够理解为什么老子讲“行不言之教”了。智慧教育与教育一样都没有固定的模式，也没有固定的方式方法和内容，如果不以培养人的整体辩证观为基础，就偏离了教育的本质内涵。

对此，古代的教育家孔子早就说过“民可使由之，不可使知之”。怎样理解这句话？对于帮助或培养任何人，都需要理行并用，即把所教之理同自身的言行举止相结合，既要教授符合受教者各自特点的方式方法，又要引导其辩证地认识事物的运化与发展要求，并遵循所授的理法去做，这样才能达到帮助其树立健康的人生观、培养其形成认识并解决各种现实问题的辩证观的教育目的；而不应该只让其学习知识文化方面的内容，使其执恃智识与逻辑，形成片面僵化的思维参照模式。这也正符合了《中庸》“天命之谓性，率性之谓道，修道之谓教”的涵义，并非“使知之”为教。那么“使由之”的依据是什么、根源是什么？即是《道德经》中所讲的朴之性，“善人，不善人之师；不善人，善人之资。不贵其师，不爱其资。虽知大迷，此谓要妙”。

所以对于教育文化的内容，如果形成了文字，是不需要把它断开或起小标题来划分的，否则就难以展现其智慧文化的整体性、教育性、传承性了。本书现在是按照通俗出版物的要求来分段和起小标题的，像这样去传达教育文化的内容其实已经在不知不觉中遗失了某些内涵。因此在学习智慧教育文化的时候，希望大家不要执著于书面文字的表达形式，也不要执著于分段划分的表达形式，而应该一体同观才好！

智慧教育文化的修习

内求现智的教育之本

智慧文化这样修习

内求现智的教育之本

内求的定义是怎样的？如果站在根本智慧的层面上看内求，那么内求就是克除我执。

我执有两种：人我执和法我执。人需要破除我执，需要熄灭贪嗔痴慢疑等见思惑的一切思想意识的活动内容，是从意识活动的内容上用功夫的过程。也就是说，人在因满足感官功能的需求所引起的心意活动这个层面上，做起心动念的功夫内容，观察念头的起源处所，及其生与灭的过程，那个就叫根本的内求。因为念头既是意识活动的内容，又是意识运动的过程，它本身既是本体的属性，又是个体的特征。

你们都要学会研究它才行，研究并践行它才叫智慧的内求。从这个根本的智慧层面上来看，现在社会上流行的各种锻炼身体的方法，都叫外求法，包括很多的养生保健方面的锻炼法一样都是属于外求的锻炼内容。当然，如果站在普及的健身锻炼活动层面上来定义内求的内涵，那么内求就是以陶冶性情、涵养道德和练养五脏六腑为中心，以形体锻炼为辅助的内容。而现在社会上流行的各种体育锻炼的方式方法，都与内求锻炼法、内求智慧法有着本质的区别。在现今的人类社会中，能够认识到对人这个生命存在最有意义、最根本、最彻底、最完全、最智慧的健身法，就是智慧内求法。

这种智慧内求法，是人类一切文明成果、一切文化现象的起源与根本，是最本质的东西。这种智慧内求法诞生了人类智慧性的传承教育体系和现存的一切文明文化，以及科技文化成果。在人类的智慧传承教育古文化的体系中，有古智慧经典、古智慧宗教，包括最原始的、带有智慧性内涵意义的巫等。

智慧传承教育文化中的本质内涵是：智慧的教育性是人类一切文化之本，无论是自然科学的文化，还是社会科学的文化，以及民族的、民俗的文化等等；智慧，则是人类有史以来产生一切文明文化之根；传承，即是将智慧转化为文明文化和科技文化现象的方式方法的具体内容和过程。

智慧文化这样修习

有同学问，对于这些修身养性的智慧教育文化应该怎么去学习，那就可以以学习我们讲的《金刚经》、《生命的真义》等智慧传承教育文化的理论为主，以其他老师讲的内容为辅，来全面提高自己的修身养性文化素养，建立起智慧整体的参照系内容和灵活无住的智慧辩证思维参照模式。

我讲的是修养意识里面的具体下手法，而其他老师的东西很多是对生理活动、对练气活动、对生命活动认识的一些基础理论。当然，我们现代版的智慧传承教育理论也是在这些理论的基础上建立起来的，也是通过自身的实践而证明了的内容。

现在社会上比较流行的关于修行方面的著作，有南怀瑾老师讲的内容，还有奥修讲的内容，这些理论内容是可以帮助我们扩大自己修身养性的知识面的。在奥修的很多讲话中，含有很多辩证的道理在其中，我们大家得学习他的辩证思想。南师对佛学的认识是比较深刻的，而且对道学、对易学、对儒学的认识也都是比较广泛的。庞明老师建立了一套现代的科学性健身文化的理论体系，其中有很多关于改变身心健康的理论内容与实践内容。以上这几位老师的文化都非常好，这些文化的性质与我们现在倡导的智慧教育文化、智慧传承教育的内涵有共通性，但也不完全一样。当然，这些内容都是需要我们大家去学习的。

大家学习这些老师们的著作，都要围绕我们讲的《生命的真义》等书的内容来展开，那对你们的成长才是有帮助的。因为《生命的真义》里的内容是帮助现代修身养性之人成长的下手法，是属于智慧传承教育文化的范畴。不是因为我讲的这些内容好，而是讲的这些理论比较实用，能指导你们在实际的生活工作和学习中去运用意识、去修正意识，从理论上入手，从生活当中下手。

现在社会上有些老师的理论中也讲了很多例子，那都是为了立论的需要，是为他自身所讲的理论作基础的，像这样的理论是属于知识性、理论性的文化教育的范畴。而我在讲课的过程中所列举的这些例子，都是为了如何在实际的生活中真正做到智慧修证的教育下手法，这可是不一样的。我们所讲的如《金刚经》、《生命的真义》等内容，都是属于智慧教育文化的范畴，都具有智慧的传承性。大家应该注意这其中的差别——文化教育的范畴与智慧教育文化的范畴，别混淆了，别把它们认识反了！

我们讲的下手法有两个方面的内容：一个是关于在生活中如何做人的内容；另一个方面的内容，是讲的棒喝开慧的下手法。大家学习智慧传承的修养理论，践行这样教育性的理论，其目的就是完美身心，开发根本智慧。开始时你们可能出现一窍不通的现象，在学习的过程中也有可能像个糊涂虫一样，觉得不容易理解，还会怀疑像这样做可能完美身心吗？可是，只要你们能够静下心来，安安静静地进入到学做一个智慧的人的教育理论之中，那可以肯定地告诉大家，你们是一定会取得长足的进步的。

可能你们会想，那怎么做才可能开智明慧呢？关于这个内容，我可以明确地告诉你们，按照自己所学的内容去做即可。所以大家可以把刚才所提到的我们的讲课内容等等这些理论学懂，在学懂、学透的同时，自己就会在修身实证中、在日常生活的意识修养中，自觉地把这些所学的内容结合起来，这样才有可能给自己奠定好基础，为棒喝开悟创造条件、做好准备。大家应该明白，我现在所讲的这些下手法，都是帮助你们在当下进入的教育法。

什么是下手法？下手法是指人在现实的生活中践行智慧的具体教育法，是关于理论与实践如何结合的具体内容。它包括人的心理与生理方面的内容，是指通过践行的整合而瞬间进入智慧境界的传承教育法。我讲的这些传承性的教育理论，是为你们以后走向顿悟做准备的，即为开智慧奠定基础的。

你们当中现在虽然已经有不少人开了脑中心的智慧玄关窍，但开了也是个“瘸子”。为什么开也是“瘸子”呢？因为你们根本就不懂得修证智慧的理论内容，也不懂得自己该如何去修。人家过去修佛的人，专业地修了几十年，有很多的理都学懂了也学通了，就缺那么一下——打开；而你们不是的，你们首先是被稀里糊涂地打开了，不仅不懂修炼，而且人的思维参照模式还是非常固执僵化的，参照系也没有变换过来。你们还不是属于获得了智慧身，还不属于智慧法门。你们需要跟着老师的屁股后面转，来学习那些未学习、未践行的基础课程，需要与老师同心同德。大家得是一个心才行。如果在我们之间变成了若干种心，那就有麻烦了，这样的结果就是开了也就相当于没有开，知道吗？

你们需要把这些理论学好，并用于指导自己的生命活动实践。这叫什么？理入。当然把这些内容做好了，也只是下手法中的一部分内容。还有哪部分内容？那就是通过棒喝顿悟。

践行就是把理入的内容与行入的过程结合起来，来改变意识，开阔胸怀。在践行的过程中，需要逐渐提高，去践证道的体性，践证道的体用一如之性。当然，这就需要我们从理上把“自我”认识清楚，从理论知识的层面把它认识清楚。认识清楚了以后怎么办？

行当下放下的功夫。你们需要花十年的时间来磨这一剑。

在修养意识的过程中，主动去培养自己的警觉智能思维模式，这就是在实际的生活当中学会做人的具体要求。不能像有的同学一样，你说她一下，心里面就气得鼓鼓的，想“又是谁告我状了”。大家现在就是喜欢随缘行，但是境界却不符合随缘行的要求。不喜欢抱怨行，那你们也就更不可能明白无所求行和称法行的涵义了。

抱怨行也得做，随缘行也得做，无所求行也得做，称法行也得做。当你通过践证达到了智慧的高度，那么四行就是一行，就是自然而然地应对。你怎么去做呢？你得要从理上入，理上入就是把我讲话的内容都学好。但是如果你们坠入那些空洞的、华而不实的理论之中，那就没人能指导你了。就像现在社会上的那些自以为是的学佛者一样，他们会觉得佛学中的内容很美，并在不知不觉中把这个美的观念当作了自己要追求的对象，那就偏了。因为方向不对，目的不对，那是外求了。

我们学了这些理，就需要会用所学之理来指导自己的行动，在行动上把这个理融为一体，这样就变成了法。人只要在实际的社会生活过程中去践行，践证到一点，人的思想境界和胸怀就会宽阔一点。像这样积少成多，到一定的境界，那个时候悟道也就是一悟即觉。你们现在开的还是个半边窍，思维可以走向整体，可是你们知识层面不够，做人的知识层面不够，对生命理解的知识层面不够，所以还需要大家去做“为学日益”的功夫。

你们得理解我刚才讲的内容，以庞老师讲的大专教材作为基础理论知识，以南师和奥修讲的内容来扩展你们的知识面。为什么在这里没有提到古文方面的修行理论呢？因为古文的东西不好懂，不仅如此，而且在关键处大多写得比较隐晦，依大家目前的修炼水平来看，也无法判断那些古修行理论的真伪。

希望大家在学这些内容的时候，不要执著其中的文字境界，要知道学习这些东西是为了能够更好地理解我们的讲课内容，从而为自己的践行服务的。因为我们的讲话是在生活的这个层面上来展示生命活动内容的，这句话涵盖的意义是很关键的。你们要好好记住这几句话，在生活这个层面展现出生命的真义，这些下手法的内容和生命活动的内容才能和合在一起。

希望你们不断地学习，理论需要在脑子里一遍遍地过，并在生活中去反复实践这些理论，直至见证觉悟智慧。

搏在当下

持之以恒地精进
转变中迎来新生
于每一个当下做出努力

持之以恒地精进

如果你们连呼吸操都坚持不下来，想改变命运那不是开玩笑吗？一个人不能主动去改变自己，不能持之以恒，那你还算个什么人呢？所以说，在人的这一辈子中，要想把修身养性、开发智慧这一件事做好，那也确实是不容易的，但此时不搏更待何时？人的一生，其实就是不断拼搏的过程，但需要明白的是：搏在当下！

在工作的同时，你要学会修正意识；在生活的内容中，你要学会净化自我；在成长的过程中，你还是要学会完善自己。修正、净化和完善自己的过程和内容，就是呈现觉悟、运用智慧来达成自己的生命改造和更新，这才是我们做人的目标。

打个比方说，如果现在你家的电脑配置还是用那种赛扬的 CPU、128 的内存和 20G 的硬盘，那显然是已经落后了，老化了。同理，不管你们是干部还是老板，不管你是学者还是平常人，只要你们有这样僵化固执的思维状态，那就都落后了。要知道，那是将要淘汰了的状态，或者说是已经被淘汰了的状态。因为你的身心素质既跟不上社会发展的步伐，也跟不上自然与社会环境对人的生命活动运化功能的要求。为什么这样说？因为现在污染无处不在，无处不有。人要想改变自己的身心健康状态，就必须要符合生命运化法则的要求。

现在你们来到我的身边，我希望大家能够从根本上去改变自己，那样才能赢得健康的人生。平时多想想这猪八戒，为了吃、为了喝跟人家争吵，看了什么都爱。人为什么会出现这样的现象呢？这就是人受自己的那个假我——感官心意的各种活动的役使，才会驰骋外求的。人的这一生，是不是通过享受了各种生活的内容就能够解决自我的困惑、痛苦、曲折等等呢？可以明确地说，那样肯定是解决不了人生的这些困惑问题的。

转变中迎来新生

大家现在需要主动去改变自己，从身与心这两个方面去修证自己。不管多大年纪，六十多岁年龄不大，二三十岁年龄也不小，十多岁的小孩也是可以尝试一下，这对圆满自己的人生有好处。

有的人问我说："刘老师，你的孩子如果要走修身养性这条路，你怎么办？孩子结不结婚呢？"首先要明确的是，我从没说过修身养性的人就不结婚，婚姻的家庭结构是社会的重要组成部分。我们不但不反对修身养性的人成家，恰恰对于只修自己而脱离社会生活的做法是不赞同的。而且我也反复强调过，我们修身养性，是以获得身心整体的健康为前提，以呈现觉悟智慧为根本，以达成人自身与自然及社会的和谐关系为目的。简单地说，修身养性其实就是学做人，做一个对家庭、对社会有用的人，这才叫圆满人生。这并不像有些人所想象的那样，一提修养就认为是出家人干的事，这是认识上的偏颇。哪个人一辈子不是在学做人的过程中度过的？所以修身养性，不存在结不结婚的问题，而是你能否做个利人利己、利己利人的人，做个有觉悟、有智慧的人的问题。

对于我的孩子，我会引导她建立起智慧的人生观和修养观。至于她结不结婚，那是她的人生选择，是应该由她自己来决定的。她想进行智慧修证，我就支持她；她如果不想修，那我肯定是不会拉着她的，我肯定不会停留在某个自我观念之中。在人的这一生中，也没有什么是可以需要保留的节目，如果我有了某一个保留的节目，那就是希望你们成长，成长为智慧的觉悟者，而不是希望我自己要怎样。当然，我对自己不是没有要求，而是需要自己常处于那种无时无刻不在成长的境界当中——行在住无所住之中，即“为学日益，为道日损，损之又损之，以至于无为，无为无不为。”

我现在把智慧教育文化送到你们面前，寄希望于你们大家脚踏实地去践行。现在你们对生命活动的运化规律认识不足，并不能从根本上认识人的身心活动是一个不可分的整体。对于这一点，由于你们的践行基础不够，所以现在还认识不到，这个不足的部分就需要通过理行并进来实证。

可能你们以后通过自己的锻炼，身体开始健康起来，但是如果不加强意识心性的修养，到那时我敢保证，你们想改变自己命运的兴趣会发生偏移，就会在不知不觉中放松自己、放纵自己了。为什么会出现这样的情况？因为你们的品质不够。我这样说，你们可不要不高兴，在座的大家，由于不懂得从心性这个根本上来净化自我意识、不懂得从这个根本是去涵养道德，所以才说你们其中的多数人都不具修身养性的品质。那怎么解决这个问题呢？可以提高自己的身心修养水平，以此来进行自我培养、自我完善，这样就会弥补不足。

我以前与大家一样，修养品质也不够。虽然不够，但可以通过自己坚持不懈的努力而改造过来。人是可以改变过来的，这才是我给大家讲课的根本原因。只要自己能够从身心这两个方面同时进行刻苦努力，那你的人生是一定会获得改变的。

现在有一种现象，就是你们在这个地方觉得信心很足，但回去没几天就瘪了。为什么感觉不一样呢？就是因为在道场有良好气氛的影响，这种气氛可以熏染你们。在这里，我一说，你们就激动的不得了，心想“我一定想方设法做好”，可回去没几天你们就没道性了。为什么会这样？因为你们又开始受另一种环境的影响，受世俗环境的熏染，所以就使得你们出现了还原反应。因为你长期和一群猴子在一块儿，那么你就变成了猴性；如果你长期跟猪在一块儿，那么你就变猪性了。你们相不相信？

这些道理大家听明白了吗？我就是从猴性、从猪性当中挣脱出来的，因为我是过来人，我知道你们的思想意识境界，也知道你们现实的状态，也知道你们的生存环境，我都能体谅你们，也可以体会到你们的处境，真是这样的。

就像一般的人，有谁愿意听批评的话呢？有的人说：“刘老师你说我们吧，你说什么都不要紧，我都愿意听。”真是这样吗？虽然我知道我说你们的某些话，你们还是能接受的，但能接受的讲话内容，也只是某些符合你们自己心意的话而已。如果有其他的人说你们，你们可能会瞪眼睛。因为即使是同样的话，由于不符合你心里的想法，你就会产生不愿意的逆反心理。你心想：“你不够格，你没有什么比我强的地方，你凭什么说我。”这样就完了，人由于没有谦卑的心态，就不好发生改变了。

过去的大德说：如果你自己是菩萨心，那么你所看到的人就是菩萨，眼中所看到的事也都是善的；如果你以佛心看人，那么所看到的人皆是佛，你所能看到的一切存在，都是万缘平等的。

所以告诉大家，需要通过学习智慧传承教育文化的理论来提高自己，这种学习的内容不仅体现在纯粹的理论方面，还要结合具体生活和工作中的各种事去学习。你们可不要觉得刘老师牙也缺了，心想“如果修成他那样，我还不如不修”。（众笑）我告诉你们，如果你们有一天能修到我今天这个样子，那也就不错了，那你就有一点本事了。真要彻底通开中脉的时候，那是有可能要掉牙的，真是要完成报身成就，这牙齿是有可能需要换掉的，就跟那电脑更换操作系统一样，这牙也落后了几十年，同样需要更新换代。你们什么都要按照自己的意愿去保护，什么都舍不得，不愿意更新换代，那你这个生命活动的身心状态怎么可能向更高的健康层面转变？

于每一个当下做出努力

我们每一个人，只有了解自己的过去，才能了解现在。我对我的孩童时期是比较了解的，对有些生活画面还记忆犹新。所以我对我现在的人生态度是非常明朗的，因为我不会住在过去和现在的境界中，这样我对未来的人生也就一目了然了，就没有什么是需要藏着、掖着、躲着的了。如果你们也想做到这样，怎么办？勤学苦练，精修巧练，这就是最大的诀窍。

人类文明赖以进步的最大诀窍，就是不以主观意愿强加于自己的那种勤奋。中国人为什么只需要十几二十年的建设就可以使国家走向富强呢？就在于中国人的智慧和勤劳！所以我们每一个人也都应该具有这样高尚的品质——智慧和勤劳。

但是做个呼吸操，有的人就做不下去，为什么？因为你们从小到大养成了一种外求的习惯，而不会往内求；即使是现在开始学习内求的方法了，但内求的习惯也还没有养成。如果有一天，你们能够把净化思想意识的活动和练呼吸操当作吃饭一样重要，就好像一日不可不吃饭一样，那么到了这个时候，修养意识和习练呼吸操就成为你们生活中必然的不可分割的一部分内容了，这样就好了。

你们的文化程度都是蛮高的，你们应该走在时代的前面。怎么走？学习智慧教育的文化，赢得智慧的人生。真的，你们学三年看看，看看会有哪些变化。你们学三年，就当自己是坐改变人生的牢，就是坐那种不外求驰骋的牢，享受内求的这种愉悦，这样可不可以？就是给自己定个目标，三年内我就坐内求的牢房。坐牢是比喻改变各种习气时的不舒服状态。人需要往内求，内求于人的那个根本自性，这样就自然地符合了生命的运化规律。如果外求驰骋，那就肯定不符合生命存在的法则了。

如果你们真是内求了，你们的身体就会产生和气。如果有了和气，俗话说得好：和气生财，和气生智。一个人如果能够常处在和气的境界中，就能够改变自己的命运，能够跃升人的整体身心健康素质。你身上没有和气，你怎么能往上提升自己的人格品质？你真用三年把智慧教育文化的理论学通了，那么你就会发生应有的变化。

如果你们的每一天都是那样惬意的，那么你们的过去也是惬意的，你们的未来也就在今天的惬意中流过。你们想过去干什么？你想未来，为未来担忧有意义吗？今天过好了，你的未来、你的过去就都是好的。你现在的一秒钟过好了，那么你的后一秒钟肯定是好的，而前一秒正好从好的过程中流过，时间就是这么连续不断的，人的生命活动亦是如此。如果你的胸怀扩大了，有了真正的智慧，那么时间就不会障碍你了；如果你智慧的力量再增强一些，那么空间的阻隔作用就消失了。你这个人就超越了过去、现在和未来，你们到时候才是了不起的圣人。不过大家的现在还不是。

我讲了这么半天，是否起到了鼓励你们的作用很难说，但是有一点可以肯定，至少是给我自己鼓劲了。人如果是有智慧的，那么人也就会有志气。任何一个有志气的人，都会于每一个当下做出努力！

柴米油盐现道心

执著己见即无明
从生活细节话称法
全然无我点滴细行
有而不著应而不执
道在平常生活中
为学日益为道日损
大道至简须实证

我们来讲一下生活当中的细节。其实《金刚经》讲了很多内容，都是告诉我们，一个人在他的生活内容和生活过程中，在应对任何具体的事时，不要著在念头上，不要著相。但是，我们大家在平时生活中，无处不体现出著相，心神涣散。平时就是这样的生活态势，那么所学习的修身养性的内容就体现不出来了。

执著己见即无明

平时生活当中的很多事，都是很细小的。就像刚才下雨了，平台上有点东西需要收回来。其实不需要等着听我讲完就可以跑到平台上去看看有什么东西要收回，可有的人却表现得迟疑缓慢。他为什么迟疑呢？是因为执著于自己的观念，非要等别人讲清楚是什么东西了，然后他才发力。人哪，为什么会这样呢？就是执著于自己的观念，我能够理解到我就做，不理解我就慢慢做，甚至于只说不做。这就是著了相了，著什么相了？著了自己固有的一种观念。那就是我听什么事，拿进来理解一番，通过加工合成以后，然后再去做。这就是著了这个见。像这样的思维参照模式，过去叫无明。对的！就是一种无明的体现。

生活当中很小很小的事，就能看出来一个人有道心没有。包括咱们讲了好几个月的做饭问题也是一样的，每一个人都执著于自己的见解。执著于自己见解的人，到最后就不可能有一个圆满的结果。从我们这里有的人这个情况来看，人家告诉她说不要做饭了，但是她还是要做。这是什么原因呢？这就是无明，就是没有真正把人家的话听进去。为什么没有听进去？就是因为没有谦卑心。没有谦卑心的人就听不进别人的话，人家说什么你都不会放在心上。还有答话的人也随便应对，生活当中散漫地应对。

比方说有人问，做不做饭啊？他就回答说做吧。也不管是否需要，就散漫地、随便地这样应对。一个有道心的修身养性之人，在任何时候，都应该有如履薄冰、如临深渊的警觉点，这样才是一个符合心性修养的、有责任心的人。没有道心的人就没有警觉点，没有责任心。你这样随便回答问题，然后她也就随便做。你不了解情况的话，不回答问题那不更好吗？或者说引导着回答问题，这都可以。每个人都或是执著己见，或是散漫、无明，没有警觉点；或者是害怕承担责任，“事不关己，高高挂起”。所以在这些问题上面，就没有责任心可言了。

说实在的，通过这段时间的观察，看大家现在的身心行为状态，在道场里边是很难培养出既符合修身养性的要求、又符合帮助闭关的人做护法的人才。因为帮助闭关的人做护法，需要这位护法者具有一定的持家能力和多年做家的实践经验；而且对智慧教育文化的理论还要具备一定的素养，是一位真正懂得修行的人，需要具有这样条件的人来护法才行。不会做家的人，他们没有这么细腻的心。

从生活细节话称法

实际上修身养性的内容，就是体现在称法地应对这些类似于柴米油盐的小事中。这样才能体现出人的道心！一个人是否有道心，就是看这个人在日常生活中的每一个细节应对得是否称法，即符不符合人自身及具体事物的要求。不是想象中觉得自己有了道，啥也不管了，啥也不做了，那么我告诉你们，你们只要有这样的想法，那就啥也不是了。做一个有智慧的人，是需要时时刻刻、时时处处保持谦卑的警惕性的，每一个应对都需要自己去警觉，都需要去关心，都需要去全然地投入。

对于这些内容，我以前讲得比较抽象一点，那是为了大家能够建立起一种修身养性的观念。那么在道场里边修，修行的内容和过程，与生活的内容和过程是一体而不可分的。这就要求我们在平常生活的践行过程中，不能显现出思想言行的粗糙与盲目，而要讲究于平常生活的点滴细行中不掉“觉”。这些都是很细致的内容，如果不讲细，大家就没办法落实到生活当中去。如果光强调理论性的东西、教条性的东西，只是理解而不去做，那就体现不出修证觉悟智慧的真正意义。

现在我们每一个修道的人，只能够靠自己主动地去锻炼自己。大家来到这个道场，练功靠自己，修养意识靠自己，学习智慧教育文化靠自己，践行靠自己。这些都需要主动地去学。学什么？不是学习条条框框的理，而是把学习到的理，用于生活当中的每一个细节中去进行应对。跟着我学习的内容，就是如何应对每一个细节，就是来学习这个！但是现在这种气氛，大家的境界，都不是自己主动培养自己，而是外求，从别人身上找原因。以这样的心态来应对，来应对各种各样的事物，那么肯定是出不了真正的修身养性之人的。

现在我们这个道场中，谁也不愿意担责任，谁也不愿意有责任心。像这样的情形就是谁都没有责任心，而且是纠正了多次都纠正不了。我现在和大家只有几个月的时间相处，看样子让大家把这里当家看，大家一下还适应不了。大家对这个家的概念树立不起来的原因，就在于每一个人自己没有全身心地投入进来。没有全身心投入进来啊！我想，一个人要是真正地、全身心地投入进来，还是可以改变的；但是如果不能够全然地投入进来，那肯定是不可能改变的，这样一来就自然地违背了我们自己的心愿——修身养性，成就觉悟智慧。

包括我们在座的同学，你们是到道场来学习的。你们学习，不能学道场中有些人身上出现的懒惰、不负责任等无明之糟粕。什么叫糟粕呢？比如今天做饭这件事，对这件事我已经说过好几次了，饭做多了，就不要再继续做。但是从昨天到今天，还是出现了把饭做多了的现象，出同样的问题。

如果不知道外出的人是否回来吃饭，可以先打电话联系，现在通讯是比较方便的，或者回来简单做一点什么也行，为什么好几次把饭做多呢？这就是人在做事时受习气的影响，没有体现出智慧的应对，这样就不符合称法行了。这叫什么？叫傻做。这也是一种做人的境界，人在自我习气的境界中就会出现这样“傻呆”的现象，那么出现不会应对的愚昧境界就不足为奇了。这种现象的出现就是人没有处在明灵的主观能动性的觉悟状态中，有的只是被动地去做事。这不是修报怨行，也不是修随缘行和称法行，也就更不是无所求行了。

全然无我 点滴细行

修身养性的内容，就是既要符合生活的需求，又符合道。最主要的是，你在做任何事的时候要符合两个标准：一个是符合道。道的品质是什么呢？不住在自我的观念和观点之中。不显现自我的心意活动，就是无我的境界。我们在做任何事的时候，不要有强烈的主观愿望存在，不要把以自我为中心的那个假我显现出来。可是在平常的生活中，每一个人做事，却都会强调自我的主观意识，以符合自我的思维参照标准和行为习惯，这样的思想言行必然会显现出强烈的自我，所以人在不明智的情况下，要想改变或改造自己的身心整体的健康状态，以期符合自然无为的清净心境界，就显得比较困难了。

因为我们现在修证智慧的主题思想，是不应该再去强调一般层面的健康了，而是要直接地进入修行的本质内容和过程中去——开发般若智慧和建立高级的、真正的身心整体的健康。搞一般层面的健康，就直接跟着网上的健身班一起练就行，也可以与“慎独之路”的学员一起进行养生锻炼，与他们一起修正意识就可以了。在我们这里，就是要求大家在生活中，针对具体的事物进行自觉的应对，于点滴细行中展现出如行云流水般的自然应对，只有这样人才能于行住坐卧的过程中不离这个觉行的智慧，所谓的专业修行就是这样的。

如果能够全然地将身心投入到净化自我意识的过程中，人才有可能获得新生。当然修身养性也要有工作、学习和生活，但是要于工作、学习和生活过程的点点滴滴中，主动去修正、改造、完美。大家跟我学习的过程，就是不断地修正思想意识活动的过程，是思想意识活动内容不断净化的过程。

要求大家在生活当中的身心行为活动都要符合无我的境界，哪怕是每一个应对的细节，每一点思想的境界，每一滴生活的内容，每一件事情的运化过程，都要符合事物的属性特征，符合无我的境界。在人与事物发生关系的过程中，需要保持动态的平衡。一旦发现自己的那个假我跑出来的时候，警觉到自私自利的那个假我时，你必须得当下放下。如果没觉察到怎么办？告诉你，不要紧。只要自己能够做到于觉察的当下，就行当下放下之功便可。大家都需要像这样去做、去修正。

我讲的这个变换意识活动的过程，就是践行智慧的过程。然后，不断培养、提高警觉意识，在修身养性的过程中，在生活过程的每一点滴中，都能自然产生警觉点，觉到就当即放下。这样在应对各种事物的时候，就自然能够符合无我的境界。其实每一点小事都能现道心，有道没道，就在这点滴中去看，而不是你做什么大事。一个没有道心的人，即使是做的事做得再对，他也只能累积福德，这在《金刚经》里边已经讲得很清楚了。就是说你做得再好，没有道心，只能有福德，它不能有功德。如果你符合道心，符合宇宙自自然然的、自然无为的那种境界，那么这个所谓的道心即是道之体的自然呈现。这样人符合了道，也即呈现了人的智慧之心——实相的境界。如果大家能够于平常应对每一件小事的过程中，体现出忘我的境界，那即是道心的展现。

另外一个要符合的标准，就是如何对待自己的生命存在。既然符合道是无我的境界，那么人的生命活动就是符合自然之性的，是自然而然的生命活动存在。人在观察自己的生命活动时，看是否能符合生命活动存在规律的要求。如果你符合生命规律的要求，符合中和之性，符合中和之气的要求，你的"眼耳鼻舌身意"就是一种中和的状态，是不著边际的。

如果人能保持中和之性，那么在平常生活的应对中体现出来的思想言行就是称法的。在具体生活上，应该符合生命运化规律的要求。当吃营养品的时候就要吃符合自身需要的营养食物，当需要健康的时候就应该加强身心活动的锻炼，增加锻炼身体的时间。在日常生活当中，与生命规律相违背的娱乐活动、学习活动、工作活动和生活内容，在一般的情况下都不要去做，不要去违背生命运化规律，这样身心行为活动才有利于人的身心健康。人在行住坐卧的过程中，都会涉及是否称法的问题。如果人的思想言行能够合度量行，那就不会著相，这样就符合如来之性。

有而不著 应而不执

如来之性没有什么高妙的地方，就是在平常生活当中保持中和之性，在应对各种事的时候保持中和之性。不执著于某一种观点，只要是你思想意识活动中产生的观点，你都不要执著它。不管你是对的或是错的，不管你的观点是善的还是恶的，不管是好的还是坏的，不管你的心是所谓慈悲的还是所谓邪恶的……都不要执著它，那么你这个人的生命活动，就不会为自己的心意所困，就不会为感官对象所扰，就不会为所谓的情感所束，就不会为利益所缚，这样人的生命活动就会符合运化规律的要求。

在具体的事上，你是无我的，而且又是积极主动的，那么你的命运很容易就改变了。所谓道即平常，平常即是道心，真义就在这里。所以每个人来这里学什么呢？我们这里对大家的要求都挺高，然后做起来是很难的，所以大家想用这一两年的时间来达到净化意识的目的，肯定是不够的。修证智慧的过程，修正意识的净化工程得几十年才能完成。得需要几十年的时间！包括我在内，在未来的生活过程当中，还得用几十年的时间去砺炼①自己的心性。不著色，不住相，不执见。

怎样才能做到不著色呢？就是不要跟有形有象的事物去结合，一结合它就是著色了。对于能够体现“色声香味触法”的事物都一样，都是需要大家产生警觉性的。每个人都可以喜欢某个事物，我可以喜欢板凳，也可以喜欢杯子，也可以喜欢喝茶，但是不要执著于自己喜欢的对象。没有见地的人会认为，修道就是什么喜好都不要了、什么喜好也没有了的境界。告诉大家，那不是修道，那样的话，连一个世间的平常人都不如了！像那样去修，到最后就不是人了。你可以喜欢某件事，但是你不要执著你喜欢的事；你可以不喜欢某件事，但请不要住在你的那个“不喜欢”的观点中。一当你不执著分别与妄想的时候，那就要不著相、不著色、不著见。

人如果能做到无相、无色、无见，那么这个境界是什么？于平凡的生活中呈现超然的非凡品质。这种品质就是人进入到超凡脱俗

---

① “砺炼”，即磨砺锻炼，强调磨炼精进；“历练”，即经历世事而受到锻炼，强调经历、阅历、经验的丰富过程。本书按照句义表达的不同，对二者进行区分应用。

的智慧境界中了，是人走超凡入圣达真之路时，必须要经历的一个重要环节和过程。平时你要应对各种生活的内容，你要吃饭，你要睡觉，你要干活，你要同社会发生关系——有子女的会和子女、有夫妻的会和夫妻、有朋友的会和朋友、有单位的会和同事发生人际关系，但是在处理任何一件事的时候，在应对人际关系的时候，不著相，这就是非法相。你连相都不著了，那么你这个法的呈现就是得体合度的法，就是无法相的境界；之后还不能用这个所谓的合度之法的经验来固化自己的思想，也不能有沾沾自喜之意，那就是清静无为的智慧境界，也是亦无非法相的境界。

实质上，人在平时去做任何事的时候，都有个过程需要我们去经历。《金刚经》是般若法门，见证这个法门的般若智慧，就会呈现出永不磨灭、永无穷尽的实相智慧。什么叫永不磨灭、永无穷尽的智慧？因为生活当中有无数个细节，那么人就要孕生出无数个智慧去应对，展现出无数个智慧的内容，去应对生活的每一个细小的环节。这个叫什么？就叫分别智。这个分别智就是从实相智慧的境界中孕生出的无师智，这样呈现的大智慧即符合古智者说的“道生德畜”之性；这种分别智不是像宗教殿堂里面的神一样的，就矗在那儿，而是在平时生活当中展现出来的。追求成就智慧的理想，不要只有三分的热度，不要只有七分的情感，而在于持之以恒。所以我们每一个人就得这样去学、这样去做。

道在平常生活中

修身养性是自己的事，从今以后我不再提醒大家，也不会总批评大家。如果你们做不了，我自己做。修行是自己的行为，自觉觉己。你自己不能觉己，你就不可能有觉他的觉悟智慧。我们现在的人都喜欢做“觉他”的工作，因为看到老师讲课总是在觉悟别人、帮别人。现在看样子你们学的都是怎么帮别人，没有学会帮自己！

所以说，我们每一个在座的修行之人，你要学会自己去认识自己，修身养性是自己的工作，不是别人的。我们大家需要学会自己对自己的行为负责，自己对自己的生活负责，这样就行了。做事不要指望别人，就指望自己行动。我们自己主动去做，自觉觉己，从起心动念这个层面上去觉自己的自性，从行为上使自己的生命活动得以复苏，要这样去做。只有这样你才有能力、有智慧去觉他。

你们大家来到这里，听我讲这些个理，但要知道这些只是个理。在你们作为老师来讲它的时候，你们是讲给人家听的还是讲给自己听呢？是做给人家看的还是做给自己看的呢？建议大家以后就讲给自己听，做给自己看就行了，人的成长就是需要经历这样的过程。大家现在给我的感觉是这样的，从形式看，大家的思想言行好像都是在符合老师的意识形态转，可是这种身心行为活动的本质体现的却是在符合自己的心意，这肯定是谬误。即使你符合了老师的某些想法，但这些内容并不一定符合你这个个体的生命活动啊，如此不就出现了谬误？在此我告诉大家，在修证智慧这条道路上，没有一个成长的模式是绝对的。对此，务必请大家要注意。

通过这段日子的相处，我发现现在没有谁愿意听批评的话，没有！批评的话听多了以后，那个假的自我就会变得更狭隘了。所以做人需要自己主动去改、去变，不要觉得谁应该做什么，谁应该怎么做。自己需要做自己的主人，做这个家的主人；要学会没有菜就自己去买，或有什么菜就做什么菜吃，不要在那里等待。假如出现了没人吃饭的情况，而自己不觉，还继续做饭，做出的饭是一钵一钵的，那么人就没有了主观能动性，就变成了一部机器。像这样去修养智慧的结果，就会出无知无明的愚昧，现在大家的境界，就是这样的状态。

每个人都是这样的，事不关己，高高挂起，每个人只关心自己的一个圈圈。有的学员给自己画个圈圈，就是电脑这一块儿，你不用调动他自己就主动做了，其他的事好像跟他是没关系的一样。他虽然没这么说过，但是行为是这么表达的。不一定是要用语言表达出来，人的行为正是最好的注解。还有的学员，做饭就是做饭，这个饭是我做的，这个菜是我做的，其他的事跟我没关系。你看，最简单的道理，当有经验的学员不在这里的时候，矛盾就体现出来了。什么矛盾？做饭不合理，做菜也不合理。可是我们都生活了几十年了，做家的人不会做家。难道真是不会做家吗？不是会不会做家的问题，而是自己有没有把这里当家，能不能以主人翁的态度来应对的问题。

学做人，首先要树立起务实的态度，树立起以身作则的态度，树立起行在当下的态度。假如现在让大家坐在这里一起来讨论所学的理论，大家都会表达一些自己的观点。为什么这样说？因为大家喜欢务虚。只要让大家从行为活动的过程中展现出讨论的那种精神状态来，那么大家的精神头就消失了，不符合所学的智慧教育理论的要求了。大家现在显现的状态是不行的！因为修身养性的内容与工程都是非常具体的，是身心行为整体的呈现。

从今天起，我自己也要反省自己。现在到了把大家放下来的时候，大家应该学会能动地调整自己，学会自己培养自己成长。你们做事千万不要为我设计，你们要为自己修正身心行为做努力，要培养改变自己的积极性，这样人的改变才有可能。就跟我到驾校学车一样，早早去为什么？跟我们一起练车的都是孩子，十几岁、二十几岁的一群孩子。我去得早早的，打一盆水把车子先擦一下。去早一点，擦车子，为什么？体验嘛。懂得体验生活，人就会成长，这是一个必然的过程。生活中的每一个细节都是经历的过程，也是学习的过程。如果大家开始有这样的见地了，那么生活过程就成为长觉悟、长智慧的过程了。现在大家应该把所学的智慧教育文化的内容用到生活中去，在生活中实践，在实践中生活。

从明天开始，不需要按照各人的主观设计来安排秩序，因为每个人的想法都不一样，很难统一起来。现在让你们放开来自觉地、主动地去做，那么慢慢的，你自己就知道了，应对事物的时候你该怎样主动去协调。真是属于修道的人，应该是自己内心和这个道场合成一体。大家由于缺少生活的历练，而且还不主动，这样生活的阅历很难积累起来。一个人阅历积累不起来，又没有责任心，他不可能有大的提高，更不要说做修身养性的人，过一个平常人的生活都不合格。

所以现在还得从我自己做起，言教不如身教，一定得靠自己做。每个人都害怕做错了挨批评，做事的人紧张，不做的人不紧张、散漫、啥也不管。不做的人不思进取，做的人因为紧张而恐惧。如果自己的心里因此产生了反感，那也属于不思进取的现象。大家不认为生活是很平常的，人际关系与具体的生活内容都是每个人需要关心的问题，而仅仅只关心自己，这种现象是人的狭隘自我自然流露出来的。一旦人被自己偏狭固执的思想观念所障碍，那么人的身心行为活动就会变得僵化、偏激。

其实我对我们在座的没有什么要求，虽然一直在做的就是尽量满足你们的心愿，而你们却不能从中学到什么东西。满足你们的心愿，只能培养你们一天比一天更大的占有欲望。因为你们的利益是系在道场上的，你们是对“道气”感兴趣，而不是对我感兴趣，不是对修身养性感兴趣，不是对道这个绝对真理感兴趣。你们不是为了自己来觉悟自己，所以说我尽量帮助大家、满足大家是没有什么意义的。一个人的意识思维参照模式不改变，不主动地去改变，那么待在这里是一丁点儿意义都没有的。修身养性最关键的是要改变自己对感官心意的随意满足。大家现在的修行观，都是依赖我给大家灌理论、灌能量、灌思想方式，像这样发展下去肯定是不行的，会灌出毛病的，会灌出逆反心态的。

我是主动地从我自身开始改变的，到现在还没有发现有谁像我帮你们这样来帮我的。我修养身心的过程也是靠自己一步一步摸索着走过来的。哪有老师像我这样给你们鼓劲和加持？在座的每个人和我相处的时间，与我跟老师待在一块儿的时间相比，起码已经超过了我和我所有的老师相处时间总和的一百倍还多。我跟有的老师见面很少，在一起时间也非常短，一个月就见两次三次，听他讲课也是几千人、几百人在一块儿，不像我们大家现在还能一起生活、共同学习。大家不懂得珍惜，我想从今天开始，包括我周围的所有人，愿意修证智慧的就跟着走，不愿意修证智慧的人就可以离开，回各人自己的家去，想怎么修自己就怎么修。

现在《金刚经》讲完了，还有《道德经》和《薄伽梵歌》要讲。《道德经》是我国古典智慧教育文化的精髓，是阐述根本智慧和绝对真理的理论巨著，是最为博大精深的智慧经典。《金刚经》是古印度佛学中的一部开发智慧的经典，通过转译流传至今。《薄伽梵歌》是古印度著名的史诗《摩诃婆罗多》中的一段插话，属于智慧经典，在世界范围内流传得比较广泛。

这些古圣人流传下来的智慧经典，大都被后人给理解歪了，讲得不符合根本真理，不符合经典的原义。《金刚经》讲得不符合如来之性，《薄伽梵歌》讲得不符合大梵天、梵天、梵、薄伽梵如一的本质内涵。《道德经》一百八十多个版本，加上海外发行的有三百多种版本，还有上千种注解，而这些大都偏离了道的根本内涵，不符合《道德经》的真义。现在，我们力求把这些经典的原义讲出来。

为学日益 为道日损

今天明确地告诉大家，每个人必须靠自己的努力去奋斗，认真修好功夫，这样才有能力帮助自己、帮助他人。你们现在已经学了这么长的时间，但只是多学了一点智慧教育文化的知识而已。有点文化基础的人，脑子里边概念太多，而且学习方式方法不容易改变，他们只会用学习文化知识的那种方式来学习智慧教育文化。但这种学习方式只能学一些文化知识，是没办法成就智慧的。

学习智慧教育文化的思维方式和特点是：其一，跟小学生学文化知识的方式差不多，毫不分别地接受和吸收；其二，对明师所讲的智慧理论内容需要反复阅读，对明师的践行经验需要在实践中去印证，不需要自我研究与探讨；其三，学习智慧教育文化重在身体力行的实践；其四，需要不断调整自己的身心活动状态，使自己进入到全然的谦卑状态中，诚服于自性。

真正走修身养性之路，年纪大一些的人也还是可以走的，能真正变还是可以的，只不过走起来稍微有点艰难。难在哪儿呢？难在思维参照模式的改变和改造上。如果是全然的诚服、全然的谦卑，那就没有什么是困难的了，只需要埋头精进。但是，真正做一个修行者，仅仅这样还是不够的。必须得像我一样，能自觉地、自愿地改变自己，需要做到：一听即是，一说就变；主动去做，主动去为。如果不是修行的料，就会自然被淘汰了。

建立修身养性的思维意识模式，需要大家勤奋努力，这样智慧的整体辩证的思维参照模式便会逐渐地、自然地建立起来。打个比方，修身养性的意识境界如果用百分比来衡量的话，那么现在大家的修养境界只有百分之一都不到。因为大家是循着学知识的方法去学修身养性内容的，而且性格中还有太多的棱角需要磨。如果是学知识、学文化，你那个脑子就够用；如果把这种思维方式用来学修养意识、学智慧教育文化，那就不行了。学习智慧教育文化，最根本的要求是什么？学而不著，行而无执，像这样去践行才能获得真正的身心健康。

修身养性是修真正的身心整体健康，而你们脑子里边已经习惯了弄虚作假的思维模式，一辈子都在符合那些假东西，身心行为展现的内容与自己的身心健康完全没有关系。人不得真谛，就是这样的境界。但是我这么直接说，你们还会觉得抱屈、委屈，为什么呢？你们会想："我还不行啊？我花那么大的力气，是真的想这么做的。"可是你力不从"心"啊！你说的那个真心，非真心也，是假的真心，是你嘴巴上说的，不是你这个本心自性里发出来的。如果真心有一念，那就是“燃灯”了。在道家来说，叫燃灯道人；在佛家来说，叫燃灯佛。所谓燃灯，就是真心自性里边流露出的一念愿力，那就是燃灯，那么你就可以走向觉悟了。不过从古至今，真正有能力去践行智慧的人，是非常稀有的

有的人重法术，喜欢技术、技巧，喜欢很具体的内容，在某一个小的细节上、某一个小的环节上做文章，他喜欢这个。修身养性这样做可不行，修身养性既要从小处做起，又要保证局部服从整体的原则。小的要做到最小，小到其小无内；大的整体需要照顾到全局，把这个整体逐渐做到最大，大到其大无外的境界。而且这个小与大成为不可分割的整体。

有的人总是想找一个最合理的方式、最合理的方法，可是再合理的方法到了他那儿他不去运用、不去践行、不去改变意识，那又有什么用？平常的人总是以那个偏执僵化狭隘的不变的思维模式和参照标准去应万变，那怎么可能不出困惑、不产生磨难？人如果按照自己旧有的思维方式来认识万事万物、来应对各种事物，那你想变也变不了，这不就困难了？自然就会因此产生很多的矛盾，这就是自己的思维参照模式给自己设置的障碍。

举个例子，书里边写有这样的一个故事：有个人进入到了定境之中，他把自己的意识定在了那个咸菜上。所以十好几年就想一个问题“怎么不把咸菜做好”，十好几年就说这一句话。他脑子里边没有其他的念头，十几年就这一个念头占有了他。像那样的定，定一辈子也出不来智慧。你要跟他讲话，他就跟你说这么一句。人在定境中不应该是没有念头的，也有念头。大家总以为人入定了就没有念头，是这样的吗？

那么我们再讲一个例子，在《米勒日巴传》里讲：有个小孩七岁，入定七天，是一个念头追一个念头，跟那个串糖葫芦一样，穿了七天，没觉一会儿就过了。这算不算入大定？算。长不长智慧？

长。但是长的不是般若智慧，长的是串糖葫芦似的智慧。那不是道的境界！定，只有定在圆寂上，定在寂态上，这样的定才可以呈现般若智慧。那就是六祖说的这个定——“不断百思想”，要定在这个境界中才行。

我们脑子里边总是有很多世俗的观念。所以现在是需要大家树立一个合道顺德的思维参照模式，把这个观念树起来。可是你们受世俗观念的影响，所以想树也树不起来。因为道是无边无际的，而你们的那些世俗观念却是有边有界的。道的这个虚寂之性不与人的任何观念、观点和概念发生关系，也不会与人的各种习气和各种习惯发生关系。但是我们现在为了讲解这套智慧教育文化，还一定要借助于各种知识、文化和各种观点来进行论述，不过你要是执著于这些观念、观点和概念的内容，那就不能合道了。所以老子说，“为学日益，为道日损”。人如果能够不执著自己的观念去行动，那么自己就会从这种行为活动当中解脱出来，到那时就可以了。

如果大家想要获得改变，那就需要好好地做。当然明天看我做也可以，看我做饭、做菜跟你们是不是一样的？很平常，一样的做。可能就是整体性好一些，就不会出现已经有饭了再煮一盆子饭，不会不看冰箱里有什么菜就自己想象着订菜谱，在具体的事上，不会像这么粗糙。可能在有的方面，还是会出现粗糙的现象，但是我会警惕自己去改，会发现自己的缺点，主动去修正，这就叫分别智。般若实相能够产生无限的分别应化智，是无以穷尽的智慧，而这种根本实相却是永不磨灭、不会消失的。所以说“慧能无伎俩，不断百思想”。

大道至简须实证

说起来修身养性挺难的。有位学员听我说要开车去西藏旅游，“哎呀，那太累了”，他脑子里边反应的不是别的，首先是累。他反应的客不客观？客观，的确是客观，开长途车肯定是挺累。但是要知道，一个行者是不畏艰辛的，这就是一个行者的人生观哪。你如果感觉累、害怕累，那也是一个人的人生观，是不具有道之品质的人生观，是属于修行的意识没有树起来的境界。

世人们总是这样的，他可以在自我识别的方面吃苦，但是在修行上不愿吃苦，这就是观念的不同。但是你一指点，他觉得有道理，马上就能改，能够于当下改变自己的观念，那也叫觉悟。能于当下改变，就叫不执著。在平时生活当中你们这些人就是不能够这样去做，那就没办法改变。人不能从修养意识这个本质的层面去改变，那就一定会著相。所以说不著相，需要体现在生活点点滴滴的内容和过程之中。在这些方面，我们要提高认识，要提高警觉性。提高认识，就必须靠自己去学习；提高警觉性，就必须靠自己去践行。

我想倡导大家学习和践行“二入四行”①，现在没有人去倡导这个东西。现在很多人修行是吹毛求疵的，把《金刚经》讲一下，把《楞严经》也讲一下，就要开始成佛做祖了。这些人谈起理来，一个比一个理高；做起事来，一件事不如一件事。现在就是这样的形势。

人的任何一个身心行为活动，都会系在每一个具体的事上。修道者必须以道的属性为标准，以道体为准绳。那么作为一个社会的公民则需要以法律为准绳，以和谐环境为纲纪。

所以修身养性之人就得以道为标准，就是以无我的境界为标准。怎么样无我？不执著，不住色、不住相、不住见。不住在任何的观念观点中，不停留在习气习惯的模式中。一个观念都不要执著，一执著就是住。什么叫住？比方说，“这个房子是我的”，我有这样的观念，我是不是就“住”到我“家”里来了？我就停在这个地方了。不住相，是不停留。停留就是住，不停留就是不住。不着重强

---

① 达摩祖师所提倡的“二入四行”修行观，二入即理入、行入；四行即抱怨行、随缘行、无所求行、称法行。

调自己的观念，就是不停留；不固执地坚持自己的想法，就是不住见。每个人，学会去做，主动去做。

大家听到了吗？是这样的吧。比如，这位学员叫“见贤”，然后还可以读“现贤”，对吧？把你的仁德之心，仁爱之心，贤人所具备的品德体现出来，那就是现贤。首先得“现”，人家才看得“见”；你不现出来，谁也看不见。怎么现？不离柴米油盐；怎么现？全在行住坐卧。没有所谓的玄学的道理，“道”之理都在平时的生活当中。我讲的对与不对，大家可以提出自己的意见和看法。我们这里是允许质疑的，你不质疑，那你就不行。

如果认为我讲得“绝对正确”，要“绝对诚信”，那就走向反面了，就不是诚信了，那就著了“绝对诚信”的相了，你不要钻在“绝对”的字眼上。所谓绝对诚信就是行动，你真正去行动了，它就叫绝对诚信。如果你是口头上的，那就住在“绝对诚信”的概念上了。绝对诚信，就是行动、行为、语言表达的时候，跟自己所做的内容、心里所想的内容是一个东西，心如一，身、口、意如一。简单说就是形神合一、行神合一的境界。如果把这些过程认识清楚、践行清楚，那就是修行，也是诚信，还是谦卑，同样是全然。关键是大家说得多，做起来不多；听着有理，做起来难做。为什么？就是因为与平常的事结合不上。我们这么结合《金刚经》讲一讲，现诸相非相，那就是如来了，容不容易？容易得很，当下去做，当下就做。道就是这样地至简至易。

有人说“我今天已经当下了”，就跟有的学员一样，“哎呀！我的境界好啊，老师能了解我的意境吧”。这是什么意境？妄想！感觉到天高地阔这个境界，是妄想境界，是住在这个妄想心里边了。关键是你们以前不知道这些生活中平常的内容就是修身养性的内容，现在才开始了解什么是真正的修身养性。修身养性要求又高，而且又严，做起来也就不容易称法，这就有难度了。

我在学习践行智慧文化的时候，老师怎么讲我就怎么做。大多的时候是没人管，只能靠自己自觉地做。人这一辈子，你想一想，实质上就是一个因缘。而大家一天到晚都停留在假、大、空的境界中妄想。我劝你们不要修妄想，学了理论，就按照理论去做。

道就在眼前，并不遥远。你只要是无我的境界，你就在道中，当下即现如来。当然还要持之以恒，在平常生活的点点滴滴中，去践行、去见证。道就在平常之中，如果你认识不到这一点，就呈现不出如来之境界。所以我们想成就般若智慧，就要按照《金刚经》所教授的方法内容去修证。最简单的、也是最根本的方法，就是受持四句偈：

“凡所有相，皆是虚妄。若见（现）诸相非相，即见（现）如来。”

“应如是生清净心。不应住色生心，不应住声香味触法生心，应无所住而生其心。”

“若以色见（现）我，以音声求我。是人行邪道，不能见（现）如来。”

“一切有为法，如梦幻泡影，如露亦如电，应作如是观。”

真爱篇

真爱是无我的境界

整体和谐的无我之爱

当爱变成条件

真正的奉爱源于心性

爱 无我 和谐 自由

真爱需要分别智

大爱无私

今天我们讲一个“爱”字！讲一讲通常人们所理解的爱与真正的爱的区别在哪里。

关于“爱”这样的话题，千百年来，古今中外，不知道有多少哲学家、音乐家、文学家、宗教家及爱好和平的使者，对此都作了众多不同的解释，也不知有多少人对它百感交集。而我们探讨生命的科学家是怎样去看待这个“爱”呢？它真正的内涵究竟是什么呢？

整体和谐的无我之爱

自我们来到这个人世间后，生命活动就开始伴随着年龄的增长不断地变化着，人的社会关系也会随之发生相应的变化。在家庭中，我们存在与父母、兄弟、姊妹、子女的血缘关系，以及叔伯、姑舅老表等近亲的关系；在社会上，会存在有同学、同事、上下级的关系，还有朋友、邻里之间的相互关系等等。我们每个人的自身与自然及社会每时每刻都发生着各种各样的关系，都会有一种爱的表现形式。

比如父母对孩子的爱，一般来说是无私的爱，是没有私心杂念的爱；子女对父母的爱，古人对此则称为赤子之爱；圣经讲博爱，是从奉爱的角度去理解、去认识的；在佛家文化里，把爱称之为慈悲；在儒家文化里，爱为德之修养；在平常人的眼里，爱是一种关怀，是一种爱护。不管是达官贵人，还是平民百姓，每个人的心中对爱都有各自的认识、感受、定义和概念。

然而我们对爱的认识是什么呢？爱就是一个和谐，是一个“一”，是在无我状态下的一种生命力的展现，这才叫“爱”。爱实质上是一种平等心的呈现，是一种创造和谐的智慧。爱不是占有，而是无我的奉献，所以爱是无私的。当然，我们所探讨的爱，是从生命的本质内涵这个高度上来认识的。

人世间的爱有多种多样的形式。爱在同事之间、朋友之间，称之为友情；爱在父母与子女之间，称之为关怀；爱在上下级之间，表现为允诺和服从。所以说，爱可以从很多很多的方面表达出来，也可以用很多不一样的形式来体现。但是从人的本质内涵上来看，爱是什么？爱是个“一”。在应对万事万物的过程中，当爱呈现的时候，你身心活动中的那种内涵的表现，是个“一”的境界，一种无我的境界。那就是爱！

当爱变成条件

我们可以看到，父母对子女的情感，通常是没有私心的。他们对子女的关怀，是没有自己本身的那个自我存在的。没有！反过来讲，子女对父母一般也是很有孝敬心，没有私利，不存在利益关系，也是没有自身的那个自我的状态。在这样的情况下，我们应该可以感受到“爱”是什么？爱是一种奉献，爱是无私的给予。

然而，在现实的社会中，人们把爱当成什么了？当成了一种交易。特别是社会商品经济高度发展的今天，人们为了最大限度地获得经济利益，通过文学的、艺术的、广告的等等方式，在电视、电影、电脑、游戏和广告等等领域里，泛化爱的内涵。爱已经被炒作成了什么？把异性之间的性爱演绎成为“爱”了。然而性爱，它不属于爱。从人存在的最本质的领域去认识性爱，我们认为性爱本身不属于爱，而是人这种生命存在的一种生理本能的功能需求。当然在自然界中，绝大多数的生命存在都会具有这样的本能性的功能需求。

如果我们不明真相，受这种文化的熏染而不断地释放所谓的性爱，那么就会使人无谓地损耗自己的生命力。当然，合度的性爱生活会帮助我们和谐家庭气氛，和谐夫妻之间的情感，也可以在较低的层面上给生命注入活力。不过性爱虽有维护家庭和谐的一面，但用之过度，就会在不知不觉中耗损人的生命力，进而破坏了自己的身心健康，导致朝气蓬勃的人生变得委靡不振；同时对于性爱的过度宣传和迷逐，也必然使自性本然的真爱变得愈加淡薄。

当今人们对爱的认识，已经不能上升到这个高度上去理解、去认识、去把握的时候，这就导致了人的分别心！占有心！妄想心！私欲心！私利心！把爱变成为满足各种感官享受或刺激的代名词了。在对物质利益的追逐中，为了满足自己的各种情感欲望，诱导人们在无形中、在不知不觉中走向情感利益的交换，使爱的内涵变得利益化、物质化、庸俗化。就好像做生意、做买卖一样，讨价还价，把情感、把爱、把关怀当成一种交换的条件去对待。这样的行为，自然而然地引导着人们建立起这种利己的观念，导致了社会上各种矛盾的产生，使整个社会环境和社会秩序都产生了偏颇。

当我们真正要表达爱的时候，当我们处于无我状态的时候——母亲对子女的爱，实质上就是无我的状态，是一个真爱的状态，在这样的状态下是没有我的——忘掉了自己对自己存在的认识，忘掉了自己对自己存在的感受，那就是爱，那就是无我的真爱境界。

爱还有什么样的形式存在？那就是关怀。当然关怀的方式和方法也是多种多样的。关怀可以是和颜悦色的，也可以是严词厉色的；既可以用和谐的音符来表达关怀，也可以用不和谐的声音去体现。父母对子女的教育，上级对下级的引导，有和谐的语言，还有不和谐的声音；朋友之间情感的交流，即使是一种关怀，有时候也不一定是通过和谐的语言来表达。例如通过大吼、或训斥来体现关怀，通过讽刺、挖苦来表示真情的关怀，通过激励、理解来表达情怀，通过赞美、夸奖来展现友爱……虽然爱的关怀表现形式不一样，但人所呈现的无我境界实质上都一样，都是至爱，都是真爱。

但是现在社会上的人还认识不到这一点。当别人对他态度不好时，就会认为对方不喜欢他；当父母很关心他时，他反倒认为父母的爱是一种多余的麻烦和负担。同样的，现在做父母的人，也是把孩子看成自己的所属物，总是按照自己的想法去制定孩子的未来，这样看似无私的爱，实际上是以自我观念为主导的狭隘自私的心怀。父母对待子女，物质上过度地给予，生活上过度地放任，感情上过度地宠溺，精神上过度地匮乏，成长上过度地制约，使孩子无法培养起自身生存所必需的自立性与创造性，形成了自私利己的人格，既不懂得去奉献爱，也不懂得感受爱。像这样一些偏颇观念，都是在我们今天这样一个讲究经济利益的社会中形成的。人们把爱当成了一种效益，当成了一种利益，这样一来就把“爱”片面化了，绝对化了，利益化了，庸俗化了，私有化了。

真正的奉爱源于心性

有时候，关怀一个人，仅仅用微笑、用赞美的方式，可能会让他自满，达不到关怀的目的，那么就可以通过分别智，以不同的语言表达形式来达成。所以爱的表达形式是多种多样的，绝对不是单一的。美好的语言和粗俗的语言，都可以表达出真爱的情怀，关键是看人们用什么样的心态去感受、去体会、去认识它。

语言是由心理的状态来决定的，是你参照系里面的内容表现出来的，是你参照系里面的内容和运动状态所构成的参照模式决定的。如果你是真正的无我的状态，那么你的语言就是一种和谐的状态，那就是“爱”的境界。如果你认为人家是在关心你，不管是什么语言你都能接受，不管是什么形式你都能接受；如果你认为这不是关怀，不是爱护，不是爱的表达，这个时候，你的感觉、你认识的东西就是个反的。如果你不能正确地认识爱的表达形式，那就无法去认识人真实的情感——那个没有修饰的情感。所以请大家对爱的表达形式，一定要用辩证的思想去认识它。

国外有一种文化，叫“奉爱瑜伽”，它是一种专门行奉爱的修养方式。在奉献的过程当中完善自我，在奉献的过程当中忘掉自我，在对自我主人翁的全然奉献中忘掉假我，它是通过这样一个方法来表达爱的。这是一个非常高级、非常深刻、非常绝妙的修养身心的方法。但是，现在看到有些人在按照这样的方法去进行身心修养的时候，已经偏离了奉爱的内涵而外求了。很多人把搞好人际关系、注意礼仪当作陶冶性情、涵养道德的根本内容了。其实，奉爱的本质内涵是对自己的心性直接用功夫的，离开这个根本点那就是邪门歪道。

对于奉爱的认识，需要从理人与行入的过程中去学习和见证才行，要能够认识到形式上的奉爱与无我的本质内涵合一才行；要树立起这样的观点：对大家的奉爱，实质上就是对自己的奉爱。当好言相劝不能使所犯错误被纠正时，任何语言都可以成为表达心声的一种方法，包括肢体语言等等。尽管表达的方式不一样，但本质是一样的。博爱也是讲奉爱，博爱是奉爱的表达方式。

爱 无我 和谐 自由

我们所讲的这个爱，它包含着博爱、奉爱，包含着无我，也是大我的内容。当一个人处在爱心的状态时，他是没有私利的。比如，国宝大熊猫需要有人来认养，这个消息传出后，社会各界人士便积极响应国家的号召，有好多人报名申请。人们此时此刻的心境，就是一种奉爱精神，没有私欲，没有利益，也没有占有。

当一个人出于同情、友爱，对人呈现出慈悲的心态，呈现出自己的悲心的时候，那样一种爱，也就是真爱。真爱是没有自我的爱，真正的爱是无我的，或者说是在大我的状态下展现出来的。不管是说大我、大公，还是说大善德、大智慧，实质上表达的是一个内容，那就是“爱”！当你爱的时候，当你的自性真心流露出爱力的时候，爱大家及众生的时候，没有贪欲的时候，没有私利心态的时候，没有想去占有什么东西的时候，没有表达利益的时候，那么，对世界、对所有的众生都会是和谐的。如果真正去把这些事做好，我们的胸怀就坦荡了。

爱还得从这样一个方面去认识它。当人们对你关怀的时候，有时候是用赞美和鼓励的语言，说某某非常了不起，说某某非常有功德等等；有时候人们是用糟践的语言、用敌视的态度，说谁不好，说谁妨碍了什么。比如，我现在出来教大家做健身呼吸操，义务地教授大家各种锻炼身体的方法，有的人能理解，理解是对你爱的一种肯定；有的人则不理解，不理解还是对你爱的一种肯定。

如果人能够像这样去认识社会中的各种关系，像这样去认识人生，像这样去认识世界，那么自己的内心世界就自由了，就没有障碍了。如果一个人一天到晚都处在爱的心境当中，处在那种和谐的、爱心的、喜悦的心态当中，那么他就是个自由的人啊！自由不是源于外部给你的条件，而是源于自己内心的一种无我的境界，那样才叫自由。否则任何条件下的一切自由，都将是不自由的源起、不自由的源头、不自由的起因。

有很多人认为，自由是来自外在的客观条件，诸如经济的条件和精神的需求，认为外在的环境和外在的制度等方面决定着人的自由度。我们再强调一次：爱——无我——和谐——自由，是源于我们自己身心内在的整体和谐性——即人的觉悟智慧境界，绝对不是源于外在的条件！否则那就是无政府主义的所谓平等、自由。

所以针对这样一个真爱的课题，我们要这样去认识它，只有提高了认识，我们才能改变自己的身心；只有这样去认识，才能真正变换我们的气质。现在有许多人都很害怕别人议论自己什么，但从这十多年我自身修养水平提高的过程来看，从我认识生命科学和生命活动实践的这个过程来看，我自身证明了就是这样的：如果你要关心人，你要爱护人，那就需要你能够用自己的身心去爱；你不要想占有谁，你不要想占有金钱，也不要想占有物质和情感，在这种情况下所呈现出来的自然而然的境界，就是爱！

一个人在社会上所谓的地位，所谓的成绩，都是劳动所得。但是蛮多人因害怕、担忧自己的劳动能否有所得，所以他要通过争论、通过挑起矛盾的方式去解决问题，这样往往引起了自己的不快乐，导致了身心的不健康。

如果通过今天这一课，我们把对爱的境界提升到无我的高度去认识和定义的话，那么我们应该呈现的爱就是那种忘我的思想言行，我们对大家的爱，对各种事物的爱，将是没有分别的智慧，是没有分别、执著、妄想的爱。爱只有表达形式的不一样，本质上它是没有分别的。它只是因为具体的事不一样，人与人之间的关系不一样，时间不一样，地点不一样，所以表现的形式和给予的方式不一样而已。

如果一个人去爱人，是带着某种目的，带着自己的愿望，带着自己的向往，或是带着妄想，那么这不是爱，这是一种什么呢？这是为了方便自己、实现自我愿望、满足感官要求的自私自利的思想与行为活动，因此其在与人交往的过程中，所表现出来的是假心假意。这完全是在出卖自我而展现的假我。如果一个人无时无刻不处在奉献的过程中，他就是在道中。人如果能够与道同体，那就是至爱！但是一般人做不到，只有在特殊的关系里，在对待自己最亲的亲人的时候，他才能呈现出来。

爱可以是关怀，爱可以是爱护，爱也可以是愤怒，爱还可以表达成为一种矛盾。不管它表达成什么样的形式，只要你自己内心无所求，那么这个爱就是真实的，这个爱的结果就是良好的，这个爱就是觉悟智慧的。

蛮多人说，我在处理某某事情的时候，我就是这样想的，可是我取得的结果、得到的结果却令人失望。当你用美好的心声、和谐的心态去对待一个事物的时候，可是那个事物表达出来的内容不是你所想象的，那是因为在你的想象中存在固有的观念，这样便有了分别、执著和妄想。如果你不起分别心，哪有结果的好坏啊。你用微笑，人家用怒吼，这也很好嘛。你用微笑表达，人家用怒吼来回应，只要你自己能够做到不起念而心态祥和安宁，这难道不是忘我的爱？如此应对不就产生了和谐吗？这就是辩证法啊！难道微笑非要用微笑来回应吗？当人家给你一个笑脸，而你却看到对方的处境非常危险，也许你会用非常的手段去帮助他。动机源于无私的奉献，源于挚诚的关怀，而不是源于占有，难道这就不是对人尽心尽力的爱吗？难道这就不是奉爱吗？

所以说做人，我们每一个人在社会生活中做人，都要把自己的心怀、胸廓打开，你要高高兴兴地去做人，那就是爱，那就是快乐。当你用自己的爱心帮助了人，而又不要求回报的时候，那么你的心胸就自然地打开了。如果你有要求回报的想法，你就会去分别人家对你回应的态度如何。当分别心产生的时候，矛盾也就跟着产生了；当你分别了以后，就产生了妄想心。什么叫妄想？与当下不符合的一切想法或念头都是妄想，如期盼的想法、等待的想法、梦中的各种想法等，都是虚妄不实的想法。这些想法都是对事物不真实的反应，不能真实地反应出人与事物的内涵相合的心灵动态。人的各种各样的观念、观点和概念，只要是不符合人自身的运化规律，不符合人与事物所发生关系的法则，都叫什么？都叫妄想的心态、执著的心态。所以有分别心，就会有妄想，有妄想就一定会有执著。你若执著于你这个妄想，其产生的结果，最终肯定是不和谐的。

另外，只要有分别心、执著心和妄想心中的任何一心，就会产生过去心、现在心和未来心。如果人常住于分别、执著、妄想心与过去、现在、未来心之中，那么人就不可能获得自觉自由的智慧。一个没有智慧的人是不可能享受真正的自由和民主的。现在的人们所追求的自由民主都不是源于真爱，而是偏执于物质财富与情感利益而受其驱使的行为。

真爱需要分别智

爱是和谐的表达，但是有时候需要用不和谐的声音去促成某一个事物的和谐，这个就是分别智的运用，当然也是爱。爱在你心里，心底里的和谐不管用什么样的形式表达出来，只要能达成事物和谐的结果和正常有序的发展，这就是真实的爱，这才叫奉爱，这才叫博爱，这才叫没有我的大我之爱。

所谓的大我，就是一种没有自我观念的状态。有谁看到父母在爱自己孩子的时候，把父母自己的这个我放在优先的地位考虑的？没有。当子女表达对父母的孝敬心时，或说赤子之心时，如果有一个自私的我字存在，那就不叫赤子之心了。当人真正地进入到爱的境界的时候，他是无我的。世俗的人只有处在真爱的那一短暂时刻是站在道的这个层面上来认识事物、感受事物之和谐性的。当然，俗世中人的这种真爱仅仅是自发的，而且非常地短暂，没有连续性，其与大智慧所呈现出来的真爱的那种自觉自为的状态，是不能相提并论的。

这么多年来，我们就沿着这样一条无我奉爱的道路走到现在。只有当我们走到了今天，真正见证了觉悟智慧，呈现了人的本然之性，我们才认识到真爱原本就是这样的。当我们关怀小孩时，有时用说服教育的方式，有时还要用惩罚的方式来引导，惩罚是为了纠正孩子身上的错误。有的小孩听教育、听引导，听父母的引导，听老师的引导；可是有的孩子不听父母、不听老师、不听同学的引导，那么对不服从管教的小孩，父母采用非常严厉的措施和手段来达到教育的目的，这也是一种真爱的表现。凡事只要做得合度，那么其表达形式就是智慧的。但现在的父母已经开始变了，我们听得最多的一句话就是："随小孩的愿，省得长大以后记恨我们。"殊不知父母这样不负责任的想法，对小孩子的成长是非常不利的。

我们的这些讲话内容，都是有针对性的，是有的放矢的，目的是引导人们去认识人性的本身。有人问："作为一个人，为什么会来到这个生命的世界?"这个问题没办法去回答。生命的产生是自然而然的，与天要下雨、草要生长是一个道理。但是我们知道和谐、真爱是生命的本来面貌，真爱的表达形式会随事物的内涵与特性的要求而变化，智慧的应化形式同样也是千变万化的。如果人世间有多少种表达语言的方式，那么爱就有多少种表达的方式。当我们能够这样去认识事物的时候，我想我们离自身的那个自由就不远了。

我们应该这样去做，不要怕失落了什么，尽管去做就行了。不要在那儿算计"我用了多少，我花了多少；我为你，我帮你，我做了多少"，你看这都是有条件的；"我做了这么多？你为什么还不能认可我"，这都是有条件的。真爱奉献是没有条件的，是无条件下的产物，只有在这样的情况下，爱才是和谐。即使是不和谐的表现形式，也能表达出一个和谐的结果。爱的特性是内外无别的。

关于爱这样一个课题，不是一时半会儿能讲完的。这需要我们在自己的生活和实践当中慢慢去认识它、呈现它。所谓大善德也好，大慈悲也好，都是爱心的表达。"我不下地狱，谁下地狱"，这也是爱心的表达。如果一个没有爱心的人，是表达不出爱的境界的。所以我们要通过这样的学习，通过不断的回忆，回忆老师所讲的这些内容，通过回忆，通过反思、反省自己的言行来修正自己。这样的一个过程，才是重新塑造自我的过程、完美自己的过程。其实说起来是非常简单的一件事，有一句话叫"放下"。如果我们能够放下一切的利益心态，难道我们就不能活下去吗？其实我们可以尝试用一小段时间实践一下，万缘放下，你放下试试看看，看看你周围的环境有哪些变化，是否变得越来越和谐。

这些都需要我们去实践，在生活当中、在社会活动过程当中去实践，在人与人交往的过程当中去实践，去展现我们真正的爱。这是内在的和谐与外在表达的统一，是内在的和谐与外在的事物达成了一个和谐的统一体。人只要是处在无我的境界中，不管以什么样的形式去达成，都是和谐的统一体，因为你自己内在没有被障碍，和谐就由此而产生。

和谐是从内在升起的，是从我们人的内在根本处——产生思想意识的源头、内在的那个自性真我，是从那儿发起的。爱别人，爱自己，但是不要用自己的意识思维所形成的某种概念来衡量和应对我们所面对的事物。一般情况下，世俗的人都是由利益心态而表达出来自己的观念。就像有的学员，想提醒他，轻言细语地说他听不进去，那就得通过大声地指责，用这样的方法来提醒他、警醒他，他才能加深印象，当然还是有极少数的人是接受不了的。难道这就不是老师的关怀至爱吗？

老师希望你们能够改变做人的态度，希望你们能够改变自己的人生，你们能接受吗？在你们之中是有很多人不能接受的，他们并不能理解老师的真情关怀，心里边总是觉得不舒服，有过节；总是觉得老师对自己的帮助不够，或不需要用这样的方法来帮助自己等等，产生这些不理解的想法。其实这些想法的产生，是源于不懂得做人的道理，是既不能理解老师，又不能理解自己的一种现象。像这样的情绪出现，都是因为人思维模式里的参照系内容有了偏差，从而形成了这个假我。人在应对事物时都是假我在作怪。自己跟自己画了圈圈，自己在那儿分别，分别一个客观的事物：说这个是甜的，这个是咸的；那个是香的，那个是辣的……只挑那些适合自己口味、适合自己想法的东西。

我想像这样的一类人，他们都会生活在痛苦与曲折之中。而痛苦曲折的产生，都是源于自己有太多的观念和概念在障碍着自己；也就是自己的参照系内容里的观念、概念，作为参照标准的那个东西，在对客观事物进行比较、进行鉴别。人参照事物的概念越多，分别心就越大，困惑的内容就越多；人衡量事物的观念越多，出离心就越大，痛苦的时间就越长。

很多人认为我把自己的钱给人家，这就是爱的展现。这样理解是不对的。如果你不能真正认识到爱的内涵，只要别人有求，就随意给钱，也会导致不良的结果。尤其是我们很多父母认为爱子女就是给钱，满足子女的愿望，他们认为这样就是爱。其实这样一来，就非常容易让孩子们产生一种错觉——给钱才是爱，这非常容易导致子女形成一种交易的心态。长此以往，在孩子的心灵中，他就会模糊爱的真正内涵，不知道什么叫爱，就是因为存在这样的一种交易往来，破坏了自己的和谐。而根源在于，我们的父母自身都不能真正地懂得和表达出爱是怎样的一种境界。尤其是溺爱，产生的结果是最恶劣的。

每一个人都有一个成长的空间，对于一个正常的事物，在自然而然的前提下，你去维系它，那就是真爱。维系它的方法确实是多种多样的。打比方说，我们想请一个人到这儿来给帮帮忙，结果那个人会想，“到你这儿来帮忙，你有什么企图？为什么会要我来帮忙，不要他来帮忙”等等，这些都是妄想的结果，都是自己对自己的不理解。不是对外在事物的不理解，是对自身真性的不理解造成的啊！人心都是相同的啊，我们大家的心都是相同的。大家大可不必要去探讨人家的心情，我们每一个人把自己的心声探讨好就行，要学会“居善地，心善渊”。

大爱无私

很多人总是审视人家的心态，而不是在审视自己的心态。如果你在审视自己的心态时，不能认识到这个问题——自己参照模式里面的内容，是用来参照自己的行为的，而是用自己的参照标准去衡量别人，去参照别人的行为，那肯定就是一种狭隘的胸怀。这个过程的本身不是和谐，而是一种需要交换的条件，这是在交换事物之前的一种条件，假定的条件。

然而爱是没有条件的，它是身心的一种整体的和谐，没有你与我的分别，是一种无我的大智慧状态，是一种大公的境界。不过对于平常人来说，真爱在自己身上表现的时间非常短，只一会儿，那也叫公，也是一种公心的体现，对于那个公心我们就称它为小公。如果将大公展现出来，大大的公心展现出来，就能够使爱心的时间延长。这样一来我们内在的和谐也就延长了，我们的身心都会健康起来，周围的环境同样地也会和谐欢畅，利人又利己。

做人没有爱心是不行的！不管你现在有多大的年龄，也不管你有多老的资格和多高的学历，以及你在社会中有多高的地位，做人没有爱心，是成长不了的。爱心就是公心，就是以“百姓心为心”的境界，符合大家共同的利益之所在。内心无碍才是公心，公共的心态也就是平等心。如果大家没有公心，就根本不可能产生平等心。所以平等心是源于自身那个爱的心态，没有条件的和谐心态，是在这样的基础上产生的平等。这个平等是源于人内外环境整体的平等，而不是外在条件的平等。如果人们把外界的条件作为衡量平等心的条件之一，那样就会走向谬误；如果把平均当作平等，那样就会走向矛盾，走向人生的深渊，也就离开了真理。

希望我们每一个人都能从这样的角度去认识爱，认识自性真我，认识自己的内心世界。通过反思、反省和回忆的方式去认识，通过工作、学习、生活的内容去实践，那么我们内在的世界就会比以前多一些和谐，多一些奉爱，多一些阳光和温暖。

谦卑与诚信

何为谦、卑、诚、信

谦卑与诚信的和谐统一

人生必修课

心无分别 虚怀而和

谦诚的信念 生命的力量

信为道缘心为母

我们对谦卑的认识，对诚信的认识，是不同于一般学者的认识的，也不同于一般社会伦理道德上的概念。

何为谦、卑、诚、信

关于谦卑和诚信，我们是这样认识的：谦卑是一种和谐的生命存在形式，是这种生命活动规律的表现形态；诚信是一种生命力的存在形式。

那么什么叫“谦”呢？谦是逊让的意思，是一种敬退隐藏的势态。谦这个字的读音“qiān”，告诉我们它是向人身体的中间走的。发这个音，气机是向中脉走的，向中丹田走的。走中丹田，可以从下往上走，也可以从上往下走，因人而异。谦是含藏着的，是往里边收着、敛着的。怎么敛呢？是通过卑表现的形态来收敛的。“卑”怎么理解呢？我们可以想到，过去做奴婢、佣人和伙计的，只要主人一招呼，他们很快就过来，然后躬着腰站着，毕恭毕敬地站着等候吩咐。他们这时的意识状态，不会以自我的主观想法为主导，而是随时都保持警觉意识的状态，身心活动随时都处在这样一个警惕性的境界中。这种处于低姿态的警觉状态，就是卑的内涵。

我们是从修身养性的角度来谈谦卑的，是从如何符合生命运化规律的高度来解读谦卑的内涵的。当你的气机在中脉、往中间走时，怎么才能敛住呢？那就需要人保持一种状态才行。从形式上看，就好像侍从那样的状态，像他那样把意识收敛着，处在一种警觉的状态中，收敛的警觉的状态，这就是谦卑。人这个身体、这个腰部，这么微微地躬一点点，就能够使气内敛于体内，濡养身心。大家看“谦”这个字的构组，从言从兼。我们说古时候这个“言”字，不只是说话、语言的意思，它可以代表一切思想和行为活动的展现。那么“兼”呢？就是包容，你喜欢的能兼容下，不喜欢的也能包容下，有这样博大的胸怀，才是兼。汉语造字是很有学问的，更是古人智慧的展现，其涵义都在字形结构里了。

所以看这个谦字，它就是人的思想和行为展现出包容礼让的境界。那要怎么样达成这样的境界呢？就是卑，卑低退让，含敛不显，能够“处众人之所恶”，有这样的低姿态，那么一切事物都能在你心里兼容进来，这样一来你的胸怀能不博大吗？你在自然与社会的各种关系的应对中，能不展现出和谐吗？

那么，我们再来认识一下诚信，从生命科学的高度来理解诚信，我们认为诚信即是人生命力的体现。为什么说诚信是一种生命力的存在形式？诚，它也是一种内敛，它跟谦卑不一样，谦卑走中间，诚字音它走哪儿？它往下丹田走——“chéng”，它往下丹田走，这样可以使中、下二丹田连接起来。信，我们可以当相信讲，当信心讲，当信念讲，当真实讲。诚与信，放在一块儿，叫诚信。诚信，就是标志着一个人的志气，标志着一个人对所追求的事业与人生理想目标的坚定。一个人要有志气，就必须得有旺盛的正气。如果一个人有着坚定的发展方向，那么他就是一个有志气的人，一个很有思想的人，一个善于解决问题的人，一个有主见的人。像这样一类人，就是五脏六腑之气合化的状态比较好，中、下二田合化的状态比较好。所以说，诚信展示出的是一种生命存在的力量，是生命力存在所展现出的一种外在表现形式。

我们所讲的谦卑与诚信，是在生命运化规律这个层面上谈的，是在道体德用这个层面上讲的。它是无内无外、无大无小的。大到我们做人，在社会上做事；小到我们的一言一行，或者是某个念头，都会涉及这样的问题。谦卑、谦卑心，诚信、诚信心，它展现在我们的生命活动中的内容，就是以上所讲的这样一些内容。

谦卑与诚信的和谐统一

那么在家庭中，谦卑是一种和谐；诚信是一种给予和达成，达成某一个平衡，达成某一个意向，达成某一个目的等等，这两者是相互统一的整体。在现实的社会生活中，如果一个人具有了谦卑心态，那么在他的周围，就非常容易建立起一个和谐相处的环境，这种和谐的环境，使得我们自身的生命活动和周围人的生命活动达成了一个统一体，这样便能够在和谐的状态下促进事物的发展。

比如和朋友同事在一起，总是展示出来谦卑的心态，大家就会说："这个人待人非常地诚恳和谦虚，非常地恭敬。"就是说这个人有非常好的谦卑心态。当我们尊重大家的时候，以谦卑心待人的时候，在自然而然的过程中，在自然自觉的过程中，也会赢得人们对自己的尊重。"敬人者人恒敬之"，这就是我们在社会这个层面上对谦卑心态的认识。

一个人能达成什么样的效益？生命力怎么展示在社会领域？应该说是通过诚信来表达的。人与人的交往，事业上的往来，都需要有一个诚信在里边。以坦诚、以诚实面对任何一个事物，面对任何一种社会人际关系，只要是以诚待人的时候，就会产生一种信力，这是生命能量在社会活动中的展示，它是这样一个内容。诚与信是不可分割的。

当人们从你身上感受到的是一种不怀疑、不否定的信息时，就会产生非常信任你的思想活动和行为活动，这就是一种力量，这是诚的力量；当这种信息传递的时候，就有产生信誉度了，大家会认为“这个人不错，没问题，把事交给他办能放心”，这是一种信的力量——信誉的力量，信心的力量，恒心的力量，持久的力量，耐心的力量。所以说，诚信有这么多力量的存在和表现形式。谦卑与诚信的本质内涵皆是源于人心性之根本。

那么我们如何做人？我们如何维系社会生活中的各种关系？如何与自然之事物达成和谐的共存状态？我们如果能做到诚信和谦卑，自身就建立了一个良好的混化条件，同时它本身也是一种生命力的展现。大家不可以把诚信和谦卑分割开，说那只是个名词而已，不是这样的！我们是站在生命科学的高度，站在智慧整体辩证的生命观的基础上，来认识这个事物的内涵的。

过去有这样一句话，“精诚所至，金石为开”。诚能够惊天地，泣鬼神，你看诚信的力量有多大啊。但是诚信的源头在哪儿？在谦卑那儿。它们是不可分割的，它们是一个整体。如果走到哪个地方，我们都没有一个良好的心态，在那儿高傲得不得了，那么当两个人走在一块儿的时候，就不是相合的作用，而是相排斥的作用。

可是谦卑给我们的是一种什么？是一种相互吸引的作用，是产生和谐的机理。它既是产生和谐的原理、理论的一种机制，又是和谐诞生的条件本身与本质内涵，所以说它是无内无外的。现象就是本质嘛。我们如果在这样一个层面上去认识了，那我们就知道了在平时生活中怎么样去做人，怎么样去待物。因为我们每一个人都要和自然事物发生关系，和家里的亲人发生关系，和社会上的人群发生关系，同时还要和经济发生关系，在这四个方面展示出来谦卑与诚信，人就会是觉悟智慧的完美体现。

谦卑，还有一个层面，它能展示一个慈悲之心，慈悲的心态啊！慈悲为怀的心态，其实就是一种爱心，也就是人们向往的、需要获得和拥有的真爱。如果我们能够呈现这样的真爱，那我们就可以善待万物了。过去对谦怎么认识？如果有个人自满了，其“满”的结果就是“招损”——满招损；谦即是不满、不足的意思，所以谦下则受益——谦受益。如果和悲心连在一块儿呢，那就是谦卑为怀的心，它是一种无我的爱心状态，它就自然而然地把人和大自然之间的分别消除了，形成了一个本然共有的和谐整体。

如果看到一只狗，我们给它的是爱的情感，那么这只狗就会对你摇尾巴，表示友好；如果我们以谦卑的心态待物，我们不管去哪里观光旅游，都会自觉维护当地的环境，我们就会维系这个客观的自然环境。如果我们以慈悲、谦卑的这样一种状态与家人相处，都会给这个家庭带来一种和谐的温暖，就像阳光雨露一样；如果我们用这样的心态在社会上与人交往，就带来了诚信，带来了一种信力，你所到之处，人们都信任你。

当你爱护别人的时候，是无我的，是忘我的境界，那么对方也会以无我、忘我的情怀来达成和谐，否则和谐的环境是成立不了的，是发生不了的。这就是古人所说的以诚待人，天地清和。所以说，谦卑的心态是生命的展示，是生命和谐的展示。谦卑的心态是符合生命规律的。无论你是在与自然交往的过程中，还是在与人交往的过程中，谦卑都能给你带来祥和安泰的环境。在生意场上是这样，在工作的环境中也是这样。当我们走进工作的环境里，总是以谦卑和谐的姿态展现，你就可以带来和谐，你就会赢得安泰；你就可以带来欢乐，你就会赢得愉悦。过去不是有这样一句话吗？“种瓜得瓜，种豆得豆”。你把慈悲的心怀种下，那就会自然地赢得慈悲展现的智慧之爱！

谦卑的结果就带来了诚信的力量。谦卑与诚信互为因果，互为因缘。

人生的必修课

不是说谦卑的心态、诚信的心态，仅仅是修身养性的人应具备的品质，不是的！这应该是我们每一个人，每一个在自然环境与社会关系中生存的人，都应该建立和具有的心态。所以说，如何做到谦卑与诚信，是人人都必须学习的课程。一个人只有在这样的状态下，才能符合自然赋予人的深层的这样一个特征，才能符合这样一个规律性；人才能呈现光明，才能产生这样一个光明正大的和谐。

很多人说，这个东西讲得太高深了吧？不是。这是在人生的过程中，在每一个应对的环节中，自然而然会出现的、会面对的、会达成的这样一个充满生命力量的境界。每当我们建立起慈悲、诚信的心态时，生命力就会在自然而然的生活之中、工作之中、人的成长之中得到体现，同时也得以收敛。为什么说是收敛呢？当你的谦卑心态被体现出来的时候，它是无内无外的。你展示在外边，也收敛在里边了，因为你消耗很少。如果你总是有谦卑的心态，不需要练什么发音或持咒的修炼法，你只要有一个谦卑的心，实际上这个生命的能量它就是自然地往中间走的、往身体里面走的。你只要展示出谦卑与诚信的境界，这诚信本身就是人觉悟智慧的生命力。当你这个生命力和外在的事物形成了和谐的时候，那矛盾就消失了。如果没有矛盾，像这样成就和谐的话，那么我们就说你现在的这种生命存在状态，哪有里边，哪有外边啊？没有内外的分别了，外即是里，里即是外。所以，拥有这样的人际关系，这样的社会交往，它就能够赋予我们人自身的自然之信力，同时也能够培养我们的社会信力。人存在的这种社会信力和自然信力，是都能够培养成长起来的。

当我们在求学的时候，以谦卑的心态、恭敬的心态面对老师，老师会在自觉不自觉中，把他所学的精华、把他的心全部奉献于你。如果你没有那个谦卑心态，那就是“满招损”，你得来的是什么结果？是损啊！损了什么？你损害了自己的利益和健康，破坏了自己的生命活动与环境共存的和谐。也就是说，当你自身的和谐还没有建立起来的时候，你就是自己和谐的破坏者。我们得上升到这个层面上去认识生命的运化发展规律。

如何建立起谦卑与诚信的问题，是一个关于如何做人的问题，是一个如何达成理想的生命观的问题。只要有谦卑、有诚信，就会自然地反映到人与人之间的交往中。那么什么是交往？我们认为开合是交往，聚散是交往，混化、混元是交往，混合还是交往。如果没有交往哪来的混合？哪来的混元？没有混元、没有混合，哪来的整体？

谦卑是每一个人自己做人的最基本的准则，也是最根本的、最高级的准则。因为我们讲的这个谦卑与诚信，它是一种觉悟智慧的力量。我们是在无内无外这个层面上，在心性这个层面上，在人与自然、人与社会和谐的这样一个层面上，去看待谦卑与诚信的，所以我们就会有一个这样的认识。谦卑与诚信的这种和谐状态，是我们生命活动中呈现出来的智慧内容。谦卑与诚信用在这里不是一个名词，而是一个存在的载体，是一个和谐气机的载体，是生命存在与运化的一种表达形式。这在传统的智慧养生文化里讲过，在中医学里边也提到过，这叫五行之气的和合，叫中和之气。五行和合，心性和合，怒、喜、思、忧、恐和合了，平和了，和谐了，叫中和之性。

中和之性因何而来？因谦卑与诚信而来。所以它不仅是修身养性之人的标准，而且还是现实社会中每一个人作为人来到这个世上经历人生过程的不可缺少的一个环节。如果我们能够上升到这样一个高度去认识这个问题，那就好办了，那一切的问题就会迎刃而解了。那就没有了贪、嗔、痴、慢、疑。贪，对事物、对物质和情感利益的贪执；痴，痴迷于什么？痴迷是执著于某一个东西；如果没有疑惑就不会出现高傲，没有高傲哪来的疑惑？有谦卑的情怀，有诚信的力量，哪来的愤怒？没有七情的偏颇，生命就是个中和。和是什么？和就是祥和安泰。

心无分别 虚怀而和

在人生经历的几十年的生活中，大家一直都没有机会认识到智慧传承教育文化的真谛，可是今天有这样一个缘起，能够走到一起来了，就可以认识到这个和谐的生命的重要性了。

和谐是由人内在的心性之中升起的，由生命的内在源头升起的。人与人之间的和谐，人与大自然的和谐，人与社会的和谐，都得因我们内在的和谐而升起。可是有的人在这儿听了课，受了益之后，又跑别的课堂说："这个刘老师讲课真有意思，他非要强迫我们做呼吸操。"有强迫的吗？我们能够用什么方法来强迫大家做呼吸操呢？和谐的产生怎么能被强迫呢？那是自己心里产生的妄念，产生的分别心，产生的执著心，是执著于自己观念的缘故。

因为你自己愿意放弃和谐，才会在自我的内心世界和行为活动中自造那么多的矛盾。如果你有一个谦卑的心态，产生了诚信的力量，就不会有那样的妄想。所以世人在不觉悟的时候，就容易出现人格分裂的表现，在这儿讲的是一套，回去了又是一套；在单位讲的是一套，在社会上讲的又是一套。这是很常见的，这是我们每一个人都存在的问题。那么我们如何来陶冶自己的情趣，整合已经分裂的人格呢？通过谦卑和诚信来涵养道德。我们这样强调谦卑与诚信，强调它与生命是一个和谐的统一体，目的就是来启发大家对此提高思想意识的觉悟境界，在这样的高度上去认识，使大家能够对生命的成长产生一个警觉点，要形成这么一个警觉意识的思维参照模式——警惕性的机制。生命警觉的机制一旦建立，和谐将自然呈现，人的生命力从此才能够真正地旺盛起来。要不然的话，没有了谦卑，矛盾就因此而生。

当然，说没有矛盾是不可能的。世界上有两种力量能够推动事物的发展，一个是矛盾，另一个就是和谐。矛盾是和谐事物中的特殊存在形式，我们要这样去认识它。我们应该把自己身上的习气、毛病以及多少年养成的个性，慢慢地在生活的环境中去陶冶它，去改变它，这个过程叫变换气质的过程，是提高我们修养的过程，是我们涵养道德的过程。谈论张家长、李家短，王二麻子的媳妇不错等是非，这些跟你自己的生命和谐有什么关系？妄自尊大那就是傲慢，妄自评价那就是痴迷，而不是谦卑的情怀，真正的谦卑的“心”是没有分别的！

那么谦卑存在哪几种形式呢？一般来说有两大类：一是和谐的表现形式。古人说“三人行必有吾师”，当与人们相处时，把谦卑心呈现出来，我们才能赢得一个和谐，才能走到一块儿，相互帮助，相互学习，共同生存。大家看看我们今天的这个生存环境，已经被破坏了，变得越来越分裂了，这就是人们提起了利益而造就矛盾，放弃了谦卑而失去和谐的缘故啊！

二是虚怀若谷的表现形式。

比如，在过去没有引进西方医学之前，一个中医生就能看各科的病人，为什么？因为中医是对人的生命活动进行整体性的辨证施治，而不是针对人的局部功能、或针对具体的组织器官去进行辨病论治。

大家知道，西医的典型特征是辩病论治，着重于从患病的局部性实体组织来探寻病因，寻找对应的治疗方法。其优点是对有形的人体结构与实体组织的研究非常精细，检测和治疗有明确、客观的量化指标等。但是，其存在的缺陷也非常明显，那就是因为其未能深入到各实体器官组织的无形运化功能方面去，也未能涉及到其他相关器官组织运化功能之间的那种相互关系方面去，更没有站在身心活动需要达成动态平衡的这个高度来看待人的生命运化功能。有人形容这样的治病方式为“头痛医头，脚痛医脚”。

所以，现在的西医是一个医生只看一科。一般的西医院有若干个内科、外科，还有很多其他科室，从而忽略了人之生命活动的整体性与动态平衡性。那么医生的思维活动，就会因此变得越来越僵化、狭隘，人格就会被固有的医学知识所分裂。所以，其局限性越来越明显，或治而不愈，或愈而反复，或治末害本的矛盾也就随之凸显了出来。

而中医的辨证施治，不仅从人之身心整体的生命活动着眼，而且还把人放在自然及社会这个大环境的整体之中，来看其动态的运化状态。这样很多问题也就迎刃而解了。所以说虚涵万应，这也是中医科学的立论之基。当然，能够立足于此，再把西医科学的优点吸收进来，使中医不断丰富和发展，这是现代的中医工作者们应该做的工作。

不仅仅是在医学领域如此，在其他科学文化，乃至日常生活的方方面面都是这样。总之，做人不能执著于僵化、片面的认知。

那么，这就要求我们怎么样去做？需要具有慈悲、诚信的这样一个胸怀。我们要以虔诚之心去面对社会，去面对人生，有很多东西就需要我们去学。三人行必有我师，以学习的态度，以谦虚的态度，以虚怀若谷的态度待人，以仁爱、慈悲的爱心待人，分裂了的人格也会变得圆满，也会把那些分割了的事物重新连接起来，形成一个整体，相互弥补。

我们如何去正确对待自己，如何去把握自己？那就是用谦卑、虔诚和诚信的心态，用不执著的心态，去变换、混化、混合我们参照系里边的内容，去改变我们的思维参照模式。一个人要做到谦卑，首先是要学会把意识内敛，对此《道德经》中讲："塞其兑，闭其门，终身不勤。"人的生理状态和精神状态的和合就叫谦卑心。谦卑心它包含礼节的内容，但不仅仅只是礼节。比如"您坐"、"您好"那是做人的常识和礼节。谦卑心是当你内在的能量积累到一定程度时，而意识修养的智慧功夫也达到了相当的高度时，自然呈现出来的一种觉悟智慧境界的身心行为活动。那时自己将不再执著于自己的个性、面子、荣誉等，即所谓的人格；不再执著于自己的主观思想意识活动内容——见解。像这样的智慧功夫必须要做一辈子，怎样做？“开其兑，济其事，终身不救”。

当事物来临的时候，不会因自己的观念和观点而障碍自己，不是因执著于假我而障碍自己的行为活动内容以及行为活动过程和结果。大家一定要明白，有一个原则就是：必须要改变自己的思维模式和参照系标准，以期符合生命的运化规律，符合人与自然的和谐，人与社会的和谐。可是在现实的生活中人们总是有这样的心思，比如“那是你的想法，我的想法就是这样的”，“我觉得只有这样才能解决问题”等等，如果这样的习惯性思维和观念障碍着自己，那么自觉的心就出不来，人的自由也就没有了。而谦卑心就是那个自觉自由的“心”，在社会的日常生活中所表现出来的也就是诚信的心态，是挚诚笃信的心态。

当没有什么能障碍住你时，那就是谦卑心。无论人家说什么道理，你都不要去反对，你只是听，需要你去做的，你就去做；不要抬杠，也不要强调自己的观点，强调没有用时就不强调；如果强调能够起作用时，或能使一部分人接受你的观点时，也是可以强调的。如果人能够总处在这种自觉自由的状态，那么人就可以呈现出自然无为的状态。这就好像老子说的“我无为，人自化；我好静，人自正；我无事，人自富；我无欲，人自朴”的境界，就是谦卑心的自然呈现！

“我不要你说，我不让你管”，那就是自满了，能量和信息都被你固有的僵化的思维参照模式框住了、屏障了、进不去了。老子说：“自见不明，自是不彰，自伐无功，自矜不长。”如果你不想要自己的人生发生健康的、和谐的变化，那也就算了。

谦诚的信念 生命的力量

谦就是涵一点点、低一点点，这样外边的事物就能进来。一个人如果总强调自己的观念或观点，执著于自己的想法，那就肯定没有谦卑心了。尤其当人骂你的时候，你不理他不就完了？如果别人骂错了也没关系啊，你何必在那反对呢？假如别人说错了，也已经说过了，自己不反应不就行了，何必执著于自己的观念是对或是错?！当你对了的时候，那已经就是对了的，就算他骂你骂错了，也不会使你发生错了的改变。要知道，人如果不把自己的见解强加于人，这就是谦。

比如挨骂了就委屈了，委屈就是没有谦卑心，你已经起心动念了。因为任何事物的出现，本来没有什么对与错。如果他一骂你，你就感到委屈，就有了对或错的观念存在，有了我相的存在；如果别人一骂你，你不往心里去，你不起反应，你再看他，不是白骂了吗？“有则改之，无则加勉”，这就是谦卑。

我现在已经发现有不少学员的身体都发生了巨大变化。例如有的学员，下丹田出现了螺旋状的能量团，这是因为呈现了谦卑心的缘故。有的人原来病很重，医院都不收治了，而在我们这里通过努力得到了康复。有一位患者是罗锅，不是一下就发生了变化吗？这样的变化也是因谦卑心而呈现出来的，自然出现了整理脊椎骨的现象，使脊柱发生了变化。正是因为有了谦卑心，他们在修养意识、进行养生锻炼的过程中非常专一，与施治者的心完全相合了，所以才会产生能量信息的聚散开合变化。

虽然这是我身边曾经发生过的事。他的病情能够出现这样的转机，也是因为他诚信于自己的心与行，并与周围锻炼的环境达成了和谐，所以才产生了这样意想不到的效果。在现实的生活中学做人，如果没有谦卑心和诚信心，而是随自我主观的意愿去指导自己行住坐卧，并且还要达到心想事成的结果，那肯定是不可能的。

人偏执的与分别的心态，就好像是个人利益的驱动程序，那是参照系里边的内容。当利己的个性没有了，当私利消失了，那么人所呈现出来的就是大的个性，这一所谓的个性其实就是共性。这一共性的存在是与万事万物呈兼容的，既是谦卑，也是诚信，还是和谐，同时就是人真正的那个真心自性。

诚信，诚是非常非常大的力量。“精诚所至，金石为开”，这句话的涵义就是通过心诚的力量来展现生命的智慧效能。比如据密宗的书上记载，当人念口诀进入到心诚意坚的境界时，就可以把石头炸开。你看人的潜能有多大。

以前我看书上这样讲，当时我还没完全理解其中的意思。现在想想，这还不是在教我们做人一定要学会诚心实意吗？其实做人做事的道理都是一样的，如果精神不专一，心不诚志不坚，哪能把人和事做好的？所以人需要学会完善自我，完善自我的先决条件，就是“虚其心，实其腹，弱其志，强其骨”的过程。人只有通过自我意识的净化过程，才能使自己做到诚心正意，才能因此生出正知、正信、正见和正觉。人在这样的境界中，自然会流露出智慧的思想言行。人在生活中，如果能够切实体现出这样的身心行为活动，那不就是因诚心净虑而呈现的智慧力量吗？

在现实的社会里边，不是有这样的一些人吗？得了绝症，医院无法医治，但是患者本人对生命充满了希望，根本不把病放在心上，然后不断地用良性的意识活动来鼓舞自己，一段时间之后绝症自然就消失了。像这样的例子大家并不陌生，电视新闻中都有报导。其实大家应该知道，人的意识活动不仅能够统帅自己的生命活动，同样还具有不可思议的力量。在《米勒日巴传》里写到这样一位学生，米勒日巴给他传承之后，他用念力把一个杯子粉碎了。这不就是“精诚所至，金石为开”的力量显现出来的结果吗？诚信只是人生命力的一种表现形式而已，是心肾交合时呈现的一种力量。

还有的人得了重病，他真想病好，并在自己的刻苦努力下，在亲人的帮助下，在老师的护持下……这其中每个人的心都非常诚恳，当多种诚信的力量合到一起就能够起良好的作用。病人在积极的内因、外因共同作用下是能够很快康复起来的，这也是“精诚所至，金石为开”所达到的效果。心诚能动天地！

过去的人们说，天地有鬼神。什么是鬼神？实质上神是先人对于自然界所展现出来的客观规律的认识和总结，鬼是力量与之相对相生、相反相成的一种隐涵性的、不可思议的规律。《道德经》中“其鬼不神”，就是从这个层面来讲的。如果你的心诚，诚到一定程度，能够惊天地、泣鬼神。所以说“天道无亲，常与善人”，那是诚心所至的一种信力。

但是没有谦卑之心，哪来的诚信之力？每一个人都具备这样的力量，这就是我们对谦卑、对诚信的认识。这种信力——诚、信所传达的力量是不可估量的。例如有某个人得了非常严重的疾病，医院也已经宣判了自己的死刑，如果在这时，人还能保持乐观向上的积极的人生态度，通过心理暗示等心理疗法，或比较理想的健身方法，都有起死回生的可能，那也是诚信的力量。像这样获得成功的范例也是不少见的。那么反之，有些人的心理比较脆弱，这样就很容易受不良的心理暗示等信息的影响，因悲观消极而很快结束自己的生命。

曾有这样一个人，他一直没感觉到自己的身体存在什么毛病，平常照样上下班，参加各种社交活动和健身活动。可是，年终体检的时候，通过深度检查，医生发现他患了癌症。他听到这个消息后，心理就承受不住了，在回家的半路上就死了。那我们想一想，这是生理因素造成的死亡，还是心理因素造成的呢？当人的精神崩溃了，以这样崩溃的心理暗示自己的生命活动，那么就很快地使自己的生命力耗竭，这样生命也就无法维持了。

在国外曾经用一位健康的死刑犯，做过这样一项试验：先是让这位死刑犯处于催眠状态，然后医生用纸片在他的手腕部划了一下，然后打开水笼头，让水一滴一滴地流下来。同时暗示他，手腕动脉被划破，而且在流血。结果这个人在极度的恐慌中，没待多久就死去了。

这些例子说明了什么问题呢？说明了人的心理状态，能够决定这个人的生命活动健康状态。当人对自身的生命存在产生了极大的信念力时，它就是维系生命能量产生的动力；相反的，当人对自身生命丧失了信念的时候，他的生命力就会随着信心的消失而衰竭。有时候我们感觉自己做不到的事，但真做起来，诚信之心、坚定的信念出来了，结果就成功了。所以任何时候不要被自我的观念障碍，不要轻言放弃。

现实中就发生过这样一件事。两个孩子在煤矿挖掘的地下隧道迷路了，开始时他们一直在寻找出来的路，但隧道分支太多，总是找不到出口。结果当人们发现两个孩子尸体的时候，他们就在离出口最近的一个拐角处。医生检查发现他们并不是饿死的，而是因为绝望。只要他们没有放弃求生的希望，只要他们再尝试着向前几步拐一个弯，就能看到洞口的光亮。

生活中像这样活生生的例子还少吗？有时候我们真的离成功就差那么几步，也许就是一步，可还是失败了，为什么？不是因为能力不足，而是缺少内心信念的支撑。所以古智者为我们做了总结："民之从事，常于几成而败之。慎终如始则无败事。"这样我们可以看到，人若能产生发自真心的诚信，那该是多么重要啊！它的力量又是多么巨大！

信为道缘心为母

有的人总是犯这样一个毛病，总是把诚信寄托在外在事物上，只专注于外在形式的信，不是从心而发，那么这个诚信就成了妄想。我再给大家讲一个寓言：有一个人他很相信上帝，对上帝非常诚信，诚信了好多年了，从受洗礼开始，到他那个年龄，有五六十岁了。有一次，当地发洪水，连续很多天，水位不断地上涨，人们的生命处在危险之中。他心地很好，帮助别人离开，当第一批人被救走时，他说："我是一个非常诚信于上帝的人，你们大家请先走吧，上帝会来救我的。"之后他又帮助了第二批人，当第二批人被救走时，他也是这样说："让别人先走吧，上帝会来救我的。"后来处在危险之中的人们相继被救走了，所有的人都被接走了，只剩下了他一个人。

这时一只救护船开过来了，船上的救援人员说："请你上来吧，我们把你带走。"而他却说："我在祈祷上帝哪，上帝会来救我的，你们快走吧"。船上的人说："所有的人已经走了，现在这里就只剩你一个人了。你赶快上来吧。"他继续说："上帝是一定会来救我的，你们先走吧。"由于水涨得太快，船上的人只好把船开走了。

洪水还在不断地上涨，他自己爬到一个更高的地方，还在那儿默默地祈祷："上帝啊上帝，你来帮我一把吧！"不一会儿，天上飞来了一架直升机，放了个悬梯下来，向他喊道："你上来吧。"他说："我现在不能上来，因为我要等着上帝来救我。"最后这架飞机也只好走了。后来洪水把这个地方淹没了、冲毁了，他也在其中被淹死了。

淹死了之后，他跑到天堂的大门口喊："上帝啊，我对你虔诚、诚信了一生，您为什么不来救救我？！"上帝问左右的随从："是谁在门口闹了这么长的时间，吵什么啊？"侍者回答说："某某人在生前对您是非常虔诚的，现在他说当洪水来临时，他主动地谦让了很多人，最后等您去救他，说您为什么不去救他？"上帝说："哦，是那个人啊，我怎么没救他呀？我都去救了他好几次了，他都不愿意被拯救嘛！那有什么办法呢？水快淹没他那个地方的时候，我派了只轮船到他跟前，要他上，他却不上，那我就走了；后来他在那儿祈祷，不断地祈祷，没办法，我又派了架飞机去接他，他还是不上啊。像这样的人太固执己见了，还是让他下地狱吧。"说完就把他放到地狱里去了。

我们大家在听完了这个故事以后，应该好好地想一想，他那个心诚是建立在哪个层面上的？

人无论做什么都需要有谦卑心和诚信心，谦卑心与诚信心能够调动自己生命力的力量。人有谦卑心就会因此产生和谐，这种和谐是来自于身心行为的内外统一。我说你自己这么活动活动，他就很认真地按照我说的去做，这样人的身心就自然达成了统一。人的形神能够达成统一性，那人的身体是会自然好起来的。这也是人诚信于自己的身心行为所达成的结果。

这里起作用的关键不在他人那里，而在人自身，更多的是人自身谦卑诚信的心态起了作用！人有了谦卑诚信的心态就会有和谐健康的思想言行。要知道，人所呈现的智慧皆来缘于身心内外的和谐统一。

很多人说："我的老师水平高，不要紧的，以后他会救我的，我就等着吧。"可我说你这样等是不行的，当你等到那个时候，你老师也救不了你了，因为你脑子里边只有谦卑与诚信的概念和社会礼仪性的观念，没有那个心性和谐的种子。这就好像那个信徒信奉了上帝那么多年，当发大水的时候，他祈祷，祈求上帝去救他。上帝来了，可他却不认识啊，因为不符合他心目中"神"或"上帝"概念的样子，所以上帝也救不了他。这就是他自己产生了分别心、妄想心所造成的执著心的结果啊！住在上帝的那种绝对境界的概念之中了。

谦卑和诚信是一种源于内在心性的力量，它不能停留于心性之外的任何事物上。你没有内在的力量去改变自己，别人是无法让你改变的。对于别人的谦卑，归根结底是对自己的谦卑。

我听说过这样的一个故事。旧时有一个人问一位先贤："如果你看到有人掉到河里，你会不会奋不顾身去救他?"先贤回答说："不会，除非他求救，要我救他。"那人很惊异："这也太冷血了，求了才救，那也叫贤人?"先贤说："我必须肯定是他自己想被救，有这样对生命的强烈要求，否则我救他一次，他还会找另外的无数条河流淹死自己。"这个故事说明了什么？一个人必须要对自己有责任感，不能等着别人来对你负责；要有彻底从困境中脱离出来的强烈要求和愿望，要有坚定的信念和向上的力量，不能依赖于别人的帮助。否则就算有人这次帮了你、救了你，下一次你还会犯同样的毛病，自己还是无法解决。

谦卑和诚信，必须是从我们真心自性里面发出来、流露出来的，必须得是这样的！而我们很多人就是喜欢做这样的事：淹死自己，而且还不止一次。因为你没有一个信念的支撑点，没有调动起主观能动作用。想成功，想成就觉悟智慧，被动是绝对没有办法达成的。可是我们活在这个世界上，多少年来，没有接受过这样的启发和教育，我们的人格在成长的过程中已经被分裂了。这样你那个谦卑心怎么可能出现得了呢？你那个诚信的力量怎么可能展示得出来呢？

我有一个朋友，他觉得自己修身养性不错。我们问他修得怎么样？他说修得蛮好。我说："你心态怎么样？"他说："我心态很好，内净外敬。"我又问："怎么样个'净'法？"他说："干净了，不垢不净。"我觉得他这句话说得有问题。开始的时候，他讲话还有些道理，但是那个净的境界不是通过语言能够讲出来的，那是通过生命活动的践行而见证到的东西，是这样建立起来的净，那是一种秩序。当一个人真正能够净化了的时候，他是没有分别的，不会说自己"干净了"。可是通过不长时间的聊天，他就说"道"是有差别的，这样一讲话就漏嘴了、露馅了，那是他脑子里边已经有了固定俗成的一种境界，是一种分裂的人格。我们讲的这种内涵，呈现的是生命的共同体啊。

这就是我们要讲的一些内容。谦卑与诚信是我们生命力的展示，是我们生命规律在成长过程中的内容。任何一个人，只要是作为人，必须要建立起谦卑与诚信的这种胸怀，这样才能享受到自觉自由、自然自在的人生！

爱是什么

爱是自然的力量

爱的表达

择善而从 不善而改

用智慧去拥抱爱

不计回报的德善之爱

爱是自然的力量

我讲讲爱吧！什么是爱？有很多人讲，爱和爱情不一样。爱像什么？

爱就像春天的风，像初春的绿，爱是一种生机；

爱就像夏天的太阳，像盛夏的狂风和暴雨，爱是这样的一种甜蜜；

爱就像秋天的红叶，像秋季的金色，爱是丰收之后的效益（笑意）；

爱就像冬天里的雪花，像寒冬里的腊梅，爱是这种纯洁无我的傲然之气。

爱是什么？它是一种力量，是一种自然成长的力量，是一种自然的存在。爱还可以像什么？还可以像秋天里的风和雨，秋天里的风是冷的，秋天里的雨是凉的。当然爱也可以像冬天里的腊梅花，喷香扑鼻；也可以是雪中的冰块，剔透棱丽。所以大家不要觉得爱就只有一种表现形式——笑或者是关怀。而且在关怀的形式里边，有好多种都是爱，像雪中的冰的这种形式，在生活当中多得很。

爱的表达

爱的存在形式是多种多样的。如果有多少种语言的表达，就会有多少种方式，那么爱也就有了多少种存在的形式。爱不仅仅只是通过语言来表达，还有我们行为的自然体现。爱无论以什么样的形式出现，其内涵都是一样的。关怀是爱，给予是爱，同样呵斥也是爱……任何的方式，任何的形式都可以是爱。当然，具体的情况将因人、因事、因时而异。比如说，给予的这种爱，在表达的时候，还是有个表达方式的问题哦！

一个管理者的爱不一定是笑容，一个家长的爱不一定是呵护！如果小孩子不听话了，家长对他罚一下跪，那也是爱。为什么要跪啊？不文明吗？什么叫不文明，什么叫文明？我告诉大家，跪也是一种强身健体的功法，能够强化人体的气血循环。现在咱们学习了智慧传承教育文化的理论也就知道了，跪还是个开发智慧的好方法啊！如果合理运用，是会让人长智慧、长健康的。过去的父母，以罚跪的方式教育子女，那都是养生功夫界里传出来的方法。告诉你，那也是一种爱。

爱仅仅只是微笑吗？不，还有眼泪。那么爱的形式到底有多少种呢？没办法说清楚，有百千万种的不同形式之爱，种种形式都是爱。所以，我们在学习这些内容时不要有框框，不要有某个固定的模式，不能只懂得好言相劝的方式才是爱。大家需要明白，生活中的你、我、他，只要处在忘我的境界中，那么其所展现出来的嬉笑怒骂皆是对自己的爱。假如别人一说我不好的方面，自己就认为："这不是对我的爱，你是斥责我，还是关怀我？"不，不要这样想，也不能这样去想。因为当爱真正没有了自我的时候，真爱就自然地出现了。像这样呈现出来的爱是不以自我为中心的，是无私地给予，那么人在无我的境界中，就可以用呵斥、指责等方式来表达。人有时是通过别人对你的呵斥、或指责，才使你自己有所警惕、觉醒，那么这就是一种爱的呈现了。

爱是要看结果的，所以说爱是秋天里的果实。任何人都不要只把某一种形式的表达方式当作是爱，而在不觉知的过程中把其他形式的爱给否定了。所以过去传说“菩萨示现种种有情”，有给你舒服的感觉，有给你不舒服的难受，有时候会给你设置障碍，有时候会给你带来方便。要知道舒服、难受、障碍与方便同样都是一种爱的方式，就是通过这些不同的经历，使你达到警觉而觉醒自己。

有这样一个故事，有人想请教俱胝禅师，问一个问题——什么是觉悟。可是俱胝禅师出门了，而他的徒弟小沙弥在家里。人家来拜访大师，师父不在，只有这个小沙弥在，来人就问他：“你师父是怎么给人开示的?”他说：“哦，我师父那一套，我知道，非常简单。”就用手一指。那个人：“哦!”点点头，很高兴地走了。等师父回来后，他说：“师父，我今天替你开示了一个人。”师父问：“你怎么给人开示的?”他说：“他问我，‘你师父怎么开示人，让人觉悟的?’我说我师父那个很简单，就这样。”说着就伸出一指。师父听完没作声进去了，过了一会儿就背着手出来了，说：“你再说一遍。”当小沙弥把手指再次伸出来时，就听“咔嚓”一响，禅师把他伸出来的手指给砍了。这时禅师伸出手指，小沙弥也因此而开悟了。

大家知道吗？那个就是爱！全然的爱，无我的爱，博爱！知道吗？如果没有那一下，他能破执吗？能觉悟吗？不觉悟怎么呈现大智慧?

所以爱的形式是多种多样的，于生活中的打、骂、讥、讽和关怀等等，无一不藏着爱。当然爱不是虐待、残暴等犯罪的行为，不能把非正常的身心行为当作是爱。身心行为中有利益、条件和自私等自我的目的，那么打、骂、讥、讽和关怀等等就都不是爱。爱的思想言行是忘我的、是无我的境界，只有这样的思想言行才是真爱!

爱不是装腔作势，不是矫揉造作，也不是哗众取宠；爱是锦上添花，也是雪中送炭！说爱是什么？爱是给予。这个给予是不是给你东西啊？不是给你什么东西，难道就是给你和颜悦色吗？不是。当年云门禅师到睦州禅师那儿去求法，睦州禅师有意不见他，一见他来就把门一关，走了。云门禅师想：你不会不开门吧！你只要一开门我就把脚伸进去。过了两天之后，睦州禅师要出门，打开门缝一看，他还在外边等着，就使劲地把门一关，这时云门禅师正好把脚往里边一伸，就听“砰！”地一响，“咔嚓！”一下，这门就把他的脚给卡骨折了。云门禅师于当下开悟了。你说那是爱还是恨哪？什么是爱啊？

还有一个故事，有位和尚觉得自己有所悟了，就到一位老禅师的道场附近那儿去打坐，他自己往那儿一坐就进入了自以为是的境界。这个老禅师看了看，不声不响地找了一块石头，在那个和尚打坐的旁边磨石头。和尚只顾自己打坐并不理睬磨石头的禅师，禅师也只顾自己磨石头，两人互不搭理。“嘁嚓嚓，嘁嚓嚓……”地磨啊，磨石头可是有响声的。和尚心想：我不理他。可这个老禅师却不声不响地在那儿继续磨，不仅如此，到了第二天还照样磨，像这样一连磨了几天。那个和尚开始还能坚持下来，到后来时间长了就不舒服了。他这儿一打坐，那个老禅师就来磨石头。他想：你这个老和尚，你这个老家伙干什么来着？我在这儿打坐，你在这儿磨石头！给我添乱。最后没办法了，就只好说：“请问老和尚，磨石头干什么用？”那老禅师慢悠悠地回答说：“我想把它磨成镜子。”打坐的和尚说：“磨石岂能成镜”。禅师答：“枯坐岂能开悟”。闻听此言，这位打坐的和尚马上敬礼，因而言下顿悟。这就是磨石成镜的故事。老禅师在那里帮助他，怎样帮助他呢？给他制造麻烦，生产噪音，看你于打坐参禅的时候，能否把持住自己的心性，能否做到心安神宁；而且还于这个过程中告诉他，参禅的功夫不仅仅只是打坐，必须要于平常生活的行住坐卧中去参、去行。老禅师是像这样去引导他的。知道吗？这也是爱啊！爱是什么？爱是关怀，爱是无私的给予。

爱是什么？爱是忘我的情怀，爱是给予你人生路标的一种指引。蛮多人说：“你指责我，还算是爱吗？”他就不懂得生命的存在、爱的存在是什么样子。爱就像一朵浪花，欢快地跳跃，那是喜悦的爱；如果回落下来，那就是平静的爱。大家应该知道，爱的内涵同是一个，却能够展现出不同的表现形式。所以人哪，需要懂得爱的存在！

择善而从 不善而改

爱也是一种揭露。你有缺点，我将它展示给你，不留情面地讲给大家听。那是什么？那是一种挚诚的关怀，那是一种无私的爱，就是把你的缺点暴露给大家，让你的灵魂得到净化、受到启迪。当然没有爱之力量的人，是做不出来的。

很多人以为，“哦！你看，这个老师说的多好听，讲出了多么好的理论内容啊。”不停地赞美老师，“这个老师好了不起！”很多人会以为赞美就是爱。可是当这位老师帮助他时，批评他时，他就会起逆反心，说：“什么东西！凭什么骂我、指责我？哼！我走，我再也不来听你讲课了。”是啊，很多人其实根本就不懂得爱。只有无私的爱，才能做到把你在不自觉中反应出的缺陷给揪出来，这样你才能及时地认识自我而修正自己。像这样的帮助才能使人避免错误，免遭祸患；像这样帮人的胸怀才能使人进步，从而完善自我。

唐太宗时期有位很出名的谏臣叫魏征，他对太宗小到家事、大到国事，一律直言进谏，甚至不惜在朝堂上跟太宗争论得面红耳赤。唐太宗也是好几次愤怒得差点儿杀了他。最后为什么没有杀他呢？因为知道他展现出来的爱是大公无私的情怀，是忘我的境界。

历史上能够懂得真情挚爱的皇帝也不太多，敢像魏征这样舍我直谏的臣子更是稀少。魏征死后，太宗十分痛惜，曾说：“夫以铜为鉴，可以正衣冠；以史为鉴，可以知兴替；以人为鉴，可以明得失。今魏征殁，朕失一鉴矣！”他把魏征当成一面镜子，能够直观地、无任何隐藏地照鉴自己的缺陷。像魏征这样展现的就是无我的爱，是于国于民于君忘我的大爱。而太宗能够纳谏，能够对于这种“触犯君威”的爱相应和，爱的功效就展现出来了。所以当时的社会安定而富裕，是一个难得的兴盛期。

三国时诸葛亮在《后出师表》中给少主刘禅就提出了作为明君的三点要求：第一，开张圣听；第二，赏罚分明；第三，亲贤臣，远小人。这就是要他能够广纳良言，下情上达，要能够允许反对的声音，亲近忠直的贤臣，远离阿谀的小人。因为你要知道哪种方式是爱你，哪种方式是害你。

在中国的历史长河中，“文死谏，武死战”的案例并不少见。直谏就是作为臣子对于国家的至爱，你要亲近这样的人才行。以史为鉴啊，如果作为一个国家的君主，只喜欢阿谀奉承的小人，厌恶敢于诤谏的贤臣，那么这个国家也就离灭亡不远了；同理，如果作为一个人，只喜欢听赞美，不喜欢听逆耳良言，有坏习惯不愿意别人说，不愿意改，那也就离祸患不远了。可是大多数人认识不到这一点，稍微说一下他的缺点，马上就反感、生气，甚至仇恨你。这样的人怎么能够成长呢？这就是不懂得严肃、批评、训斥也是爱的表达方式啊。

至于有的人说：“那你批评得不对，这事不是像你说的那样。”其实所谓的对与不对，都是你自己利益心态分别的结果。任何人说你，都是在帮你哪，这是对谁有益啊？所以你不要去分别具体的事件是怎么样的，而是从中吸取能帮助自己修养意识的内容，“择善而从”。有句话叫“有则改之，无则加勉”，就算事情不是人家说的那样，能够给自己提前敲个警钟不好吗？如果人家一说你，你就不愿意了，以后谁还能帮你？所以人不但要懂得什么是爱，还要能够回应、接受并感恩于不同方式的爱。

对于一般的人来说，爱的一切内容都是以自我为中心的，包括性行为。现在各种文化传媒发行的广告性的作品，已经潜移默化地让人们认为两性之间的性生活才是爱。如果爱是这样的，那么人与动物又有什么区别呢？两性之间的性生活仅仅只是我们人本能的生命活动要求，与吃饭一样是我们人的本能情趣。关于这一点古人早就说过，七情六欲，食色性也。当然和谐的性生活是可以促进人之情感的，但是过度或不正常的两性生活就会成为自己的负担，成为生命健康衰退的重要原因。

用智慧去拥抱爱

爱是什么？爱又有什么价值？什么东西都要从头开始学起，爱同样如此。不会爱，就需要我们以谦卑的心态去学习，只要能够做到谦卑与诚信，那便是爱。千万不要自满！做人不要自以为是地觉得自己“满”了。别看刘老师在这儿讲得活灵活现的，好像让人觉得有多么了不起，其实我很谦卑，我比你们谦卑。当我生命中需要什么，欠缺什么，我就会主动地去学，而且会学到手，即学以致用，你们现在还没有做到啊。学习的方法有很多，大家应该要学会不耻下问。不管是谁，我都能够低姿态地向他学习，没有顾忌。只要我这个生命存在着，一切都是处在学习的过程当中，哪怕是对自己以前的讲课内容，都是这样的。但你们不是，你们总是翘一点辫子在那儿，在心里边想：“我比你强！”你比谁强？谁都比你强！

爱是什么？爱是赞美，赞美可以赢得和谐，和谐也是一种爱。爱也可以是一种矛盾。要知道，在有的时候、有的地方存在着假和谐，假的和谐需要用矛盾来把它摆平。对于假的和谐，就挑起一个小矛盾，这时假的和谐就不存在了，真实的狭隘就显现出来了。一旦假象破除，就可以赢得新生。当真实被流露出来时，那是什么？那就是客观存在的爱。当你们有一天能做到这样的时候，那我们之间体现出的，既是相濡以沫的同心挚爱，也是相忘江湖的无我自由，是不可分离、又互不依恃的和谐整体。

有的人说：“老师，我想提个问题，恨是不是爱？”恨也是爱啊！它是爱的一种存在形式。历史上有很多故事，因为人家恨他，他立志，最后成功了，就是因为有那个恨的存在来促进他。如果你把别人对你的恨当成了伤害，那你就只能自悲自怨地障碍自己了；如果你把别人对你的悲愤和仇恨，当成是一种爱，那它就会成为你前进的动力，这难道不是爱的内容？像这样的情况还少吗？人类爱的形式是有百千万种的啊！要看你怎么样去看待和认识，不要拘泥于某一种具体的形式。

人的心怀胸廓怎么打开？例如今天的此时此刻，就在这儿，在这样爱的环境当中，在听老师讲课的时候，就可以用心去感受爱。像这样去做，时间长了胸怀就能慢慢打开，就能够出智慧。所以咱们不要狭隘地认为这样是爱，那样是恨。无论任何事，当然也包括爱在内，都是要讲究符合客观环境的，注意此时、此地、此刻、此情、此景、此事。如果离开了这些条件，那么告诉你，没有绝对的爱存在。没有绝对的爱，也没有绝对的恨。

不计回报的德善之爱

有的人说："刘老师，你讲的是博爱。"不！我讲的是如何展现智慧的爱，用智慧去拥抱爱，大可以至博，小可以至微，爱是无我的境界！爱是一种给予！

现在再谈谈夫妻之间的爱。咱们再讲具体一点，这个问题如果讲得太抽象了，大家就不好感受，不好认识。子女之间的爱是什么？朋友之间的爱是什么？跟夫妻之间的爱有区别吗？是一样的吗？告诉大家，是一样的！从本质上来看是一样的，忘我或无我；但形式上表现出来的却是不一样的，这是因我们今天的社会生活中，伦理道德内容的要求所决定了的。在社会生活中，伦理道德内容的要求体现了社会秩序，这样也就自然地上升为所谓的社会伦理道德规范的标准。当然，不同的社会就会具有不同的社会伦理道德准则。如果这一点不讲清楚，就完了，大家就不好理解了，那样是不行的。

有的人会说："刘老师在这儿胡扯吧？他在这儿放流毒，谬误！他怎么能说爱情不是爱？"其实爱的本质，是不以自我为中心的，是这样的无我境界呈现出来的思想言行，而且这种思想言行在与人们之间的交往关系中，体现的是利人利己的和谐结果。爱只是存在表达、表现的形式不一样而已，是一个个体属性的问题。但是一定要知道，爱的本身，从本质上而言是没有区别的。一旦你去区别它的时候，分别它的时候，那你的爱的条件就形成了，形成条件的前提是利益心态；而利益心态的显现是常人思维参照模式下生产标准的产物，是人之假我的表演。这样一来你的那个真正的主人翁就被这个假我所取代。

因此，由感官心意之假我而妄想出的条件该有多少？请讲给我听听。可能你会说："我达到了那个爱的境界，也悟透了爱是什么，然后我就把它放了下来。"如果你产生了这样的想法，那个就叫自作聪明。难道夫妻之间的爱就特别了，就不是给予了，就变成了有条件的交易？明确地告诉你，那就不是爱，那就是利益条件的交换了。

你说"我不在乎金钱地位"，但要知道利益不仅仅只包括物质的利益，还包括情感的利益，物质利益与情感利益是利益的两大内容。你心里有对情感的占有，那就是条件，爱就好像变成了交易的双方，相互之间进行条件的谈判。如果达成统一，交易就已经完成；如果分别比较谁付出得多，那么心里就会产生执著妄想的障碍。一当交易失败，困惑就会出现，这样曲折与磨难就在眼前，因此祸患与灾殃的结果就一定会现前。只要内心世界中存有一己之私念，那么你的思想言行就一定被条件所牵连。为什么会得出这样的结论？因为这样的起心动念，必然会产生条件，所以我们才把这些内容践证、总结归纳之后得出了这样的结论——情感利益心态就是交易的显现。

那什么是爱呢？比如夫妻之间很容易出现这样类似的想法："你跟我了，就是我们家的"，"你怎么老是管你们家的事，你为什么不管我们家？你一点都不爱我"等等。爱你是什么条件？爱你就是管你们家吗？那称称你值多少钱，把你交易了。你在那儿分彼此，你上哪儿找爱去？

总之，智慧的爱是一种分担！也是一种奉献！像这样呈现出来的爱才是一种无我的境界！当你全然付出而不计回报的时候，假如你胸怀包容下的是整个世界，那么你得到的回应也将是整个世界的爱！

爱不是这样的

用智慧搭建成长的阶梯

不可或缺的传承教育法

成长需要磨砺的空间

莫让溺爱误子孙

用智慧搭建成长的阶梯

我们为人父母的，在家里面一定要懂得教育子女，但是教育或帮助子女也是需要智慧的。家长不能一味地溺爱孩子，溺爱会导致孩子在成长过程中形成偏执性的人格，还会导致不健康的身心行为，使其变得愚昧无知。

如果这个事也不让孩子做，那个事也不让孩子做，那你们对孩子的健康成长就显得太不负责任了。为人父母的人一定要知道德育的重要性，孩子的成长过程如果缺少了德育的培养，那结果就是缺少德行。

其实，现在这些做长辈的人都是这样。我曾跟一位学员说过，我说："让你儿子自己做饭吃。"她说："不行的，他 11 点回来，我就 11 点给他做；如果他 12 点回来，我就 12 点给他做。"做父母的对待自己的孩子不都是这样的吗？我妈妈那时也是这样待我的。儿子回来以后，她总是说："你休息一会儿吧，你累了，我来做。"那时她都六十多岁了，还这样娇惯我们。像这样的思想言行都是不懂得生存教育法的结果，也是由于人的无知所形成的愚昧。对于这句话应该怎样来理解呢？简单说就是德行不够。为什么这样说？因为没有帮助后代建立起那种独立的生存观念，大家不会做一个用智慧的方式来教育孩子的父母。在世俗的社会中，为人父母都是这样的。

教育关系到人的身心健康，教育关系到家庭的和谐与幸福，教育关系到孩子们的成长，教育关系到社会的安定团结，教育关系到科技与文化事业的发展，教育关系到民族的强盛与衰亡……

我们做长辈的在帮儿女子孙时，要教育孩子形成独立性和自觉的人生观、智慧整体辩证观，要给他们一个成长的空间来锻炼自己。要不然的话，孩子们会养成好吃懒做、好逸恶劳的性格和品行。父母、子女之间需要经常性地进行沟通，需要谈谈心、聊聊天，拉个家常什么的，谈谈生活、工作和学习。这些内容希望你们回去尝试一下，践行一下。实践是检验真理的唯一标准，看看我说的这些内容是否对大家有益。

打个比方，如果有一天，你劳动不了了，你的儿女们就会说你、怨你为什么不为他们服务了。只有你真病了，他们才会害怕；可是你做累了，想休息一会儿，或不想做的时候，他们就会说“我妈怎么地了，怎么饭也不帮我做了”。但是，如果你们不愿意自己的孩子健康地成长，使孩子成长为社会中真正有用、有能力的人，而愿意为他们包办一切，那也没有办法，那你们就继续做吧，继续祸害孩子、糟践自己吧。

不可或缺的传承教育法

1994 年我的妈妈去世以后，我就知道了，自己的靠山没了。我妈妈在世的时候，一般有什么事我都会跟妈妈商量，妈妈遇到什么事也与我讲，挺和谐的。那时我妈妈把我应该做的一些家务事扛下来，我自然就什么事也不用做了。妈妈六十多岁了还帮我洗衣服，这样孩子就独立不了。我独立性的人格，是在妈妈去世以后形成的，而父亲是很难像母亲那样来管你的。人啊，在脑子中形成了母亲的那种爱的参照模式，就会常常用这种模式去衡量别人。这种旧有的印象思维模式，就是固有的思维参照模式。如果用这样的模式去衡量别人，那就是狭隘的模式；如果执著于这种模式，那就是产生僵化的根源。

所以我在母亲去世后的一段时间中，就觉得好像失去了什么似的，生活变得很不习惯，这就是妈妈娇惯后形成的习气。修身养性的人就需要在人生的过程之中明了这种习气的根，这样才能消除这种业力的障碍。所以在我的教育法中，就会不断地鼓励孩子自己去努力，鼓励你们大家去努力进取。做父母的不能再惯孩子了，孩子在小的时候你们疼他，长大了的时候你们还惯他，这样他就不好成长了。尤其是现在的这个社会环境，父母的教育更是需要帮助孩子形成独立性，教育儿女自力更生、自立成人，这是教育传承中至关重要的内容。

就说我女儿在家里面做饭的事吧，她忽然有一天说："我来炒菜。"而她妈妈却说："你不会炒菜，你一边休息去。"这时我就说："就让她炒吧，她好不容易发了善心，要炒菜了，你赶紧让她炒，炒什么样的我们就吃什么样的。你这个做母亲的就站在旁边看她开炉点火、放盐什么的不是挺好？指导她炒菜，如何应对炒菜时的火候、放油、放盐等等，如果放多了你就让她放少点。你就在她的旁边做个参谋不就行了？"后来她把菜炒熟了，很高兴地问我好不好吃啊？我说好吃啊。这样她便建立了学做菜的初次经验，也树立起了自己动手的信心。这就是教育的文化内容，而且还是属于传承教育法的内容。

现在基本上是所有的父母都会娇惯自己的孩子。我女儿都读初中了，她妈妈还不让她学用煤气灶，就惯成这样。她妈妈不在家时我就对她说："我想吃一碗面，你能不能帮爸爸下碗面条。"她回答说好啊。我问她："你会用煤气炉子吗？就把开煤气的阀轻轻往里面推一下、压一下，然后往左边一扭就打开了。如果打不开就关掉，关掉以后继续打。"她说："好，我知道了。"她自己就下厨房了，结果人家把面条给我煮好了，就是味道差一点，那也是人家的劳动成果啊，不是吗？现在大家记住了吗？这就是传承教育法。

成长需要磨砺的空间

对人的教育，就在于培养独立的应对能力，在这一方面我很欣赏国外的教育方法。一两岁的孩子，走路不稳是很容易摔倒的，孩子如果在走路时、在玩耍时摔倒，做父母的鼓励孩子自己爬起来。如果孩子自己想起来，那么自己就会慢慢地翻身站起来。如果有的孩子一时还翻不过来，你不理他，他慢慢地也就翻过来了；实在翻不过来的情况下，父母可以在旁边用手轻轻地垫一下、帮一下他，孩子就会马上翻过身来了。这样孩子就学会了第一次独立的经验，以后慢慢地就会自己独立地爬起来了。爬起来以后孩子就会咯咯地笑。总之，在一般情况下西方人是会尽量让孩子自己爬起来的。而现在的国人，在教育孩子方面使用的教育法就不行了，孩子一摔倒，家长马上就把孩子抱起来。这样孩子便产生了第一次依靠、依赖的经验，像这样的现象出现几次，那么孩子依赖父母、依靠大人的习气就会形成。因为孩子在一至两周岁期间，是形成人生印象教育痕迹最快的时期，是人最早形成参照事物标准和形成人际关系准则的萌发状态的关键时期。所以，为人父母的不能忽视了这个时期的教育。这是人生中接受教育最关键的时期，因为这时孩子们脑中的智能效应功能态是处于初级的整体映现境界，是形成思维参照模式的关键时期，所以请大家务必引起注意和重视。如果孩子在第一时间内需要自己独立的时候，却受到了亲人的障碍，在无形当中就养成了依靠的想法了，像这样发展下去，孩子的独立性就建立不起来了。

西方人这种教育法很有时效性，像这样去培养孩子的独立性，从很小的时候就建立起独立的参照系标准。如果能够从一开始就按照符合生命活动的成长教育规律来教育孩子，那孩子在以后的成长中就会很容易遵循符合生命的运化规律了。等孩子再长大一点，不管穷人家的、还是富人家的孩子，有的还没到上学的年龄，就开始让他们送牛奶、送报纸，做力所能及的事；到了上中学的时候，十几岁的孩子都可以自主生存了。

可现在的中国人，对孩子的教育方法就是教孩子如何享乐，这样长大的孩子受不了一点困难、曲折和坎坷，心理自然就会形成狭隘自私的利益观。他们的思想里只有无条件的获得，而没有无偿付出的观念，更没有创造力。这样健康的孩子在接受了不健康的传承教育之后，其产生的结果就是低能儿。这样就必然地使他们的生命中缺少现实生活中所需要的内容。

我去东北的时候，遇到一个孩子，那小家伙当时两岁多一点，能察言观色。她不愿意让爸爸抱，只要爸爸一抱她，她就又哭又叫的。这样孩子的妈妈就会埋怨她爸爸，说："你长期不回家，一回来怎么就弄得孩子哭啊？"那孩子还告状："妈妈，爸爸打我。"其实她爸爸只是做了一下打的样子，而孩子的妈妈就听信了孩子的话。

从这个事中我们就可以看出，有时候一个几十岁的成年人，因不明真相而受蒙蔽，其智商还赶不上个孩子，多可怜啊！搞得孩子的爸爸还没办法，说我没打孩子，而她妈妈说你没打孩子，那孩子怎么哭呢？大家看这还能说得清楚吗？其实，人很容易被自我的观念所障碍，往往仅凭自己理所当然的想法来决定结论。根据现象，妈妈就数落孩子的爸爸了："你不经常回来，又不管孩子，你还打她。"真是这样的情形吗？话又说回来，就算爸爸轻轻地打一下孩子，那又怕什么呢？打她一下不就是逗她玩嘛，那也是爱，父亲还能对自己的孩子怎么样啊?！所以你们要学会看自己的愚昧相。如果学会了看自己的愚昧相、无知相，那人的智慧就肯定见长了，思想觉悟也一定会出现明显的飞跃。

我一去就把这个事给纠正了。对于这个孩子，我还是轻轻地打她一下，她马上就哭，还看着她妈妈哭，她妈妈知道我的意思，也不管她。不管她了，她反而就不哭了，而且她马上转过来跟我一起玩，非要把我的鞋踩着，不让我穿鞋，她穿着，高高兴兴地跟我一块儿玩。

所以说，世间有一句俗话：打是情，骂是爱。那小孩你打了她，过后她对你还是有情感，她还围着你转，还挺高兴的。你看，我强调小孩子你得让她独立，做父母的不要啥都包办，让孩子自己去做、独立去行，这才是正常的教育途径。

莫让溺爱误子孙

我真正独立能力的提高还是在我母亲去世以后，人完全没有依靠了，这个时候一下就警惕起来了，就开始依靠自己的能力了，做什么事都得靠自己做主。可是现在的父母对待孩子，那是什么都想知道。如果孩子做任何事都能够与父母商量汇报，那父母就一定是很有权威感的，心想：看我的这个孩子多乖啊……这是我们现在当父母所喜欢的感觉。

大家知道吗？父母这样爱我们以后，我们也以这样的方式去爱自己的孩子，什么也不让他们去做，他们什么也不做，没有一点自己自由的成长空间，一味地停留在这样所谓的爱的境界中，那他们就会在溺爱的环境中长大，其结果就是使孩子变得自私自利、心怀狭隘。这样的结果对孩子不利，对家庭不利，对社会的和谐化发展也不利。孩子长大以后最典型的现象，就好似吃了扁担横了肠子，吃了青菜绿了眼睛一样，起逆反心——翻眼睛、瞪眼睛……

我们的童年是在兄弟姊妹间的相互照顾中成长起来的，可是我们的下一代呢？就一个，而且是多少人在关怀他们，有父母来关怀，然后爷爷奶奶、外公外婆、叔叔阿姨、同事朋友都来关怀一个小孩，小孩在这样的环境中自然就被惯成了草包。

现在到了我们自己需要警醒的时候了！放下自己的那些陈腐的观念，让自己的身心健康起来，给他人一个成长的空间，让他们做有利于健康成长的事，培养出自己的独立性。这才是修身养性、见证智慧的目的！

感恩的心

感恩中流露的真意
自我的净化 生命的洗礼
坎坷也是成长的动力
感恩十方 圆满十方
感恩之心是幸福之源

咱们现在讲一讲感恩的心。“感恩的心”这样的主题，在我们以前的讲课当中你们也许都听过，只是在座的有些人还没听过。我们以前讲过“真爱是无我的境界”，也讲了爱的含义，爱包含了什么内容。今天咱们就讲一讲关于“感恩的心”这样一个话题，讲一讲什么才叫感恩的心？我们如何去感恩？如何进入这种感恩的境界？这是我们所要去认识和了解的内容。

感恩中流露的真意

以我们现在的阅历，以我们现在的人格，以我们现在对社会、对人生的认识，从感恩的角度来看，我们每一个人首先都应该有一颗感恩的心，感恩大自然给我们提供了生存环境，没有大自然的阳光、水、土、空气等等，我们将无法生存；我们还应该感恩的是自己的父母，因为父母给了我们生命，又含辛茹苦地养育我们；还要感恩那些曾经照顾过自己的亲人，感恩我们儿时游戏的伙伴。对儿时所有的人都应该是感恩的，因为通过这样的感恩，可以使我们的思想境界回到童年的孩提时期，使人内在的心灵通过对纯真生活的回忆而焕发出活泼的生机，唤醒我们生命中的生命力。所以我们从一开始就需要像这样去感恩，感恩我们的童年，儿时的同学、老师，感恩我们的亲人们。到了大一些的时候，我们还要感恩自己少年时期曾经与我们相伴的亲人、同学、朋友，还有街坊邻居。

我们要学会去一步一步地感恩。通过不断地感恩，可以使我们的身心产生愉悦，回忆到那无拘无束的幸福的童年时光，回忆到青少年时期那生龙活虎的身心状态。通过这样的感恩，能够让我们把自己的那个已经沉睡了的生命力唤醒，把生命中的那些生机的信息调动出来。感恩不仅是对自己周围环境、周围人物的感恩，而且当我们感恩这些事物的时候，我们也就感恩了自己存在的这个生命。因为“感恩”这一心理活动，它很容易激发我们内在的那个真我——真心自性，从真心自性之中流露出自己的真意。当这种真心自性流露出来的信息弥漫我们周身的时候，它对我们周身的五脏六腑、四肢百骸、筋脉皮骨肉进行了一次最盛意的洗礼，这是一个修身养性的好方法。

随着感恩的深入，随着感恩的成长，随着感恩之心的展示，我们自身的这种主观的意识活动——这种思想意识活动的运动过程和内容，就会渐渐地被净化了。带着感恩的心情，使我们回归到了纯朴的、与世无争的这种境界；加上配合呼吸操这样的健身养生方法，结合咱们修养意识的内容，这样对于培植自己的生命力就是一个非常好的途径，而且简单易行，很容易起作用。通过这种感恩的方式，使感恩之心与我们一同成长，并带着这颗感恩的心走上社会，在社会关系交往当中感恩同事与朋友，感恩我们的亲人、兄弟姊妹和左邻右舍的邻居们，感恩我们在社会工作当中的上级领导和下级员工。不管人家对我们是什么样的态度，他们都是帮助我们来完善自己人生的恩人。

当然，人家对待我们、帮助我们，有时候是通过批评，有时候是通过微笑，有时候是通过指责，或许有的人确实是通过对立的、非正常化的一种矛盾方式表现出来的。但是由于我们带着感恩的心态，把各种各样的矛盾，通过内在心灵之感恩，在自然感恩的过程中把它净化了；把我们的生命活动，通过这样感恩的过程把它洗礼了。这是对生命真义的祈祷，这是对生命存在的认可，这是生命塑造过程当中一个非常有益的内容。所以我们借助于感恩这样一个方式来净化自我。

自我的净化 生命的洗礼

其实，任何人的感恩过程首先是感恩了自己，周身的生命活动——每一个组织、脏器、细胞都得到了真心自性的这种真情实意流露的净化，使我们的生命活动向着健康与和谐的方向发生转变。这既是作为自然的人的生命追求，又是一种社会伦理道德修养的体现，而且也是一种修养意识、净化自我的简单而又高级的方法。感恩不是停留在参照的意识层面上，而是要感恩我们自身的生命存在，通过对外在事物的感恩，通过对自己内在生命的洗礼，使我们真正认识到人这个生命是多么伟大的存在，而且使人这一生用这么美妙的一种方式来贯穿下来。所以对于这个过程，希望我们大家自己主动去做。你去做一做，然后你就能够提高自己的认识了。

在“文革”期间我上小学，是在小学的过程当中，从来都没有哪一个班主任欣赏过我，总是对我有一个概念性的认识。从小学一直到高中毕业，甚至到我参加工作多少年，我都同样经历了这样的一个模式——受老师、领导的不正常的认识和评价，不认可。其实现在想起来，如果没有他们的不认可，就没有我这个生命的成长，就没有我今天取得的进步——走上了探索生命科学、实践智慧教育文化的发展之路的结果。我是带着这样的心态去感恩的。

今天正好来了两位老师，是我小学母校的老师，这两位老师给我带来了这样的一种回忆，回忆自己的童年，虽然是坎坷的，但却是美好的。记得在我读小学一年级的时候，就积极地写过申请，想当个红小兵。那个时候不叫少先队，叫红小兵。从小学一年级一直申请到小学五年级的下半学期，最后一任班主任才批准我加入红小兵，现在叫少先队员。那个时候的我，总是盼望着自己成为积极向上的人，总是有积极向上的这种心态，所以从初一开始又申请当红少兵。因为在我初一的时候还有红少兵，到了初二就没有了，而改叫红卫兵，红少兵和红卫兵统一了。可我直到初三年级毕业也没当上红少兵、或红卫兵。到了高中一年级，我又开始申请入团，结果那不是我们这些一般学生能加入的。到了高二年级最后一学期，高考完毕时，我在最后才加入了共青团组织，其原因可能与我通过了预考有关，因为在老师的想象中，我是不可能过预考这个关的。

我从小学一年级就热爱劳动，可是从来也没被老师表扬过。每一任的班主任总是用相似的语言“称赞”我，总是这样说：“刘战魁这个同学不踏实，老师来了就做好事，老师走了就不做，做卫生也是这样的。”因为那时的社会就提倡学习雷锋做好事。其实我在外边总是做好事，只是自己没有主动地向老师汇报、也没有对同学说起过。在路上只要看见人家拉板车运货的人很吃力，那我就会主动上前去帮着推车，不过从来也没有因此而受到表扬。明明做了很多的好事，却没有得到别人的认可；不仅如此，相反的还遭受到老师的怀疑。所以说，在三、四年级的那个阶段，每一次节日到来的时候，例如说“五一”、“十一”、元旦等等，学校都会举行批准加入红小兵活动的仪式，但总是没有我。我妈妈却在背后经常激励我，鼓励我写申请，但结果却总是让我失望。而且我在从小到大的经历中所遇到的那些老师，对我和一般的孩子们的认识都有偏差，总是说我的条件不够，还差点，举手表决的时候总是差一个！

到了五年级，我小学的最后一个班主任向老师，在小学即将毕业的时候批准了我加入少先队——那时候“红小兵”刚刚改回“少先队”，说刘战魁同学学习态度积极认真，热爱集体，与同学团结友爱，积极地做好人好事。其实作为童年的我，在学校里面都是一样的态度，可直到最后才被老师批准，直到最后才被老师和同学们所认可。为什么？因为班上那些老师喜欢的学生都已经是少先队员了，等于是排队已经排到我这儿了。从此我就是一名正式的少先队员了，少先队的称呼正好是我们五年级开始变更的。上个世纪五、六十年代也是称为少先队员，这个红小兵是在“文革”期间出现的。

即使到我上初中、上高中时，这样的情况也还是没有改变。因为老师认为我家居住的那一带很乱，所以也认为我不是个好孩子。而且我们班的语文老师也说，住在六渡桥那个地方就没有一个好东西。其实，我在上语文课时是比较遵守纪律的。在老师的印象中，六渡桥是属于当时非常繁华的商业区，不仅经济发达，而且人群又比较集中。当然，这个地方在“文革”期间，社会秩序也的确是比较混乱的。

我是80级的高中毕业生，那个时候兴摸底考试，考试合格之后，才能参加正式的高考。由于老师在思想上对我的考试成绩没有准备，没预料到我会通过摸底预考这一关，所以对此感到比较意外。尽管我很努力，但我在高中的那些任课老师们的眼中仍然是个很一般的学生。不过在我们那个年代，能够参加高考就算不错的学生了，因为能够考取大学的人是百分之一多一点。作为一个高二快班的学生，能够于离校之前加入共青团就不错了。我的学生时代，就是这样在被别人的误解，甚至轻视中度过了。

后来父亲退休，我顶职上班，到工作单位也是一样的，一切都好像学生时代一样，遭受误解与歧视的经历还在继续。起先车间的领导对我没有什么想法，但过了一段时间以后，车间的领导和学生时代的老师们的观点就一样了，又出现了这样的说法，说这个刘战魁脑子太活，对待工作不能持之以恒。我想可能自身确实是存在不少的问题，要不然人家怎么都会出现这样的想法？不过，看看自己的工作内容与工作过程，与同事一样啊，甚至在很多方面，我比同事做得都好，但为什么会出现这样的情况呢？可能在那个时候，人们的思想意识比较保守僵化，可能他们觉得我的脑子不符合他们自己的思路和想法？总之我当时对此种现象感觉到莫名其妙的困惑。

由于我和年轻一些的同事之间关系不错，与团总支部书记的关系也是挺好的，所以就给单位里的团总支部提了不少的合理化建议。所以在那几年中，我们单位的团总支所组织的活动是局系统比较好的。这样就把我选为一个团干，使我为团支部组织丰富多彩的活动出了不少的力。那时，我在单位里策划的团组织活动，应该是举办得既成功也比较有意义的活动，而且当时单位里各车间的年轻人也是比较团结的，大家也都比较要求上进。

坎坷也是成长的动力

虽然在我二十几年的生命历程中屡遭误解、怀疑、排挤和歧视，存在有那么多不被人认可的情况，但同样也因此促成了我这个人的成长。

事实上每个人的人生轨迹都是一定的，我这个人的命运与什么当官做买卖都无缘。一个人如果能够懂得摆正自己的人生位置，那就好了。我这个人的能力应该体现在学习与践证人的生命运化规律这方面，顺带研究一下养生文化，与朋友交往做个良师益友什么的，只能干这点事。

虽然我有了这样几十年曲折的人生经历，但我总是具有积极向上的信念。受文化大革命后期新思潮的影响，受母亲教育的影响，我就知道了做人，需要做好人，需要做一个能全然帮助别人的人。做一个利己利人的需要承受比别人更大的困难，获得比别人更大的能力，作出比别人更大的贡献。我从小就是这样受教育的，所以自己不怕挫折和不公平待遇，总是有积极向上的信念。当自己无论遇到什么不公平事的时候，都能做到见怪不怪了，能够平静地面对和应对了，其实这样也确实促成了我自己的成长。

但是成长的过程都会有适应期、过渡期，会苦恼，会惊惧。在四十岁以前，我的成长确实是艰难的，总是被压抑着的。当一个人需要伸展而又不能，遇事总是受压抑的时候，其心理状态是可想而知的。所以说我这个人的成长过程，总是一个连续不断地被压抑的过程。由于内心世界的那种积极向上的信心总是被压抑，时间一长，在我的内心就出现了无明恐惧的心理特征，不敢与陌生人接触，只要一接触，心理就会产生恐慌，朦胧中感觉自己得了忧郁症，产生了对陌生人接触的恐惧症。其实我在23岁以前，自己的心理非常不健康，这些都是不同时期的老师们、领导们偏待我而造成的。

为什么会这样说呢？因为每一个人都有自己的喜好、偏爱和狭隘的自我观点，老师也不例外。我一出生就是斜视，在小的时候经常听母亲说我的情况，像我这样的情况是由于先天营养不良而造成的斜视眼，因为父母双亲的家里人没有谁的眼睛是这样的，不大可能是遗传造成的。我的这一双眼既是斜视，又有水平性振颤，而且在小的时候到各家医院都去看了，被告知无法治疗。小时候街坊邻居的伙伴给我起了一个外号叫“朝天望”。随着年龄的增长，我的眼睛好了很多。但是当我与人交往的时候，在看别人的时候，由于眼是斜视，所以总是歪仰着头看，这样的姿态给人的感受就是傲慢、不屑一顾的样子。人家不了解我的情况的时候，就会误解我；可是当人家知道这是斜视眼的缘故，又歧视我，所以这些都是我从小长到大不被人理解的原因之一，也是遭受压抑、误解、怀疑、排斥与歧视的人生经历的重要原因。

在那些年里，我无论做多少事也总是不被人看好。不是我对人对事不积极，而是不停地积极也不被人看好，积极的努力也不被人认识。因为我从小到大的压抑，精神上还遭受了同龄人一般不会有的长时间的打击，所以当看到陌生人时浑身就不自在，当要与陌生人交往的时候就浑身哆嗦。这个过程，即使是我后来在读“电中”的过程中也没有得到改善。直到我1992年去秦皇岛学习，后来做康复部的老师，带着一群不健康的人——绝症、疑难杂症这些人，帮助护理他们康复，给他们增添信心，给他们鼓励，带领他们进行康复锻炼和治疗，那个时候，我的自我价值体现出来了，我的自信心才被完全地释放出来，对人生的信念才健康地成长起来。

如果没有这几十年的压抑，我想应该就没有了深层次动力的累积。其实现在回想起来，我需要感恩的是过去那些曾经歧视过我的人。我们大家都是一样的，需要感谢那些障碍自己、歧视自己、怀疑自己、误解自己的人，他们不是以正面的形式，而是以反面的形式在为你积累成长的信息、能量和动力。

我们现在来看一看，上学时那几位老师让我成长，他们在无意之中帮助了我。从我们修身养性的过程来看，现在是需要感恩他们的，那也是我们树立起感恩的心态必须要做的内容；从我们现在修正思想意识这个根本内容来说，要知道那是帮助我们学会驾驭感官心念的内容，对此我们都应该感恩。我们不仅要感恩现在让我们身体发生变化走向健康的人，更应该感恩自己的父母、亲人、同事、同学和朋友，还应该感恩曾经给我们的人生带来障碍和困难的人，每一个人都是我们成长中不可或缺的因素。

记得在小的时候，我是非常懂事的孩子。由于家里边非常贫困，我们家的经济收入非常低，那时我妈每月工资是33.9元，加上我爸爸给家里30元钱，一共要养活6口人。大家都知道“穷人的孩子早当家”嘛，我们在很小的时候就已经非常懂事了。在上小学一年级，的时候我就学会了做饭，我家的生活用水还得从楼下提到二楼。一个小孩读一年级，拿着水桶从下边提水，现在的孩子可能无法想象，但我小的时候当然不奇怪，我们那个年代都是这样的，就是为了给家里边的人减少负担，自己努力地做力所能及的事。记得我有一件棉袄，是从5岁一直穿到12岁，那时正好是长身体的时候，最后棉袄下襟和袖口都接了三段。

其实我们现在感恩，就是感恩我们的父母，感恩我们的亲人，感恩我们的伙伴，没有他们，我们是成长不了的。再说我的弟弟，他也可以从旁边帮助我。当时家里没钱了，我的小孩要上改制学校读书，要拿1万块钱交给学校，其中9000块钱叫做赞助费，还有上学报名费1000块钱。没钱，没钱怎么办？跟自己的弟弟借钱。弟弟本身有钱，1万块钱总是有的，并不是拿出来很费力的那种，但他不愿意借钱给我。不借给我的原因就是那时我下岗了，没有工作，没有收入，一句话就是穷！不借给我怎么办？兄弟之间商量了一下，就把家里边房产变卖了，那可是父母为我们积攒下的财富。我、弟弟还有父母曾经一起办过一个食品厂，将挣的钱造了一栋房子。弟弟就说，把这栋房卖了。

其实当时我没责怪他，那是2000年的事，因为那时自己已经修身养性了，而且明理了，便按理去行。为了修正好自己的思想意识，我遇事是从来不记恨、不怪别人的，更不会强求他人。后来把房子卖了。根据现在我们这里的房价，那幢房子起码值三十几万块钱，可是当时我们6万块钱就卖了。为了小孩读书嘛，对于家庭来说没有比孩子的教育更重要的事，自己失业了，又没有经济收入。但是我现在想一想，得感恩他，没有他在最困难的时候用这样的方法来帮助我，我怎么能够成长起来呢？一个人的成长，在修养意识的方面可能就差那么一点信息，就缺少那么一些能量使我们真正成长起来，这样的信息和能量也许只有坎坷才能给予你，而正面的努力却无法给予。

感恩的过程，我想是应该感恩生活的方方面面，既有父母对我们无私的爱与关怀，又有姐姐和弟弟从各个方面对自己的帮助，虽然他们可能有反面的帮助——瞧不起你、打击你、困难的时候不帮你，但也有对自己方便的帮助。例如我接触养生健身方面的文化，还是我弟弟提供的书籍；我去秦皇岛学习，记得是我的两个姐姐给凑的钱。当时没钱，家里边差欠别人很多的债务，办个食品厂亏本了，又想通过学一门技艺来改变自己的人生。听严老师的讲课内容多好啊，一场养生报告会，给很多患者带来了康复的希望，而且还有人出现了特异思维，多神奇呀！我自己暗想，如果我能学到他功夫的十分之一就好了，也能给那么多人看病，这样我就会名利双收，就会变成有钱人了。我的那种心态，就是平常人利益心态的表现，这种利益心在我那个时候是体现得淋漓尽致了。

其实，讲一个人的经历没有什么。我妈在怀我之前她还得过神经官能症，发病的时候人就跑了，找了24小时才找回来的。而且听长辈说，她在生我之后，坐月子的时候还中过邪气。后来我妈到医院去看病，就因为睡不了觉，当时那位医生可能懂点呼吸吐纳之术，就告诉我妈让回去做腹式呼吸，类似我们现在健身呼吸操中的腹式呼吸方法。我妈妈回来就练，她这个人比较敏感，效果很好。

难道我所讲的这些很难以启齿吗？会怕别人瞧不起吗？我们要学会用真善美的观点与和谐的方式去认识自己的身心，去认识我们周围的环境，以及周围环境当中存在的每一个人！

上世纪80年代，我在工厂里边上班的时候，基本上十个同事有八个同事要糟鄙我，说“你这个‘臭老九’，看那么多的书有什么用，还是跟我们一样做工”。他们给我取了个外号叫“臭老九”，因为我没事就拿书看，不与他们合群。像同事之间抽烟、打牌、出去玩、钓鱼，我跟他们搭不上界，没有兴趣，玩不到一块儿。我就是追求什么？追求上进，追求人生的成长。在我童年的记忆中，总是希望自己做一个人上人。

感恩十方 圆满十方

在我三四岁的时候，那时的我根本就不懂事，但妈妈就利用一切时间给我讲很多做人的道理，讲她自己小时候的故事给我听，不管是听懂，还是听不懂的道理或故事，都讲给我听。妈妈总是说：做人要做善良的人，做好人，做人上人。迄今为止，我能记得两岁时候的一些往事，那些印象都能记着。

其实最早我们在讲人的成长需要教育文化的时候，就已经讲得很清楚了，传承的教育文化是通过手把手教的方式传下来的。我们现在的人多是功利之心，都希望把这些利益展示开来。回忆我小的时候，虽然我妈妈是个没文化的人，但是凭着她亲善淳朴的性格、乐观向上的生活态度，总能讲出做人的道理。所以在我的童年，妈妈讲了很多故事给我听，讲她的成长经历。我小的时候就拽着她的衣服角，不断地听她讲她的童年。那时生活在旧中国时期，她的童年同样是贫穷而又困苦的。

所以教育文化在培养人、教育人时所展现的结果，不能要求在当时或短期就产生良好的效应。社会教育、家庭教育，一般来说教育的成效是在 10 年后、20 年之后，甚至于更久远才能展示出结果来，“十年树木，百年树人”。所以我们现在应该去感恩我们周围所有的人，感恩我们赖以生活存在的环境和各种关系中的人、事、物。感恩不要仅仅局限在某一个方面，而是要感恩十方。

作为社会中的人，从人的社会属性来说，感恩十方，哪十方？就是我们自己的亲人——父母、兄弟、姊妹以及其他亲戚，还有同学、邻居、社会朋友、同事、上下级领导等一切人际关系的总和。在社会层面上来看，那叫圆满人道。圆满人道，就是在生活过程中能够自然地处理好各种各样的人际关系，这就是人道的圆满十方。

从自然现象、自然存在方面看，作为这个自然的人来看，那也是圆满十方，这是天道圆满。感恩，就是感恩宇宙自然，感恩我们生存的这个自然环境，感恩这个社会。因为人类社会也是大自然的一部分内容。感恩十方！能做到感恩十方，能做到爱十方，那么你就能圆满十方。其实，我们以前总是听说“圆满十方”这个词，怎么圆满？我们就这样在人道之中去圆满它，在天道自然中去圆满它，通过感恩的方式，通过爱的方式去把它展示开来。如果是一个没有爱的人，你想感恩是不可能的。所以在今天这个社会环境下，我们应该感恩的是我们的亲人、家庭、工作单位和周围的环境，同时还有我们的祖国以及一切自然存在。

虽然我们不是生活在国外，但也应该对国家常怀感恩之心。为什么这样说？因为从出生到现在，我们都生活在安定的环境里。如果这个社会不安定、不团结，生存环境被破坏了，那么人就会遇到很大的困难。连生活都困难的人，怎么可能从根本上去塑造自己的人生，或去改造自己的生命呢？那是很难的。所以说，我们需要感恩社会，感恩我们的祖国，感恩我们周围的人。这样一来，我们这些社会中的平常人，对于社会中存在的各种所谓不平等的现象，就可以通过感恩的方式去面对，使我们的心胸宽阔起来。只有这样，我们生命活动的那种生命力、那种生命质量才可以被提高，人的真心自性才有可能被呈现出来。只有人的生命质量提高了，真心自性呈现出来了，才可能有力量去影响周围的环境和社会环境，这样如实地为社会服务，履行自己的责任与义务。

所以能够随时感恩的人，是可以把自己这个个体融于这个社会与自然之中的，并与各种关系产生和谐性。和谐产生的同时也会给别人带来方便，会给每一个生命体带来思想意识的变化。不管现在的我，生命活动发生了哪些变化，或是社会地位发生了哪些变化，我都会去感谢自己这个生命存在的每一件事、每一个人，我会去感谢它们、感恩它们。

感恩之心是幸福之源

所以，在这里，我建议大家一定要有一颗真诚感恩的心，带着这颗心与周围的人或事去发生关系就不会走偏。很多人总是喜欢探讨这样一些问题，像社会存在着不公平等等，这些都是你在外求。关于平等的问题，那不是我们平常人讨论的问题，一般人根本就不知道什么是平等，什么不是平等，总是从自己的个人利益出发去看待事物，那怎么可能平等呢？想理解这个问题，首先就要懂得怎样才是真正的平等，对不对？只要是有人存在的这个环境，就一定会存在着常人思维模式当中认为的所谓不平等、不和谐的现象，每个人所求不一样，但是利益心态却是一样的。大家知道吗，不平等从哪里来？其实不平等就是从我们每一个人利益的狭隘的参照系标准中诞生出来的，不平等是我们人的参照系标准引起的分别、执著和妄想之观念观点。

如果站在我们今天讲课的内容这个高度去认识我们的人生，一切不和谐的现象都是和谐现象的因，一切和谐现象都是不和谐现象的缘。所以说，我们应该这样去认识它，和谐是没有什么标准的，也没有什么标准是不和谐的。只要我们积极认真地去做自己力所能及的维系自身健康的、改造自身生命活动、净化思想意识的这样一些内容，那么一切所谓的不平等或平等观就自然地消失了。

要知道一切概念、观念和观点都是我们人后天意识活动当中形成的参照标准，它们都是障碍我们身心活动的内容。只要我们不去分别、执著于自己的观念、观点等，而是带着一颗感恩的心去面对一切，那么人就会立马享受幸福快乐。在任何时候都不要将具体的事物拿过来障碍自己，一切具体的事物都是需要我们去面对、去应对的。有的人说，我放在心里边感恩，行不行？行。我放在嘴上感恩，行不行？行。只要你有感恩的心，是你真心自性里流露出来的内容，那都是可以的，那都是好的内容，都是客观存在的内容，都是需要我们去展示的内容。

我们练的呼吸操是内养，我们遵循所明之理而行是内涵，我们在思想意识活动中蕴涵了感恩的心性，那这样既是体现了养，又呈现了生命的开放性；既是收敛的，也是开放的。所以说，人修养意识的过程应该是有法可依的，也是有径可行的，只要我们有这样一个真心自性的内容展示出来就可以了。那么在任何环境里边，我们遵循这样的理去做，我们就自然地呈现出对生命的热爱与感恩，生命也自然地呈现健康快乐、自觉自由来对你进行回报。

大智无我 大爱无私

于道的高度万法如一
周遍十方的圆满智
执古之道以御今之有
大舍大得
对自性的皈依
智慧就在行中藏
敢于直指人心的智慧之爱
以心映心 以行映性

于道的高度万法如一

我们每一次讲课的内容，就像我女儿说的话那样，她说："爸爸，你讲课的内容怎么这么相似啊，每一次讲课都有那么多相似的内容。"我说："是呀，教育文化到了根本处，它就是那么个东西，只能是那么个讲法，也讲不出什么新的名堂。"

一旦站在绝对真理的高度，在道的层面，那么一法即万法，万法即一法，都是不离根本的。如果一个老师有这么两下子，换一个老师他有那么两下子，那就好了。我说的这个"两下子"是方言，就是具有帮助大家的本事的意思。如果你们把我这两下子学会，那也就行了，以此来建立起你们自己的那两下子，这样一来你们就可以为大家服务了。

周遍十方的圆满智

当人的大智慧展示出来时，是没有方向的，是360°；或是3600°，就好像一个立体的圆，一个空间的圆；而且还有36000°，那是多维层次空间里边的内容等等。所以不管在有形的世界，还是在无形的世界，大智慧所能呈现的内容是整体的，是包罗万象的，是包含有无数、无量、无边的三千大千世界的，是这样周遍十方的圆。

如果人没有智慧，那么他在认知事物的时候，就常常会先从现象上去认识，然后过渡深入到本质结束，这个过程很恼人，很累人，也很艰难，这样很容易陷入到形式与内容、现象与本质的分裂之中而难以自拔。只有当人走向自性之根本的时候，直指本源的时候，所能呈现的应对是：现象即是本质，形式即是内容，过程即是结果。到那个时候，就没有什么东西是需要进行分别的了。

所以，一个人在呈现出了大智慧，逐步展现圆满的觉悟智慧以后，只要他愿意度化人，在教育或帮助别人时，哪有不敢说人的？哪有不敢说事的？正是由于人自己有了觉悟和智慧，有了真爱与慈悲心，那怎么会去顺随世俗人的心理，怎么会去顾忌世俗人的那些违背生命运化规律的思想意识活动和行为活动，以及各种观念、观点和概念？任何人，只要你愿意走向觉悟，只要你找我，需要我对你的帮助，我就是这么给你“棒喝”的。要不然，德山的“棒”就打不下来了，是不是这样？临济的“喝”就不能现踪影了，马祖道一的“吼”就不能活灵活现地再现了。帮助大家开发般若智慧，只有全然地进入，管你个三七二十一啊！

你说：“怎么回事呀，老师，我说都没说，做都没做，就一棒子打下来了？”难道有说的理吗？关于道之理，从古至今，有谁能一下子说清楚吗？但要不讲，大家又根本就不能理解禅师的智慧，反而还会觉得禅师的言谈举止是那么的残忍而又不通情理的。说禅师拿个刀子把学生的手指给砍了，“咔！”地一下，没了，指头没了，剩下一指禅了，无禅可参，无事可住了。就是不让你有所说法，让你执著的所谓的理在一刹那间断尽，就为了让你开悟嘛。

就好像那讲相声、说段子一样，就讲个“甩包袱”。老师给你悬起一个包袱，建立起高度，累积起势能，然后才有戏剧性的内容表达出来，才有“乐”可逗啊。那不仅是说相声的功夫，明心也是这样的，直指人心也是这样的。对此，做老师的必须得穷追猛打地敲打你，直到打得你晕头转向的时候，你脑子里边的那种不实的念头——眼、耳、鼻、舌、身、意反应不出来了，也就没有什么东西是需要通过参照来分别的了，只有这样，才能在当下呈现出实相的智慧境界，就是所谓的第八识啊。一下显现出生命运化的根本真理，这样才是人的根本智慧的大显象。那可了不得了，那个时候，做学生的才会呈现出无言的谦卑和无语的诚信表达，才会出现涕泪悲泣、两泪成行的觉受，才会有心灵的震撼，才会有感恩自己的老师、感恩自己的父母的真挚情感……那个时候生起的心，才叫谦卑心，才称得上是诚信的心！

执古之道以御今之有

咱们讲过一堂课叫“谦卑与诚信”，就是要大家通过学习来明白这些道理的，学会如何呈现谦卑心。咱们的所有讲课，无一不是围绕着人之心性的道来讲的，因此在咱们讲课的内容中有很多像禅宗里面讲的东西，但又符合今天的社会文化的内容。因为智慧传承教育文化需要符合今天时代的气息，符合时代的节奏，符合时代的人文科学境界。如果不符合，那就是形而上学的东西。如果你弄一古文到这来摇头晃脑的夸夸其谈，结果谁也听不懂，啥也不明白，那有什么用啊？如果你是一个见证道的人，为什么不能把今天的人文文化，今天的禅机把它展现出来？展现不出来，就摇头晃脑地把禅宗公案倒腾一遍，那是什么？那是要滑头，那叫虚晃一枪；那是因为见地不透，没有见证到道的缘故啊。

老子在两千五百年前就告诉我们了，“执古之道以御今之有”。社会发展至不同时期，人要能够根据不同的时代特色把永恒不变的道之绝对真理给展现出来才行啊！比如禅宗的大发展是怎样来的？原来翻译佛经也好，讲解佛经也好，都是用南北朝前后时期的言辞精美的书面语，相当于到高等学府才能学到这些文化内容；可是这种文化发展到禅宗六祖慧能以后，包括马祖道一、德山宣鉴、临济义玄等人，都是用大白话的口语来直指人心，参禅于平时的行住坐卧中无处不现，禅机于柴米油盐的应对中信手拈来，这样才有了“大喝”接引、“棒喝”度人的各种公案流传至今，才能使我们今天的人们了解到禅宗的智慧教育法之精妙和高效。

禅宗的智慧教育法从六祖开始至黄龙禅师时摆尾，各代悟了道的大禅师们都是运用了通俗易懂的话语来进行宣教实践的，这样才使得智慧教育文化为普通的人民群众所接受，所以千百年来这种智慧教育的文化理念已经渗透到了平常百姓人家的生活之中。这就是智慧给人带来的方便啊！

任何文化的发展都必须随顺社会的发展、时代的发展而发展，并因此呈现不同的内容，哪有个固定的形式？如果社会发展到了今天，讲经说法的老师还固执前人的教育形式不放，不能跟上当今时代的节奏而变化，那就不是智慧的教育法，就不能展现分别应化智了。

但是，对于我们所使用的智慧的教育方法，到目前来说大家还是适应不了。网上有位学员，跟着我们大家一起学习了不到三个月，在这么短的时间内，她的身体发生了非常了不起的变化，她的那条中脉开得很不错。为了能够帮助她走上修身养性之路，走转凡入圣达真之路，帮助她开慧，我对她使用了很多的方法，可怎么说她都听不进去。由于是通过聊天室或电话交流，没有见面，所以最后我还是选择了放弃。在放弃对她的帮助之前，最后还运用了“棒喝”的方式去引导她。她以前也有老师，后来我连她的老师也一起骂，这样一来她就不干了，跟我说：“老师啊，你不应该骂我的老师”。我笑了，我说：“你口口声声喊老师，你连我这个老师都不尊重，你还能尊重你那个老师吗？”她说：“你为什么要骂我那个老师呀？”我说：“谁是你的老师？”……她不懂！不懂就不能当下进入了，那我就没有办法再帮助她了。

所以大家如果愿意走修身养性之路，那还得从理入，都还得认真去学智慧教育文化的理论。这个禅宗的教育法就是直指人心的，它是挑着话头说的，是指着你的心说话的；它是指着你心里边的那个产生别扭的地方说的，是指着你那个自我的利益观深入进去的。这样才能使你的那个“心”疼啊，就那个当下，“喳!”地一下就开了。

可是现在我们网上有些人确实是谦卑心不够啊，要他离开三年班吧，他还舍不得；留在这里吧，他还不认真听。对这样的人有什么办法啊，这样的人要想当下进入，很难哪！难啊！大家如果能够真正地诚服下来，那问题就少了。

修证智慧，从实质上来看禅宗，如果能够从根本点进入，其实是很简单的一个方便法门。如果真对老师诚信，那关于修身养性的问题、开发智慧的问题是很容易解决的。现在我倡议大家都向田老师学习，有机会多和田老师交流。田老师是怎么走过来的？当时人家不也是什么也不懂吗？三年啊，到今年 10 月 1 日的时候才三年，人家的身心发生了什么变化?！我们大家在健身锻炼的领域摸爬滚打了十好几年，有不少人在养生和丹道等方面做了几十年的功夫，可你们现在是个什么水平，心里一定要有个数呀。不是有这样的一种说法吗？不怕不识货，只怕货比货。比较一下不就行了？所以我们每一个人都没有必要要清高，多生一点诚服，少生一点傲慢，多生一点谦卑，少生一点狂妄，那啥事都好解决了。

有时候，很多人都会觉得自己的人生是那么难。可不就是难啊！为什么难？难在自己不认识自己的观念，是自己的观念在障碍着自己啊。对于任何的事，有必要去进行分别吗？如果能够简单就简单一点不行吗？大道至简至易！所以我们应该认识到，由人的自性真心所呈现出的自然行为就是“朴”之性，“朴虽小，天下不敢臣。”人就需要现实一点，但需要明白，在现实中必须要有一个清净的头脑，不要任由自我的感官心意随意驰骋，不能任由人的主观想象之偏执性来做主宰，不能任随心猿意马障碍自己。

如果你们真觉得我的身心修养行、功夫行、智慧好，那么你们就好好地跟我学；如果不能好好学，那就拉倒。学的时候就必须要有谦谦卑卑的心态，恭恭敬敬的境界。其实像这样去做，是对老师恭敬了吗？不是，是对你们自己的恭敬！是你们诚服于自己的那个自性真心。我这个做老师的算个什么？我既是扮演老师的角色，又是充当保姆的演员；既是给大家帮忙的长工，还是送人过河的船夫。你们大家仔细地想一想，我说的对不对？能够做一个修身养性、践证了根本智慧的人，是需要啥活都能做的人啊。

所以人要圆满，不是光在那当老师，还得时时处处为大家着想。你怎么进步啊，他怎么进步啊，在老师的心里都记着哪。在论坛和聊天室，当我看到了大庆的那位学员，就会考虑她儿子的健康状态现在解决了吗？当我看到了国外的永光同学，我就得看你这一个礼拜比上一个礼拜进步了多少？当我看着诚明同学，我就得想着你现在对修正意识有了新的认识吗，是否还在摇摆？当我看着这位邯郸的学员，我在想你现在实修实练有多少啊？当我看到石家庄的那位学员时，我就想这个礼拜你不说话，不积极发言，那么下个礼拜你发言的时候我要怎么来敲打你一下……

如果我为了自己，那就没有必要这样去做了，就不需要像这样去帮助大家、管理大家了，我自己修好自己不就行了？我住在这里，现在这里还暂时住着康复的学员，他们跟我住在一块儿，我自己都不敢好好地练功夫，我也没办法练啊。因为我与这些康复的学员之间，其健康梯度是相差太远了。如果我按照自己的方式练，那他们就会出现巨大的生理反应和各种情志活动的反应。这样的反应太大也不利于康复的过程，所以我就只好保持某种状态来维系自己。

其实到了我这个阶段的功夫水平，不练也是不行的，也得用专业的时间练下去。因为我自己的目标是践证到合道顺德的境界，还必须得刻苦磨砺自己 30 年才行，任何时候都不能有半点闪失，必须得勤学苦练才行。可是眼下的我，现在是没办法练的啊，如果自己一练，他们康复的人就受不了，他们总是出这个情况，出那个情况，反应太大。这样一来我怎么练？这就不好弄了。其实有时候我也是挺犯难的，因为这些康复的人还享受不了更高级的信息能量。

你们看看，通过网络的方式来帮助大家，而其中有很多人连面都没见过，可有哪个学员不在我心上装着？都在我心里边装着。不爱发言的和爱发言的，我都记着，甚至于很微小的事我都记得。为什么这样做呢？我有必要把这个脑子里面都占满吗？不就是希望我们大家获得健康，能够走好修身养性、圆满人生的这条路吗?!

大舍大得

不过现在与你们谈修身养性的话题还太早，虽然说到了修养，但却只是个笑话。你们大家对修身养性内涵的认识，还非常地肤浅。修身养性的真正内涵，是只有那些不畏艰难的人才可以真正去谈的，没有“大舍”的人，他怎么可能有“大得”啊。所以大家记得吗，不是叶剑英写了这样一首诗吗？“攻城不怕坚，攻坚莫畏难。科学有险阻，苦战能过关。”关于这一方面的内容，从小我妈妈就是这么教我的：“世上无难事，只怕有心人。”世上本没有难事，遇事只怕有心人啊，你用心而为，没有问题是解决不了的。你如果用真心去爱人，那么就没有什么矛盾是解决不了的。矛盾能够转化成和谐！真爱的力量可是不一样的啊。

昨天晚上我说我们需要吃两天面条了，到了第二天下午，大家说做饭吃，结果是停电了，晚上还是煮面吃的。这就是生活之中的自然而然的现象，和着节拍生活。谁知道今天要停电？没有谁去预测这个东西，结果今天吃了一天的面条。我们这里的每个人每天都是吃两顿饭，那天中午吃了一顿热干面，下午我自己擀的面条，我和罗老师一起做的。没有电，我们就上街去找网吧，这不就是记着大家吗？想想大家不容易，大家盼啊盼啊，盼了一个礼拜，想和老师见见面。所以到了下午2点30分，我们同大家在聊天室见面了。

不过下午来的人少一些，好多人没来。如果晚上有电，咱们还上聊天室来与大家一起交流。对待今天这样的特殊情况，我可不可以不上聊天室？也是可以的。但是这样就自然地违背了大家的心愿，所以我们就创造条件来与大家相聚，一块儿和着大家的心，这就叫和其光、同其尘，这就叫顺随大家的心意，都是随大家的心愿啊。

我现在并没有指望大家都来跟自己一道修身养性，但是一定要用修身养性之人的标准来要求大家，走上一条身心健康、觉悟智慧的康庄大道！可是我们有的学员公然说："我不爱听修养、修行这样的词，我听不下去，我就愿意按照自己的想法和习惯去健身。"你看，像这样的人，被自己的观念障碍成什么样了？扭曲了！不仅是人格扭曲了，连形象都扭曲了。当然没办法嘛，世俗人的观念就是这样的，就是这样来障碍自己的。人各有"志"呀！

实质上在我们这里的人，在我身边的这些人，真正能够做到心心相印的也不多，每个人都是"各怀鬼胎"，每个人都有自己的想法，真正地要把大家的心统一成一颗心，那是很难的！可能在一般的情况下，大家会是一颗心；可是到了有利益和利害冲突的时候，大家就开始各自分别了，是不是这样？人心叵测啊！人心是难得清清楚楚地表现出来的，每个人都有自己的利益观念和见解。大家就是不按照生命规律去做，那有什么办法。

我说年纪大的人如果有高血脂，那就应该少吃肉，或短期内不能吃肉。可是人啊，越是吃不得的东西，就越是想吃，这就是人的一个偏执性的问题，改不了。修身养性真是难啊！多吃点青菜有什么不好，多吃点豆制品有什么不好？其实对待吃的态度，与对待别的事物的态度都是一样的，都是一个思维模式和参照系标准下的产物。

世俗的人不是真正循着健康走的，而是循着自己的感觉走、欲望走。那种感觉的欲望，那种蒙骗自我的感觉，那种虚假的幻想贪求，一天到晚都渗透于自己的思想与行为活动之中、言行之中。就像有位学员说的：“如果体型不变，就再也不要买衣服了。”是否就再也不要穿新的衣服了呢？你那是假我作祟的表现，是吧？对的，那就是假的！对于人心而言，我们只有把装饰自己感官的各种内容一步一步地全部拿下来，那么假我就会失去领地，这样我们的生命活动才能真正地被改变。就好像刚才这位学员说的，那就是思维参照模式的问题。其实人有时候也是知道的，也想改，可是到了真正地面临着要改的时候，还是会很痛苦的。为什么？习气、习惯的业力太重，别扭嘛。是的，一开始改变就是这样的情形。

人啊，有时候真是糊里糊涂的。有的人喜欢某个人，其实就是爱这个人的缺点。这就像有时候对自己所存在的缺点，不仅自己认识不到，还会误认为是自己的优点哪。当你能够真正地认识到自身所存在的问题，而又必须要改变的时候，那时你就会毫不犹豫、奋不顾身地把自己的缺点扔掉，这个才叫放下。其实，你们还是没有真正地认识到，如果真正认识到了，放下其实并不难，难的是没有把人生的道理参透，为什么要修身养性。大家现在还没有明确修身养性的目的，说白了就是没有人生的目标。人如果不明确自己所作所为的目的，没有人生的目标，那肯定是不会有主动性和积极性的；如果真明确了人生的目的，有了明确的目标，那动力就有了。

对自性的皈依

过去修身养性的人，都是有目标的。学佛的人需要皈依佛，并要通过发愿全然皈依佛。怎样理解发愿？就是从心底里发出的誓愿。皈依佛不是皈依宗教的佛像，也不是皈依宗教的那种佛——神，而是皈依自己的自性，皈依自己的自心本性，使自己走向觉悟。怎样才能走向觉悟？就是通过慎独行去见证自己的自性而获得智慧，即是觉悟；就是通过发愿和行愿把自己的觉悟皈出来、证出来，这就是拜自性。修道的人，就需要这样来发愿证道。

很多人一皈依，皈到谁那儿去了？皈到自己那个师傅那里去了，皈到自己心中的那个佛——神那儿去了，皈到天上的神仙上去了。你要做天上的神吗？天上有神仙吗？这些理必须得通过学习来了解，不能仅凭道听途说来论断。人怎样才能得清净呢？这就需要通过思想意识的净化来完成了。你想得清净就不能靠想象来完成，清净的心灵可不像天上的神啊，那不是。人们总是幻想着自己能够像天上的神那样自在，一会儿没了，一会儿又来了；一会儿有仙果子吃，一会儿就有满地的黄金……全是利己的思想，随自己的欲望妄想，随自己的幻想驰骋。想吃啥就来啥，来一猪头肉，来一猪尾巴，来一猕猴桃，我平时喜欢吃桂圆肉……你看，都是利己主义的内容，连妄想都是符合自己心意的利益观点。

那不是修身养性之人的心态，那是自私自利的利益心态。人们谈情感的时候，大多藏着自己的利益在里边。如果真正摆脱了利益，剩下的就是奉爱了。关于奉爱，请大家多学几遍“真爱是无我的境界”这篇讲课内容，还可以多看看这方面的理论文章，看看儒释道各家讲的爱和慈悲的内容。

爱与慈悲的心是从人的心底里升起的！从生命活动方面来说，如果我们的中丹田不打开，没有心肺功能态的生理支撑，真爱与慈悲从何处发？是生（升）发不出来的。大悲心的呈现不是哭啊，大悲心是带着那种强烈的挚爱。所以一定要打开中丹田，这个过程最少得三年完成，三年把心肺的功能强化起来，要用意念把中丹田区域的实体组织全部照空才行。不要说做到五蕴①皆空，你要能够做到五行皆空，那功夫的水平也就不得了了。如果能做到五脏皆空，那也是需要通过非凡的努力去完成的，是靠做功夫去完成的，而不是

① 五蕴：佛学用语，指色、受、想、行、识。

仅凭说理来达到。不要说照见五蕴皆空，你如果能把五脏照空了，把肝心脾肺肾照空就不错了。想做这样的功夫水平，同样也是需要有非凡的人格和品质的，那时人肯定就有悲心了。

在宗教的现代教义里边，其中的很多内容都被解释为神学，根本就不可能展示出真正的生命科学、智慧教育文化的内涵。离开了人去谈神是不存在的，只有见证了人的生命本真、人自性真心的那种觉悟境界，内心升出那种诚信，只有到了这个时候，人才能展现出大智慧。

智慧就在行中藏

这种实相智慧不是某种装饰品，而是人的那种自然无为、清净无为的自然之性；不是预测，不是搬运，不是神通，而是实实在在的生活，平平常常的生活过程与生活内容。虽然是跟平常人的生活一样，但绝对是没有障碍的生活内容与过程。平常人因为没有觉悟，就多了无数的障碍和烦恼。有障碍就有烦恼，有烦恼就一定有障碍。所有的形式都是一样的。所以古人说“平常即是道”啊！

在平时的生活中，是一定会应对柴米油盐酱醋茶这些细小的事物的；在平常的社会关系中，人还会去应对姑舅老表等各种亲戚关系和其他社会人事关系。如果在这些复杂的关系中，你还能保持中和之性，还能与大家和谐相处，自在自为地和谐人生，那就是智慧的应现，是道的应现！

如果我们现在不能向内求——向内在的根本上去净化意识，哪还有另外一个途径去“寻觅”道？大家以为证道就像找一个电话号码那么容易吗？当然，只要能够放下“我”——假我，这样见证人的根本智慧，也不是一件太难的事。简单地说，就是把自我的一切观念、观点和概念全放下，那么人的根本智慧就会自然地呈现出来。

大家看，多简单，多容易出功夫啊！大家赶快变吧！改变观念、变换气质，其实这是社会中的每一个人都必须去做的工作。对此，只要我们每个人能够用心而为之即可，按照符合生命运化发展的规律去行即可，并不会因为修身养性而给大家增添很多的内容和课程。吃饭穿衣，行住坐卧和柴米油盐，我们日常生活中该应对哪些事，还是应对哪些事。不同的是，自己的心性变了，变得不执著于利益而心胸开阔了，能够不依自己的主观观念去分别事物而自然去应对了。这个时候就会感觉海阔天空，没有什么能障碍得了你。人还是这个人，事还是那些事，可是人应对时的心境已经变得清净平和了，这样展现的就是自觉自由、自主自强、和谐美满的觉悟境界。

所以，大家不要把这些修身养性的内容神秘化、人格化、神圣化、超自然化了。如果像那样发展，很快就会把这些人生的道理歪曲化、妖魔化、邪教化。因此我们大家一定要学会去正确对待这些修身养性的内容。不能是做人的道理没学好、没做好，就做成了妖精、妖怪，那修出的不是觉悟状态，而是修出一妖怪来了。其实法无正邪，而人心有正邪之分！如果心行邪了，那么所行之法即是邪法；如果人的心行是正的，是符合生命的运化规律的，那即是正法。所以说，人要通过理入与行入来获得正信、正念，这样才能产生出正知、正见，才会呈现正觉、正智。

要想做到和证明这些，应该从哪获得，从哪修起呢？思维修，走净化意识的这条道路。我们把智慧教育文化当中谈到的陶冶性情、涵养道德、保持中和之性以及修养意识的这些内容捏合成一块儿，用最世俗的语言，最通俗的语言，像聊天一样地把它讲出来，通过这样的形式来帮助大家。在我们讲述的理论里边，也归纳了许多规律性的内容。你可以把我们所讲的智慧传承教育文化同天人合一的整体观、现代的混元整体理论，以及古今众家智慧精华的那些文化融为一个整体去认识，比如可以把我们这个智慧教育文化与佛学的大乘经典、与道学的老庄思想融为一体去认识。

我们没有把意识分得太细腻，没有像佛家很细地讲那些五蕴、五感、六根和六识的内容，也没有详细地讲各种见，什么偏见、边见等等。佛学般若部的智慧经典中可能讲得要细一些，它是通过这些内容来引导你进入。这些内容的实质，我们在《金刚经》的讲课中都会涉及，大家可以结合起来学习。只是我们不会像宗教教义里讲的那样细化。为什么不去细化这些文化内容？大家应该自己思考一下。

其实最简单的一点，如果能够学习任何文化，而又不被任何文化所障碍，也就什么都障碍不了你了。你如果不执著于什么，那么什么偏见、边见和邪见等，也就自然没有了。如果一个人没有了任何的执著，大智慧不就自然地诞生出来了吗?！我们通过讲课把本质内涵呈现出来，主要是用这样的方便法指导大家如何在生活中去实践的，没有必要通过咬文嚼字的方式去抠那些学术性的东西。所以对于宗教玄化了的、神化了的内容，包括所谓的学术研究的内容，我们统统不去涉及。

昨天我们在这儿与学员聊天，讲了一下“从实践中来，到实践中去”。我们讲的是如何走向实践，也是讲到实践当中去践行智慧教育文化的内容。我们所讲的这些理论无一不透着整体辩证法的观点，既符合历史的观点，又符合唯物的观点；其中无一不充满着智慧辩证法的原理。如果谁离开了辩证法去讲整体观，那无疑是荒谬的，那是对整体观理论的谬解。所以真正的禅修，是一个伟大的践行的过程，是一个见证真理的过程，是直指人心的那个当下，是没有理论可言的行为活动过程；但是还必须去学习前辈的实践经验，而这些经验已经被总结成了智慧教育理论。在修身养性、践证智慧的实践过程当中，是没有一种固有的理论可选择的。因为每个人见证道、见证自己的灵性、见证自己的灵山的时候，没有一个固定的模式。说“老师你是这样开悟的，我也必须是这样开的”，不是这样的，大家开发智慧的方式方法是应该各不相同的。你这样开，我那样开行不行？行。这一点，历史上已经有了很多的记载，也给咱们证明了，没有绝对的重复，只有惊人的相似，用《金刚经》中的话说就是“皆以无为法而有差别”。

还有，要学会把现代的文化知识与智慧教育文化结合起来。如生物、化学、物理、文学、哲学、社会学等等，把所有的社会科学文化与自然科学文化知识都运用到我们智慧践证上去，要学以致用。在我们的这个班上，有很多人都是高级知识分子，当老师的就有好几位，教授、博士都有，而我的文化水平是比较差的，我就只是一个高中生。所以从知识文化上来讲，我比大家差远了，但是从对生命科学的认识上来讲，从觉悟智慧的见证来讲，我比大家先走了一步。希望我们大家能够一起共同进步，我在前面走出了一个脚印，希望你们能够踏上来。我在帮助大家的同时，大家也在帮助着我。

咱们现在走的是这么一条路，走的是智慧传承教育文化之路。现在能够真正地进行修身养性的人还是非常少的，咱们修身养性的本身还与生命科学的内涵有关。能够把自己的根本智慧开发出来，为人类文明的进步作出哪怕是一点绵薄之力、微小的贡献，那就是我的人生目标。

我们每个人，就像一个小萤火虫一样，都去为人类作贡献；人多了，集合起来就像百个千个的萤火虫在一块儿那样，也就亮了。一个萤火虫的光明照亮不了宇宙，要多一些、多一些、再多一些，把外求科学的内涵和内求科学的内涵融合起来，这个就是人类未来文明发展的方向。

我们认为，不需要把人本具的某些功能特征进行明确的分类，比如超常与常态的智能。虽然某些少数人的智能确实是存在有超常的现象，如有的人能透视、能感知，也有的人确实能搬运，但是，即使是存在有超常的一面，那些也都只是人自身本具的功能之一。当人不能通过内求内化来展示实相的整体智能的时候，人的智能就会展现出外求外化的现象。例如搬运功能的外化智能表现，像汽车、飞机、火箭等，都是属于人搬运功能的外化现象；人能够透视、感知这样的超常智能外化以后，就展现出像B超和X光照相等功能性的器械等功用。

实质上我们要这样整体地去看人的功能的存在，把它统一起来并不矛盾。没有矛盾了，我们就少了疑惑；没有了疑惑，我们就走向了光明。善于把外求的科学文化和内求的科学文化融会贯通，这才是未来的大智慧者、觉悟者的责任和义务，也是搞生命科学、践行见证生命科学真理的每一个智能科学工作者的责任与义务。

咱们可不要把口号喊得高高的：我们是什么什么，我们是人类文明的什么、外星文明的什么……（众笑）这跟咱们没关系。每一个人做好开发自己智慧的工作，见证自己是这个伟大的生命工程师，把自己这个伟大的生命工程做好了，把这个“买卖”做好，把这个伟大的工程研究好，生命科学研究好，怎么就不行啊？你出了成果了，不就是一个居里夫人，不就是一个爱因斯坦，不就是一个笛卡尔，不就是一个牛顿、爱迪生、福特，不就是一个达·芬奇，不就是音乐家贝多芬、文学家托尔斯泰等等?！每一个人都是伟大的，只要你在生命科学这个工程上努一把力，把全身心投入进去，怎么着也得超越我们的前人，对不对?！

不要觉得科学家才是伟大的，能明了人的真心自性——实相智慧才是更伟大的生命科学家。今天有一个人证明了本心自性，觉悟人生、了悟人生了，明天再有一个人，后天再有一个人……这就是从实际行动上为人类文明进化奠定了良好的基础了，难能可贵啊，罕见啊，叫旷世奇才！把牛顿、爱因斯坦、笛卡尔、陈景润、华罗庚等等，所有的大文学家、画家、音乐家、雕刻家、天文学家、地理学家合在一块儿，还不都是“家”吗，是不是这样?！一个从外求入，一个从内求入啊。只要你获得了大智慧成就，那为人类文明进化成就的功劳一定不会小。但是你们看看这些科学家，哪一个人的付出不是超越了常人？哪一个说是把自己所有的世俗的生活、世俗的利益都弄好了再去干的？伟大的马克思写的《资本论》，现在外国也在用，他不是用全身心投入的吗？伟大的革命家先行者，哪一个不是全身心的投入？没有全身心的投入，干什么也干不了，什么也干不成！

伟大的科学家是这样的，伟大的思想家也是这样的。从古至今，希腊的亚里士多德、柏拉图、苏格拉底，印度的奎师那与佛陀；再到中国的老庄与孔孟等诸子百家，秦汉那个时期那么多人，还有医学家张仲景、华佗，多得很！在修炼这方面的大智慧者，如张天师、张三丰、陈抟老祖、丘处机、王重阳，还有禅宗六祖慧能等伟大的修行家还少吗？中国的这些前人还少吗？包括我的那些老师们，他们都是那么伟大，都是了不起的智者圣贤。

你看西方的宗教里面，它画一个白色的圆圈；可是东方的宗教里边画的是彩色的，更富有生命的信息，那是画的吗？我以前认为是美化神佛的图画，以为从美学的角度来美化一个神，实质上不是！那是人智慧的信息能量结构图，是能量结构展示出来的内容。当然，也不排除有些人为的彩绘内容在里面。我当时是搞不明白的，说释迦牟尼佛胸口那个万字符“卍”是怎么想象出来的，是因为画着好看？如果说是因为好看，那也没有必要画个这个“卍”的图在胸前啊？通过自己智慧功夫的实践以后，见证到了这个符号的涵义，在胸部的影像，才知道不是我以前想象的那样。而且通过对此资料的查询了解到，在我国的古代也有记载，这个万字符“卍”是当智慧功夫修到一定境界之后才出现的；而且它具有转识成镜（如镜映现）、转识成智的功能，是一种信息能量加速器，就好像是信息能量的复合器。这是人修炼出来的那么一个如意宝，是生命信息能量结构的存在体、运动体。

我们伟大的古圣贤们，通过内求的方式为我们做出了表率，他们是穷尽一生之经历而证得的智慧成就，这就是修行。外求、外化也是一样的，同样必须通过自己毕生的努力而获得科学成果。像陈景润研究哥德巴赫猜想，研究了多少年啊！那时在社会上也流传了很多关于他的故事。对于人类自身的任何事业，如果没有全身心的投入，哪有成果展现出来，哪有故事流传出来？但是有一点，无论是内求的修炼家，还是外求的科学家，其人生的经历与对事业的追求，都是自强不息的；而且在追求的过程中，都存在不被世俗社会中人们理解的现象，都会被认为妨碍了人家的生活、妨碍了人家的情感、损害了人家的利益，那么人们就会起反对的想法，引起逆反的心理。

如果人与人之间都是真诚相待，相互理解的，那么彼此之间就会像对待自己的子女和亲人一样，没有彼此的分别，用全身心去爱。就如孔圣人说的那样："人不独亲其亲，不独子其子。"像这样去爱着大家的时候，爱着对方的时候，就会自然地舍弃自己的观念、观点，或者是那些所谓的利益。但是世俗中的人却做不到，为什么？就是因为平常的人们驾驭不了自己感官功能欲求的生活内容，这其中关键的原因在这里！

如果我们每一个平常人都能驾驭自己的生命活动，都有高度的自律性、自觉性，那就一定会从生命的必然王国走向自由王国。什么叫必然？生老病死，从生长至衰败的生灭循环的自然法则，佛家称此为轮回。不能走向自由王国的矛盾在哪儿？矛盾就在于自己对自己的生命运化规律认识不了，对人的自性真心认识不到，对生命的存在形式认识不足，对生命存在的功能态认识不清，对自己的观念执著不放，并因此产生了分别心和妄想心，这一切都是源于贪、嗔、痴、慢、疑，这就是常人的智能状态。

而一个有觉悟智慧的人，他能够认识并掌握人的生命运化发展规律，能够驾驭自己的生命活动，驾驭自己的感官心意，并产生警觉性、自律性，所以才叫自由王国。像这样的人，平常生活中的每一言、每一行，甚至于每一点滴的生命活动展现都是自由自觉的、自然而然的。像这样符合生命法则的人，才有觉悟智慧，才会健康长寿，才有自由、平等、博爱。

能见证根本智慧，能获得健康长寿，能赢得自由、平等、博爱，那都不是执著追求的结果。如果我们有了某种固有的观念和观点，一执著就叫我相，那么人相、众生相、寿者相，这四相就都有了。如果大家只求健康，那么就有“求健康”的观念和概念在障碍自己，所以就会因这样的障碍反而无法获得健康了。在佛学中有很多内容是非常有道理的。大家得放下自己对健康的固有观念，不必执著这些东西，然后通过实际的行动去展示生命的健康内容，这个时候就灭了什么相？我相、人相、众生相、寿者相。不是去求，而是去行！行中自然有“无所求”的所求。智慧就在行中藏！

敢于直指人心的智慧之爱

其实真理就那么一个，佛家称其为“实相”，道家称其为“道”，古印度文化称其为“大梵天”等等。这些都是通过不同的语言、不同的方式去讲宇宙自然最根本的那个内涵，就像通过不同的路、借助不同的工具而殊途同归一样。因此我要讲的，也是这个最根本的内涵。可是为了方便大家接受和理解，需要从不同的角度去阐释，借助这样不同特点的语言工具把它表达出来，那么其内容就涉及到了古今中外不同的理论体系，涉及到了我们日常生活的方方面面。

所以我要讲古印度的《金刚经》、《薄伽梵歌》，要讲中华传统文化的国粹精华《道德经》，要讲现代生命科学的身心兼修的内容等等。通过这些不同的文化、不同的特点及不同的风格和语言，借助这些不同的内容和表达手法，来展现一个内涵——人的根本智慧和宇宙自然的绝对真理。

你看，要讲那个“不可说”的最本质的内容，还得需要借助“工具”才行，要不然我怎么讲？有时候我很想给大家讲一些东西，可是到了讲课的时候却又不知道给大家讲什么好，所以希望大家给我提一些问题。如果大家没有问题可提，那我也就没有什么话可讲了。其实大家提出的问题就是最好的工具，它就像桥梁一样，让我们之间互通起来、互动起来。这个时候就能够联想到那些高功大德，他们经常会问的一句话："大家还有什么问题？"如果下边有人说我们还需要了解更多修身养性方面的经验和理论知识，或者说还有哪些问题，那么老师就会继续地讲下去了。如果没人提要求，老师自然就走了。

所以如果大家没有问题提出来，我只能想到哪讲到哪，光我自己在这儿闭门造车，那是造不出来的，只有我一个人是造不出智慧教育文化的理论体系来的。你们需要问一些问题，这样我还能相应的讲出更多内容。也许有好多东西我没想到过、没学过，但是你只要问了，我是能够讲出来的，而且可以从你们提问的不同角度去解答。这样对你们会有帮助，对我也是有帮助的。只能这样说，因为我走到今天，身体的变化才十几年，我的意识的变化才几年，根本没有那么多时间去学多少东西。我与大家一样也是个平常人，只不过警觉点比大家建立的时间早一点，有那么一丁点儿觉悟智慧，这个觉悟智慧的产生还是源于大家成长的需要。

人啊，是一年一个境界。我今年的境界比去年好，那么明年的境界就一定会比今年好，是不是这样？因为我在不断地努力精进啊！大家也在成长。我们不断地在否定着当下的过程，在肯定着当下的内容，我们就是这样成长起来的。大家要真正去体会，要学会改变自己的思维模式和参照事物的标准。

学习不是绞尽脑汁，而是什么？而是脚踏实地去践行见证！对于学习理论，既要主动地去理解它，又千万不要去执著于这种理解。因为当你试图去理解某一事物的时候，那你所启动的都是你固有参照系的内容，那就很容易被分别、执著、妄想所占有，那你想开启智慧是不可能的。特别是人到中年，通过人生经历的积累，产生了相对固定的认识事物的见解，正是最依赖于理解记忆的时候。但你要避免它，避免被这些固有的思维模式内容所障碍。

所以学习智慧教育文化理论，实践开发根本智慧之法，与我们平常学习知识文化的习惯和方法是不一样的，而且还是相反的。老子说“为学日益，为道日损”，学知识文化的时候，你是要广博见闻的，要在头脑中更多地积累各种知识、概念和经验，提高自己的逻辑思维能力和思辨能力；可是修道就不一样了，对于文化知识和人生经验的摄取，不仅要博，而且要损，一直损到清净无为。你要把这些通过外求得来的知识和概念放下，把固定的、线性运动的逻辑思维放下。你不能用那样固有不变的理论和经验来参照不断运动、变化、发展的事物。所以要向内求，就得消损意识活动外放的内容和过程，以至于损到朴之性的无为，放下你以前向外求的思维模式和固有的学习方法，建立起来新的思维参照模式——智慧的整体辩证思维模式。

你要建立起新的思维参照模式，就要转换旧有的参照标准和内容，得像小孩子一样，从学说话、学走步开始。如果你一直用旧有的思维模式去学习，那不就“换汤不换药”了吗？你学到的只能是文字表面的东西，这样新的思维参照模式是无法建立起来的。因此对于智慧教育文化理论的学习，不能用自己旧有的观念和见解加以分别，你要用儿时的那种方式去读书，反复读，一遍完了再来一遍，一遍完了再来一遍……像复印一样只凭记忆去复写，渐渐的，你遇事一反应它就自然地跳出来，那么它就成为你生命中的原质，属于自己的东西，成为新的思维模式的内容和参照标准。只有坚持像这样去做，偶尔有一天，在老师讲课的时候，或许在交流的时候，或许在看某一个人的修养日记，或许在人生的某一时刻……刹那间就会觉醒顿悟，会产生觉悟智慧的动力，呈现根本实相。但是对于修身养性的要求而言，如果不努力，没有积累，那是绝对不行的。

尤其是咱们的讲课内容和所译释的书都要读，为什么？因为现在咱们有这种力量，智慧教育传承的力量。人如果试图依靠后天形成的这种固有的思维逻辑去理解，并执著于某种文字，是无法通达所要表达的本质内涵的，文字所展示的内涵是有限的；如果能够像我说的那样不加分别地“模糊”地去学习，全盘地接收，这个文字所能展示的内容，其本质的内涵就在其中。

这其中的道理就是，如果你认定了某一章节、某一段话或某一句话的内容，那就容易产生偏执、固有化，就会执著于那一个内容了；如果人学会在“模糊”的学习过程中去积累，并在生活的点滴细行中对这些内容毫无分别地去做，到一定的时候，就会产生一个整体的信息，这样觉悟就会现前。大智慧就是人智能的整体性！而不是对事物局部的认识。对事物局部的认识，只是人的聪明才智的展现；大智慧是能够随机应化的，是永远也没有一个所谓正确的、固有不变的模式在那摆着的。

古时候有一个学生问老师：“老师啊，什么是佛性?”老师说：“你回头看一下，如果你背后的案山能点头，我就为你回答什么是佛性。”虽然佛性不可说，但还是在说，也必须得说，否则没有工具、没有路径就无法到达目的地。你得有个下手法啊，要不然就“诸法断灭”了。所以千百年来，我们的那些慈悲的高僧大德，总是在不停地说。他们怀着一种仁爱慈悲的心态，度那些有缘人。他们的这种心态，就是从生命的根本，从心性这个层面上去进入的。

当学生问他什么是心的时候，问什么是觉悟、什么是觉性、什么是如来、什么是佛性的时候，老师说：“你回头看，案山能点头，我就告诉你答案。”那个石头山能点头吗？佛性是能说出来的吗？这样问者一下就觉悟了。说怎么觉悟？谁也想象不到啊。觉悟是个什么境界？是“那种”境界。难道觉悟就是“哗!”一下，闪电一样地打开了吗？不是。那不是觉悟，那是个猜想，属于杂念。在禅宗里面有几位大德，大家非得去了解不可，像六祖慧能、马祖道一、德山宣鉴和临济，这些禅师们都是非常伟大的，其实他们永恒智慧的灵性还长存着。

每个真正的修身养性之人，既要学会对古大德生起谦卑之心，又要对今天的老师生起诚信之心。怎样才能促使自己生起谦卑与诚信之心？大家首先得学会做人，学会将心比心，把老师当作自己的亲人去爱，就像老师的父母、兄弟、姐妹一样。我们能以亲人的方式去感恩，不是也可以的吗？大家也得学会圆满十方啊，当我在讲“圆满十方”这一课的时候，是为了给大家的参照系模式“破口子”，找一个下手法，让大家在净化意识的过程中学会如何下手、如何进入、如何进入角色，我是在帮助大家找这个下手法啊。可是现在大家还理解不了，还接受不了，以为是老师在炫耀，其实不是的。所以希望每一个人，也学着老师那样去做人，不是吗？你也学着老师“假”慈悲一下，难道不行吗？当你假慈悲的时候，当你假戏真做的时候，不知道在哪一天，你就会真情流露了，届时就生觉悟了，这都是下手的方法啊。

很多人为了自己的兄弟姐妹不惜一切代价，“哎呀，这是我姐姐的，这是我妹妹的，这是我弟弟的，这是我母亲的，这是我父亲的，这是我女儿的，这是我儿子的……”有的人还疼爱自己的孙子，是吧？但是对别人——亲朋好友以外的人就很冷漠了，因为这里你有情感的利益，你的胸怀只能装得下这些在你周围有情感关系的人。要是你能像这样爱所有的人，那你的胸怀该是多么的大啊?！如果是年纪大的人，你们就把我当孙子看，希望你们能够生起一点怜悯之心也好，那也是悲心的一种啊。可是我们现在的人没有情感，情感不够，没有深入进去，不懂得真实情感的存在，只知道老师总在训斥自己。因为在我们这儿，我老是在吼他们，就像前几天我说罗老师，说她傻，她反过来说：“你才傻哪。”呵呵，跟这个是一样的。

我为什么对大家发态度呢？主要是希望通过这样的方式，能使他们在当下得到改变。可是时间长了，他们就不会认这个情理了，他们会想：“我容忍你这个老师的脾气太长时间了，可你还老冲着我们吼，太不像话了。”时间长了他们也会发烦的。现在他们都坐在我旁边，但是在当时没有一个人能领会这种教育法。

其实，每个人都是有执著点的，我不会因为害怕他们接受不了、不高兴或是得罪他们就不帮助他们了。我就是要运用这样的方式去帮助大家破偏执，破那个所谓的自我——假我。如果一个人见证到了根本智慧这个真理，还会害怕人家对自己产生误解吗？他是不会害怕的。如果害怕，那这个人一定没有见证到真理。在全然地帮助他人的时候，有什么是值得可怕的呢？难道还害怕失去了什么吗？又会失落什么呢？有什么可失落的？自己的儿女永远是自己的儿女，自己的家人永远是自己的家人，不因为自己的变化而发生血缘的改变，因为基因里边有记录，甚至于与自己生活相伴一生的妻子或丈夫也是一样的，在自己的生命活动当中都有记录了。难道说因为他不能接受我的帮助和爱护，就不说了吗？因为他不愿意接受我的教育法，就应该改用温柔的方式、体贴的方式来贯穿爱意吗？那样一来，在教育的过程中就没有能量、没有力量了。难道就没有别的方法了吗？不是这样的，只要有一种方法能直接摧毁世俗常人的这种偏狭、僵化的思维参照模式，我是一定要果断去用的。哪怕是得罪了你，我也会用！

在世俗的社会中，常人就是怕得罪人，如果得罪了，就会少一个朋友。如果一个人有了智慧和觉悟，而在帮助他人的时候还怕得罪人，与平常人的心境一样，那还怎么能体现觉悟和智慧呢？在直指人心的过程中，在实施这种教育法的过程中，是需要借题发挥的，以此来摧毁人僵化固执的思维参照模式。那么在这个过程中，如果因此而得罪了对方，对方领会不了，那就是属于无缘之人，少一个这样的人，就相当于少了一个包袱。佛法无边，也只度有缘啊。像这样得罪了一个人，就等于是多了一分清闲，多了一分清净。像这样得罪人，并不是我的本意，而是对方的偏执性在作怪，是太执著于自我的缘故。敢于直指人心是大智慧的呈现，是慈悲心的展现啊！

以心映心 以行映性

所以对于每一个人我都是不害怕得罪的，不管是年纪大的还是年轻的，但是要选择好最佳的角度和方法去进入，去震撼受教育者的心灵，这就是棒喝的原理。如果不能抓住对方的心，不能了解心的动态，那心灵之窗怎么能打开？怎么会呈现豁然开朗的心境？唯唯诺诺是绝对解决不了问题的，那也不是一个有觉悟的人办的事。这就是我的想法，我也开诚布公地告诉大家了。

我今天再一次明确地告诉大家，对待我们“慎独之路”这个班的学员，只要有一个好的教育方法，我都是会用的，哪怕是得罪你，听到没有？如果得罪了你们，我就会多了清净，也包括我身边的人。就像我的家人说：“你把人家都得罪了，你一个人怎么办啊?”一个人有一个人的活法，人多有人多的活法。“何必要得罪大家啊”这都是常人的想法。有觉悟有智慧的人，就应该帮助他人提高觉悟、启明智慧，如果对方想不通，他就会自然地离开。

智慧教育方面的事情就是这样的，就是需要毫不留情，只有这样才能破掉人的习气、贪欲和偏执性。所以我们看禅宗接引人有的砍手指，有的夹断脚，有的棒打。我不看你对我什么感情，也不为我自己的私情，只是针对你的执著点去下手，只有像这样去做才是无我的境界，才好以心映心，以行映性啊。不管是聊天室的学员，还是我身边的人，不管你对我们付出了什么，我都将毫不留情地帮你去展示你的那个真我。尽管如此，但那还只是帮助，那还只是外因，外因还需要你们自己的内因起作用，内外一结合，那才是无内无外的般若智慧境界，大家共同努力吧！

平常人的这个思维参照模式是很难破的。如果没有严厉的方式方法，没有用极其“逆反”的方式，怎么可能使人照现自性呢？很难的。不能使人照现自性的方式方法，就不是心宗了，就不是智慧传承教育文化的教育法，就不是科学的方法论了。如果不是这些，那一定就是伪科学。

我就是运用这样的方式方法来直指人心的，智慧就是这样顿然呈现的。人的觉悟智慧就是这样砺炼出来的。

爱是智慧的自然展现

和谐从不和谐开始

信念 精进 无执 放下

觉悟的自由 无我的真爱

感情与爱是生命的存在

顺其自然莫分别

和谐从不和谐开始

学生：您搞智慧教育文化，搞生命科学，又有夫人和孩子在家里，您还要练功夫，还需要一个人来照顾您，那家人对您有意见吗？

夫人和孩子现在没意见了，开始可能就有那么一点意见。当人的身心活动发生了质的改变，发生了自我超越的时候，哪还有什么意见呢？况且我不需要别人的照顾，多少年都是这样走过来的。

如果有意见，就会产生矛盾，矛盾积累多了就会产生不和谐。但是，现在回过头来看，我一直都是得到了家里人的支持，不管是我的父母，还是我自己的家人，都是支持的。所以我感到非常地幸福，而没有什么不和谐的感觉。当然，如果自己不求发展，不求努力，那也是没有人支持你的。支持同样也是通过努力而得到的。

任何事物的发展总是这样的。如果你想赢得和谐，就要学会努力，学会坚持，要树立起人生的目标和理想，也要有信心、耐心、恒心和决心，就是不能太热心！因为热得快，冷得也快。做人需要保持百折不挠的信念，这样就不会害怕矛盾与不和谐的现象出现了。要知道，和谐总是从不和谐开始的。当你真正地百分之百地进入的时候，一切都变得那样地宁静和自然。

做人需要放得下所谓的情感和爱，如果真正地放下了一切，包括世人盲目追求的利益观念，那还有什么问题能被鼓动起来呢？不会有的，没有。我这个人什么都能放下，没有什么放不下的东西。如果你想用什么来约束我，由于我没有平常人的那些奢求、贪欲，哪还有什么办法来约束呢？你又能约束什么？只要人具备奉献精神就行了嘛！我现在不也是过得挺好？

其实人的生活就是这样，没有平常人的那些所谓追求，没有平常人的那些攀比欲望，没有平常人的那些自我利益，没有平常人的那些习气和习惯，没有平常人的那些偏执与分别，像这样的生活方式、生活内容及生活过程，自然会呈现出智慧的和谐欢畅，自然会展现出自觉自由的根本智慧境界。但条件就是你必须要行当下放下的智慧功夫。只有这样，人才有可能“跳出三界外，不在五行中”，知道吗？只有这样脚踏实地去实践才行啊！也就是说，需要从智慧教育文化的理论学习开始，逐步建立起正信、正念、正行，以后才有希望践证到正见、正觉、正智慧。这些都是对修身养性的人所提出的要求，要求你们必须得有见证“道”的那种大智慧的水平才行。

如果一个人，能够随时随地处于真正的喜悦之中，而且是满心的那种喜悦——每一个细胞都是喜悦的，那么你到任何地方去都是会自然而然地影响别人的，那样的一种智慧和谐的生命存在，给人的就是一种和谐的爱啊！大家想想，满心的喜悦，能不影响人吗？每一个细胞都是喜悦，能不给人带来快乐吗？要知道真爱是可以感染人的。和这样的人在一块儿，他脑子里边不呈现和谐，还能显现个什么东西？如果能够显现出“有”的境界，那就是人脑中自然映现的爱！在这样的智慧境界中，是肯定不会显现出假丑恶来的，因为假的东西是会自动消失的。

信念 精进 无执 放下

当一切都符合大道的内容，成为自自然然、自然而然的时候，那么你还有什么是需要放下的呢？啥也不需要放下了，啥也不是放下。那个时候一切事物的运化发展关系就都是自然呈现的了。放下的本身就不是放下，提起的本身就不是提起了。讲这些所谓的放下、提起等概念，都只是为了说明或讲理的方便而已。只是为了方便讲解，方便大家理解，方便大家践行才那样说的，那叫方便法。例如说“提起便是德，放下即是道”，那也是为了方便才这样说的，一切都是自然的。

站在智慧整体观和智慧辩证法的高度来看人与自然与社会的各种关系，你又有什么样的能力去进行分别呢？例如说“天要下雨了”，你能够分别这个雨点是下到我的身上大一点呢，还是下到你的身上大一点？你能分别吗？即使你分别了，又起什么作用？天要下雨是很自然的事，只要人有了分别的念头，那么自然而然的内容与过程就消失了。如果你要去分别，那么分别以后的一切内容和一切过程，包括其演化出来的结果，就会自然成为偏执与妄想繁衍的内容了，这样一来爱就消失了。

人要首先自己学会不分别，不去分别任何事物的时候，就会恢复其自然的本性；只有内求，才能达到真爱。别人分别，那是别人的事，与己之内求无关。过去有一句俗话：“天要下雨，娘要嫁人。”这一句话非常平常，平常就在于符合平常世人之性，所以包含着很平常的一个道理。这是过去贫穷落后社会中的一句俗话。为什么？在过去的那个社会环境中，由于当时的旧中国贫穷落后，生产力低下，如果一个家庭中的男人死了，女人带着小孩，没有任何的经济来源，没办法过生活，所以就必须嫁人，得养活小孩和自己。所以说，娘要嫁人就跟天要下雨是一样的，是很正常、很自然的一件事。

从这件事中我们也同样地看到母亲的无私之爱。在今天的社会生活中同样也是如此，我们不要对此类现象进行分别。

你自己脑子里面的观念放下了吗？你在那屁颠屁颠地说：“我爱他，他不爱我。”那么你就在无知无明的品性中，堕入到分别、执著、妄想的愚昧境界里轮回。告诉你，当一个人真正学会爱人了，别人也就爱你了。假如你能无所求地去爱人，那么别人也同样会爱你；如果你有条件、有所求，人家也同样会有条件、有所求的。如果人家有条件、有所求，你不要在意；如果你愿意接受，那么你就去爱他。

真爱是无条件的，而且还要能够坚持下去，那么对方也会忘我地来爱你的。如果你想：“我愿意施舍，我愿意布施，我愿意奉献……”告诉你，不要提任何的条件，这样智慧的和谐就自然产生了，爱就成为了真爱！但社会中的大多数人的爱，总是在条件的簇拥、怂恿下进行的。这样人的爱便被假我主使，在许多条件的前提下达成了这桩交易。所以其后体现出来的结果是：纷争不断，是非难判，取舍不分，得失难量，好恶不清，真假难辨。这样人的贪欲、偏执、妄想就会随自我的感官功能要求驰骋畋猎而令人心发狂，随后矜高自满、疑惑痛苦便自然现前。因此就容易产生类似的想法：“我付出了这么多，我得到了什么？”难道人的付出就是为了得到吗？

当然每个人对事物的认识是不一样的，我今年的觉悟智慧境界肯定要比去年高，明年的境界一定会比今年还要强。这是很正常的，所以我去年说的话就不能用来印证今年的见地，人是在进步的。爱亦如此！任何事物都不可能停留在某一个状态就不发展了。人处在社会生活中，就需要有不断净化自我和陶冶性情的过程，而不是一个索求的过程。人生应该潇洒。你若做不到潇洒，哪来的和谐人生？比如有人问觉悟的状态是什么样的，其实就是潇洒人生，洒脱的生活。洒脱就是提得起，放得下。要提起来的时候提起，提起来也是为了放下，放下不还是一种提起吗？这句话怎么理解？这句话见证了就好理解，不践证就不好理解了。

比如有人会想："总而言之，我对你好，我为这个家付出了那么多，你得给我一点回报。"人啊，不要去分别事物，别去找那些个条件，那么矛盾就消失了，一切也就都宁静了，爱就自然呈现，和谐就自然地诞生了。生活是你自己选择的。譬如你说："他求我了，他找我了。"你不受他的纠缠，来则应对不就完了吗？你不执著于应对的时候，那过去不就过去了，不就成了身后事了吗？你还扯啥呀扯？"我付出多了……"想过没有，你又能付出多少？难道别人就没有付出吗？如果夫妻之间的关系是像这样应对，那么对待其他亲人、同事或朋友，难道不也是这样吗？总而言之，人有了私心，其体现出来的身心活动就都是相似的了。

比如杨先生到我们这儿来了，听到我讲的这些东西很高兴，那么这就是我们的给予。我们没想到过从杨先生身上拔一根毛出来，这就是爱。说"杨先生，你到我们这儿来了，给我们几根汗毛……"那就不是爱了，那是交换。说我这份爱换三根汗毛，这是不是条件？呵呵！

学生：对。

那你以前的爱换了多少？

学生：我没有换，我也没有想到要换。

你换的是你内在的自己找的那种平衡。只有给予的时候，一切就成为平静，一切都成为自然。如果家人指责你回家少，那指责你不也就是指责一下吗？有则改之，无则加勉。指责怕什么呢？就让她说吧，她把事情做完了，说一下话难道不行吗？是不是？这点事还包容不下？可是我们很多人就是听不得这些话。譬如说"我在外边怎么怎么的辛苦……"当然我也说过这些类似的话，但是要知道，我那个是以世俗之法应对世俗之人，只是应对一下而已，不要在自己的心里产生过节。提起的那些内容都是要放下的，同样的，你现在想的也都是要放下的，现在做的也是要放下的。

觉悟的自由 无我的真爱

上一堂课，咱们讲的就是这个课题。有人说，这有什么好讲的？其实修养意识就是要修心，就是要学会善护念，就是要学会放下。讲起来特别地容易，其实做起来却很难。觉悟只在当下！觉悟了的人就洒脱，就自由了啊！那个自由，不是不要法律约束你的那种所谓的自由，如果大家把那种当作自由，我明确地告诉你，那是无政府主义，那是狭隘的自我利益观，是一种精神不正常的状态。

当一个人感觉到不自在、不舒服的时候，那个是不自由的人所感受到的枷锁；而一个获得完全自由的人，首先是一个觉悟者。觉悟了的人就没有了执著、分别和妄想，也就没有了任何的障碍，像这样的人能够平等地看待一切事物。那个平等地看待一切事物的心，就是真心自性；体现出来的爱，就是无我的爱。那时人所呈现的生命才是自由的存在，才会感受到这种自由的存在。自由就是生命内外没有任何的障碍，那才是真正的海阔天空啊！

学生：这个感情和生命两者的关系，就像我们现在的体会，感情就是生命的一部分。尤其是爱情，就是生命的一部分。如果丢掉了爱情那一部分，人生就缺了东西，就不完整了，生命就不健康了。我听了以后的体会是，把爱情从感情里面分离出来，变成支撑生命的东西，而不是生命的一部分。是这样的吗？

不是这样的，你在这儿分裂人格哪。本来不是精神病，通过你这样一分裂，那就变成精神分裂了。好在我们还可以讲一讲关于精神分裂的问题。人的情感，人的这种爱，就是生命的存在。你只有达到这个高度的时候，你才能认识生命的根本存在。如果人不能达到这个高度，其精神世界就是分裂的，这样一来，人就产生了痛苦。

你总是会想“这是我的，那也是我的”，对一切都想占有。想占有什么？想占有一份狭隘的利益？还是想占有一份自由自主的爱啊?！当你想把它调换出来成为自己的精神支撑，你支撑个什么啊？你还是想象把它调换过来，那不就是玩了一个把戏，做了一回游戏吗？

我们小的时候，玩“官兵捉强盗”，你玩过吧？现在40岁以上的人在小的时候基本都玩过，像他们20岁左右的年轻人，小时候可能就没有了这样的游戏。小时候玩过没有？不仅小孩们玩，而且我们现实中大人们都会玩，年年玩，月月玩，天天玩。

小孩子怎么玩游戏？他躲在那儿，“官兵”问：“躲好了没有?”他躲在那个“官兵”看不见的地方，就回答：“躲好了。”人长大了以后，成年之后怎么玩？说：“躲好了没有?”不出声，在自己的心里躲着想，想什么？想那些障碍自己的事，而且还不能说，不愿意说，说出来怕别人知道了，对不对？我们这些俗世之人不就是干这些事？虽然这些人都已经是成年人，但还是重复玩着孩子小时候玩过的游戏，而自己还浑然不觉。总是觉得人家不知道，其实人家都知道。谁不知道？你心底的那一点名堂谁不知道？在那耍把戏，假戏真做！

不要想什么是“支撑”！你说：“这个不行，那我换一个支撑行不行?”告诉你，有支撑就有依赖，有依赖就想占有。当你没法占有、失去依赖的时候，你能不痛苦吗？感情是一种自然的存在，与一切自然发生的事物是一样的，不要特意去分别它，不要有个此高彼低、此重彼轻的观念，就是自然地去应对即可。当你不求回报地付出感情的时候，你的生命是完整的，它没有被谋求某种回应的欲望所占有，那么无论是得到也好，没得到也好，都不会产生烦恼和痛苦，你的生命展现的就是一个——真爱的自由。

而我刚才说过，真正快乐的生命是可以感染人的，别人被你的愉悦所融和，那么和谐也就自然而然地产生了。这种和谐，不是你谋求或是交易所能获得的。一个人如果能够做到全然的付出，那么同样的会获得完全的回报。明白了没有？

学生：我们现在都做不到，到底是老师，懂得感情。我说了半天，感情意味着生命啊！那还有好多单身、独身主义者，他们一辈子就不需要这份感情吗？他们生命里没有爱情，照样生活得好好的。我认为，爱情这个东西应该分离出去，那才安全。但是在现实中是不存在的，不存在就解决不了问题，解决不了问题就痛苦，痛苦就自己生病。人必须得从这个环境里边走出来，要不就得当和尚去，但很多人走不出来。我就是想应该把这些观念整理清楚。

对于你刚才所讲的这些所谓的道理，是不需要整理清楚的，而是要行在当下放下，放下你这些观念。你现在所讲的内容，全部都是人自我中的感官心意，就是需要你现在放下的。

学生：放下就是啥都没有？

放下不是啥都没有。而是放下你的观念！因为你已经处在那种偏执的感官心意中了，处在自以为是的情感利益之中了，处在这种情感利益的概念之中了。就是说，你已经住在自己策划的情感观念的框框里了。你一放下，啥都有了，客观存在就会自然地呈现出来——天地之间无奇不有。你如果不放下这些所谓的观念、概念和观点，那么你的天地就变得非常地狭隘，人就自然地变得渺小了，狭隘渺小到那个具体的观念、概念或者是观点上了。这与人的真情实意就已经没有任何的关系了，那么爱就变成了人的某种观念，就只剩下了爱的这种概念的框框存在了，所以爱就等换成人的观点了。那么大家想想看，人的观点、概念和观念是爱吗?！这时人们能够看到的也就仅仅只是你那一块，那一块外求的东西占有了你的心，也就占有了你的身。如果于任何的时候都能够放下已经提起的那一块，也就是必须把它当下放下来，放下才是人的新生啊！

学生：我试着放下。

放下可不是要你去放弃啊！不是什么都给别人，可不能出现这样的想法。刘老师说的放下，可不是放弃生活、放弃情感、放弃爱……而是要你放下占有的观念，也就是你不要被自己的那个偏执的观念所障碍。

学生：我和我妻子关系挺好的，真是挺好的。

她是个蛮有悟性的人，她总是在考虑问题，但是考虑的都是多余的问题。

学生：哦，是多余的问题，是这样的。

我原来也考虑，现在不考虑了。你考虑干什么？你考虑能考虑出一个究竟？你探索出来什么没有？

学生：生命科学里边包括感情。我个人认为，感情是最高级的科学。

每个人的观念不一样，不管你怎么去认识，都没有问题。但是只要你认识的这个问题不障碍你的生命活动，它就是自然的一部分。可是，如果你所认识的东西，成为障碍你生命活动的一块石头，那就不是自然而然的了。你找对象，成立个家庭有什么不对？我觉得蛮好，只要这个不是障碍你生命活动的内容，那就没有问题。

感情与爱是生命的存在

怎样才是生命科学中的情感观呢？告诉你，不管是生命科学的情感，还是高级科学的情感，都以彼此之间是否达到自然而然的和谐为标准，无论是情人之间、夫妻之间、兄弟之间，还是姊妹之间、同事之间和朋友之间等，都是一样的行为活动准则。站在科学的高度看人生，那就是要求自己清净无为，为了处事自自然然。

难道说修身养性的人都要离婚吗？都要独身吗？不能从这个极端走到那个极端，二者都不要。自然呈现！你今天是这样自然呈现的，这就蛮好，这就是对的；如果你像那样自然呈现，也是对的。要不两岁的宝宝怎么办呢？呵呵。和谐是从我们的每一分、每一秒中诞生的，和谐不是有意识地栽培，而是自然地形成。

修身养性不是让你放弃家庭、放弃什么物质与情感的，反而是让你成就和谐，成就自己身心的和谐、家庭的和谐、社会关系的和谐、自然关系的和谐，是让你放弃小的自我私利，而获得圆满觉悟智慧的人生效益。家庭是社会的自然存在，你破坏它，你就破坏了和谐，这就违背了修身养性的真义。道是在平常生活中的，你能使生活的每一点滴内容都做到和谐，那就是道啊！不要一谈修身养性就走放弃家庭的极端，那就是幻想的形式主义，是从根本上没有认识到修养观的内涵的缘故。咱们说的这个观点，你同意吗？

学生：同意，举双手赞成。

学生：痛苦！

有多痛苦啊?！自然面对就行了，大道法自然。人生活在社会和自然当中，自然而然地去面对人，喜欢就是喜欢，爱就是爱。你不要又这样、又那样地想，这是你生命存在的一种形式。我喜欢你，很正常，很自然，那是一种因缘。佛说，对万物皆有情，对众生皆有情啊！

道衍生演化了宇宙自然的万有存在，从道这个层面来看一切存在不就是“人人与我同体，万物与我同根”吗?！这个话大了一点，不好理解，真的是不好理解。以前我想这个问题，想了好长时间。“人人与我同体”，怎么叫同体啊？“万物与我同根”，怎么叫同根啊？其实当人通过自己的修炼实证，见证到了人的实相智慧——根本真理时，就会知道这一切的渊源是一样的了。因为人只有通过“致虚极。守静笃”，才能做到观“万物并作”的大象，才能明了“各归其根”的真正涵义。

学生：老师，“不喜欢”不就存在问题了吗？

人如果有了不喜欢的概念，那就是你自己的问题，你在起分别，就有喜欢和不喜欢。我看着你生欢喜心，我看着杨先生就生欢喜心。我生欢喜心是因为有情嘛！这个没有什么探讨的。你说："那个人，我不喜欢他。"这是分别心使然。生欢喜心是自然的，不是你分别了喜欢与不喜欢以后得出的结论。你不喜欢，那就是在起分别心。

你不用调整，看见他就行了，他不就是个客观存在的事实吗？其实没有喜欢和不喜欢的。人与人也好，人与事也好，都是个因缘的道理在里边。就是说，因为你这个生命活动和我这个生命活动结合在一块儿的时候，非常地舒服、和谐，所以才会产生喜欢的感觉和概念，表达出来的说法就是"喜欢"。

人们常常会有很多的想法不能够实现，为什么？实质上，因为自己所想的内容与现实存在的内容是两个不同的事物，不同的事物就会有不同事物的属性。只有当两个事物呈现出和合的状态，才是一个自然的存在，其心愿才能达成。要知道，你不能把老远的两块石头，通过一个想法而放到一起去，只有把它们挪动搬到一起去。如果没有搬动它，你就凭想法往一块儿挪，那肯定是不对的，那是人为的想法而已。

顺其自然莫分别

在大自然中，有的事物总是会运动到一块儿的，有的事物则是不能的。佛家对此则说是因缘，我们认为确实如此，是因缘所致。但这个因缘不包含神化、玄化的色彩，它是事物自然存在、自然发展的结果。也就是告诉你，不要去分别，也不要去强求，一切顺其自然。看着这个人不舒服吗？没什么不舒服的，你不要心生舒服和不舒服，不要产生分别的心念，喜悦、高高兴兴地面对自己的人生不就完了吗？这个喜悦不是你因谁而引起的，而是源于你内在的宁静而升起的喜悦。世上的人们通常搞错了，总认为是因人、因事或因物而引起的，那就是外求。

学生：对。

学生：喜悦从内在升起。

对！我看着他高兴，我看着她高兴，我看着你们高兴，是因为我自己内在是喜悦的，它是一种喜悦的存在。当两个独立的个体因喜悦而成为一个整体的时候，那就是一份喜悦嘛。有的人遇到自己喜欢的事物就产生了喜悦，但是遇到不喜欢的事物，为什么不能产生喜悦了呢？就是你这个身心里边没有喜悦，你这个脑子里边的观念也没有喜悦的兴奋点。当两个信息的内容碰到一块儿，也就产生了没有喜悦的观点，其结果就是“我不喜欢他”。那是你自己内在欠缺啊！你不充实嘛，你欠缺了，你内在的那个主人翁——自性真心被知识、观念和习气所淹没，不能呈现出来啊！

学生：等人的觉悟智慧圆满了以后，爱情也没有区别，等到找对象的时候，随便找一个谁，都喜欢他。

这不可能的。如果有100个人排着队等你，说你这个人非常英俊、潇洒，非常俊俏、美，给人以享受，给人以欢乐，但是你这一辈子就是这一个缘分，你不能是100个缘分吧？有缘，人是因缘分而聚。打比方说，按照你这样的说法，如果以前我有两个亿的资产，那我找老婆可以找500个，找1000个？有钱就有人吗？不是这样的。

任何人的一天，只有24个小时，减去睡觉、吃饭、工作和社交以外，还会剩下多少时间呢？时间是有限的，世俗人们的胸怀是有限的，人生观中的是非得失价值观等，也是有局限的。虽然我有钱，但是还有个我喜欢和不喜欢的这个缘在里边，观念在里边。当然这些都是指平常的人，我现在讲的内容就是指平常人的。现实生活中的人是不可能选择蛮多的，不可能有太多的选择。再说了，你也没有精力、没有时间去进行选择，就是让你选择那也选择不过来。

践证到圆满觉悟智慧的人，由于没有了贪欲，所以不会受环境之中“贪嗔痴慢疑”的意识形态的影响，并且其思想言行都会自觉自然地符合生命活动的运化法则，所以根本就不会停留在分别、执著和妄想心的境界中。你们现在因为没有践证到觉悟的智慧境界，所以才会出这样不着边际的“随便”的幻想。

对于选择的问题，应该可以像这样去理解，因为你还有很多喜欢的东西，可是你喜欢了以后，自己的脑子里边就装不下别的了，因为喜欢占有了你的心灵，知道吗？这就是你被自己固有的喜欢和不喜欢的观念占有了的缘故。

爱情是一种爱，姊妹之情也是一种爱，从本质上而言都是给予，这样你才会有真情。然而爱是通过什么样的方式去表达的？比如有的人是用和谐的方式去表达的，有的是用矛盾的方式去表达的。刚才我不是讲了那么多的例子吗？你不能说我对杜老师的爱，也用来对杨先生；用对杨先生的爱去对杜老师，这样行不行？不行，因为他们两个人是不一样的两个具体事物。那么两个不同的具体事物之间是有差异的，那么人就需要根据具体情况来调整自己的应对方式。大家听明白了没有？刚接触我们的智慧教育文化，可能对这些问题很容易听糊涂！

由于有不同的个体差异，所以就要求我们每一个人开发智慧啊！人有了觉悟智慧，才能使你不受分别心的支配。大家在以后践行的过程中，得把分别智给展现出来啊！这个东西讲出来很麻烦，需要实践见证才能明透啊。如果有智慧了，你的生活就不是今天这样的了；没有智慧，就是非常麻烦的人生，所以这就要求我们大家提高自己的人生标准，追求觉悟智慧。

我们必须要从生活中学。打个比方：比方说一个老婆蛮能干，而找的老公呢？不能干，结果她就开始瞧不起自己的老公。然后她自己出去找，但是她还找不着她自己想象中的人选。为什么？因为适合你这个个体观念的那种人太少了。你的胸怀越是狭隘，那么你的路也就越窄。当你喜欢和瞧得起人家的时候，人家瞧不起你呀！世俗人的情感都是这样的。你说：“我有本事，我能挣钱，我找个人还不是轻松的?”你试试看看?真有那个本事?不是这样的,到时候你心里边又会有别的牵挂。人啊,都是小心眼在作怪,小心眼就是人的观念,那些自私的、狭隘的、偏执的观念和感官心意。

我讲爱是无私的奉献,爱是无我的境界,爱是一种给予,是从本质上来说。你可以从这个现象,洒脱地把爱展现出来就行了。蛮多人是把爱据为己有的时候,他才有痛苦,认为这是我的,专用的。比如说你爱抽烟,现在就一支烟,有朋友来了,他也要抽,但是仅仅只剩下了一支,这样就产生了矛盾和痛苦。因为你爱抽烟,烟占有了自己嘛。朋友如果说:“这根烟,我也想抽,你给我吧。”这样就生成了矛盾。

其实讲爱跟讲恨是一个道理,讲宽容跟讲爱也是一个道理,讲慈悲跟涵养道德还是一个道理。人生的爱,其实是没有多少道理可讲的。西方人讲博爱,东方人讲慈悲。慈悲就是博爱,博爱也是慈悲!当你不分别的时候,当你呈现身心整体和谐的时候,爱就是你生命活动的全部内容,爱就是你智慧的自然展现。

修养就在生活中

理事需于生活磨合

谦卑心从内在升起

在矛盾中和谐发展

理事需于生活磨合

学生：改变意识，结合生活应该怎样做？

其实这个结合是这样的。你们首先要学习智慧传承教育文化的理论，学习《生命的真义》等智慧教育文化的书籍，看看古今中外的智者圣人，对于身心健康的看法和观点。我觉得中国自古传承下来的智慧教育文化理论是非常好的，但是大家都把这些智慧经典的内容学成文化知识了，在实际生活中就是不会用，不会理解。从现在来看，大家把我们讲课的内容与这些古智慧经典的内容一碰，你就知道怎么用了。为什么会出现这样的效应？请大家现在想一想。

另外，人要想把自己所学的理论运用在生活中来改变、改造自己，那就必须先建立起人的警觉意识，关于这一点是甚为关键的！在日常生活当中，不要使性子，尤其是当遇到急事的时候。你知道这个事急了，哪怕是你已经急过了，后来你知道了，就警觉自己下次不要再犯，那也是好事。慢慢地修，修炼到后来，做事的过程中就知道自己有问题了，随即便改；再继续修，修到后来人的意识与行为活动自然地合在了一起，形成了一个整体，这样人净化自我意识的过程就算是真正地入门了。

现在大家知道了吗？人的身心就是这样慢慢地结合上的，一开始只能觉到这件事不应该做，以后就会警觉到有很多的内容是不能够做的，这样一来改变意识活动的内容和过程就统一了。像这样不断地统一，能够经常地统一，时间长了，警觉性就在不知不觉的过程中建立起来了，我们自然也就进步了。不管是在人生中的哪些方面，都是这样逐步结合起来、运用起来的。

所以身心合一的过程，就是获得身心健康的过程。但是，每个人修正意识都有一个理和事逐步结合起来、运用起来的过程，而且这个过程比较漫长，需要我们数十年的努力，去改变我们固有的习气和偏执的思维参照标准。大家一定要有耐心、恒心、信心和决心，但就是不要太热心，否则急功近利，欲速则不达。

学生：是慢慢结合的吗？

对，是慢慢结合的。不是凭老师一说你就会做。如果老师一说你就会做，你就不是现在这个状态了。如果说人在起某一个贪婪、妄想的念头时，当下没警觉到就去行动了，那么到事后才警觉到，即使是这样也不迟。发现之时即是觉之时，能够警觉就开始检讨自己、反思自己、忏悔自己，像这样做了以后，人的印象就深刻了。这样也就自然地为形成新的参照系标准努力了，下次再遇到这些事，自己还是得通过忏悔，通过反复的反省、反思，通过检讨自己。这样重复地警觉、警觉，直到这些警觉点建立起来，那么以后你再做事的时候，哎！警觉点它自己就会在事情未发生之前，就提前跑出来警戒了。

所以修炼意识的过程与练功夫是一样的，需要反复反复练，而不是一说就是。如果能够做到一说就是，那就好了。

很多人说“我听懂了，就是不会做”，有的人说“我想做，但是做不好”。如果说自己听懂了就是不会做，那我告诉你，你根本就没有听懂。人如果真是听懂了、学会了，那么就一定会去做。如果说做不好，那是因为你没有耐心；如果有耐心，那就一定能做好。人生命的任何实践过程都是这样的。当然，人对任何事物的认识，也都是需要这么个慢过程的，不是一说就能做好的。

谦卑心从内在升起

学生：那“谦卑心”是什么？

什么是谦卑心，它是一种非常自然的心态，是从心底里自然流露出来的符合人的身心整体状态、符合人与自然及社会和谐性的那些内容。

首先你得学会把意识送到要形成丹田的地方，打开丹田，把丹田与我们的生命活动联系起来，使心理与生理的状态达到统一。谦卑心既是一种心理状态，又是一种生理状态，当两者产生了同一性和统一性的时候，这样的精神状态与生理状态的和合状态就叫谦卑心！

谦卑心不是礼节，但它饱含着礼节的内容。有的人讲：“我还不谦卑吗？你看我多恭敬啊！忙着‘您前’、‘您后’的，‘您坐’、‘您好’的，好吃的给您……”那都是礼节性的东西，那是做人的一般“礼节性”的谦卑样子。只有当你内在的能量升起来了，把自己所学的关于做人的道理、礼节和各种文化知识统一起来了，谦卑心就自然地展现出来。人在那个时候，就会不再执著于自己的个性，不再执著于自己的见解，不再执著自己的行为了，而是呈现出一种自然的生命存在状态。

我们要改变自己的思维模式和参照事物的标准，这是最关键的内容。任何一个人，如果不是从这些方面来进行改变，如果不下苦功夫去把自己僵化、偏执的思维参照模式改变了，那么想改变自己的命运是绝对不可能的。而且要求这种思维参照模式的改变，必须符合人生命的运化规律才行。

一般人只要有个想法，就非执著不可。例如“因为我的经验就是这样的”，“你看见没有，只有这样才能解决问题”等等，这样一来谦卑心根本就出不来，即使你练功很长时间也出不来。这就是什么？人的习惯、习气在当家。这些假我的表现形态——习惯、习气和各种所谓情感的主观要求，总是在不断地障碍着自己。像这样你这个人就根本变不了，人的自觉自由的状态就出不来。

所谓人的谦卑心就是自由心。谦卑心就是人在这个社会生活当中所持有的一种自然而然的心态，是没有什么存在能够障碍住你的那种自觉自由的身心状态，这就是谦卑心。当人有了谦卑心时，那么在生活中，人家说什么道理你就不会去反对，你只是会听；你会陈述自己的观点，当不被接受时，你不会再强调，需要你去做的时候，你自然就去做了，不会在那儿抬杠。如果通过强调能够使一部分人接受你正确的观点，那么这一强调的过程就成为了自然而然的状态，我们认为这是一种自由的状态，是一种自然无为的状态。在这种情况下，人发放的和接受的东西是在和谐的统一体中完成的。

人只要处在总是可以吸收能量、吸收信息的境界，那就是谦卑心使然。谦就是低下、还不满的状态，里面的东西装得不满，总是可以含藏各种内容，那就是谦卑的状态。谦卑心在现实生活当中就是这样子去做的。比如别人有一块饼干，或是一件礼物，或是一件宝贝，问你要不要？你嘴上说不要，但心里又表现出想要，像这样的心理状态就已经没有谦卑了，没有混然如一的状态了。本来是件很简单的事，人的观念应该是可以进也可以退的，但只要你自己一产生执著，那么你的观念就自然地挡着了自己真心自性呈现的通道。人对自己的观点应该是不执著、不分别、不妄想才好。

谦就是矮一点、低一点。当谦卑的境界出现时，外在的事物就能顺势进来，内在的东西能出去。那种动不动就强调自己的观点、执著于自己见解的人，明明自己不懂还要表现得很懂的人，是没有谦卑心的。社会中有很多人都是这样的，自己不懂，却非要装懂，这样一来人的思想意识就没办法改变了。更多的人搞错了，把礼节当作谦卑心了。有谦卑心的人一定是有礼节的，但是礼节却不能代表谦卑心的存在，那不是的。

学生：老师，什么叫做分别心呢？

例如，练功都是可以锻炼身体的，但是你非常喜欢这个自发动功，就属于分别心的结果，这个喜欢的观点就是因分别而来的，是不是这样？因为你好奇，就产生一个执著，执著这个东西——自发动，这就与锻炼身体这个想法相分离了。为什么说相分离了呢？因为原本的想法只是为了身体锻炼，而现在的想法是出于爱好或兴趣，偏离了锻炼身体的主题，结果就分离出来了一些东西，分出来的这些东西都是妄想的结果，人的这个引起妄想的观点就是分别心的表现，从分别心的观点直到妄想心的出现，都是人的执著心在起作用。

本来呼吸操练得很好，又觉得那个方法更好，因为没练过，就感到神奇，便盲目肯定，这样一来就来了分别心，其实就是这样产生的过程。你就没想到假如自发动功对你不起效怎么办？我们前面谈到很多习练自发功的条件，如果你条件不够，自己在那儿瞎练，出了问题不是害自己吗？

我们人的大脑具有接收、储存、加工、综合、拣择、提取和发放信息等功能。参照系就是帮助我们人脑行使接收、储存、加工、综合、拣择、提取和发放信息等综合效应功能里面的内容，你给它加什么，它就接受什么。就像你新买的计算机，硬盘是空的，内存条也是空的，CPU 也是空的。你安装什么驱动程序，它就识别、驱动、完成什么工作内容。一个一个的内容进去，所加的内容都成为参照系里的内容，有了一个一个的“驱动程序”，一个一个的“安装程序”，大脑里边就会识别这个、识别那个。想想它是不是同电脑一样的工作原理？电脑的这个功能其实就是人脑智能效应功能外化的具体运用。

安装进去的程序内容，是为了进行识别用的。电脑有计算功能，你不用计算功能的时候，它这个功能就不显示出来。可是你把参照系的内容安排进去了以后，它就只管程序，这个时候电脑（人脑）就执行（执著）这个程序（观点）了，它就执著于你要我动，我就开始动等，它是执著于自己的这些行为了，它只会这一种指令的识别，没办法变通，这就是分别，分别心就是这样的。这是打个比方。

再举个例子，你认为红烧肉好吃，你执著于这个观点，那就是在分别。有好吃的想法就伴随着不好吃的观念，自然就产生了分别心。你说："刘老师，你不是也说过好吃不好吃的话吗?"对啊，我也说，我跟你们大家说的是一样的话，但是我说的某种观点不会障碍我自己的生活。你可能因为这个红烧肉没做好，结果就影响自己的情绪，很生气，就不吃饭了。分别不分别要看结果，同一件事，同样的做法，你用分别心，可能就是这个结果；你不用分别心，就是另一个结果。好吃不好吃，都不会影响我吃饭，不会让我生气。不执著于分别心的内容呈现出来的便是分别智。

学生：练功是不是也要把个性磨掉?

就是要把个性磨灭掉，小个性没有了，就变成一个大个性；大个性磨掉了，就成了人存在的觉悟智慧的共性了。

学生：谦卑、诚信、道德，我想时代不同，标准也不同。比如爱斯基摩人在没有粮食的情况下，他甚至会把老人拿来吃，维持自己的生命运动。就是说在他们那种社会下，就有他们的道德。还比如像俺们农村，讲什么早结婚早生子就是为了多分地等等。

不同的社会时期、不同的地域风俗，存在有不同的社会意识形态和生活习惯，肯定存在不同的社会行为规范和伦理道德标准，包括各种礼仪什么的。但是需要明白的是，你所讲的这些内容与谦卑心是没有关系的。真正的谦卑心无论在哪个时代、哪个地域都是一样的。

大家应该明白，谦卑心不是表达某种形式的表现，而是由内在升起的一种整体的智慧人格内容。真正的谦卑心升起来了以后，是非常诚信于各种不同的事物的。当这个事物是你生活的内容时，你就必须得有谦卑心。比如说在处理下级与上级的关系时，你不要指责别人是对的或错的，你可以建议，但是你不要指责。你这样去做，就可以表达出类似于谦卑心的内容。

谦卑心是一种生命存在的和谐状态，它不是一种信仰，也不是一种礼节，更不是一种仪式，它只是生命存在的一种和谐状态。有谦卑心并不一定非要弯着腰。论坛中有位中脉开得挺好的学员，她一说话，脑子里边就是一根弦展现出来的，一个直的、无碍的状态，所以身体就开始质变了。谦卑心是一种没有杂念的状态，实际上就是虚心的境界，叫谦卑心。

学生：是不是对万事万物都非常地尊敬？

对，是一种敬，敬是由内敬开始的，由内而达外的。如果你没有办法产生内敬，那么外敬的现象就成为了形式。由外敬而达内敬，从外而达内，是很难展示出事物本质的、本来面目的。内部的身心是和谐的整体状态，那么一恭敬，这外在就自然而然地恭敬了，这是一种必然的恭敬状态。而且这种恭敬是没有分别的，你看自己与看别人都是一样的，看人与看万物就都一样了，都一样地以爱心去对待。

人自身的生命活动也是从内在升起的。只要你的内心世界能够真正地净寂下来，就会诞生诚信，就会出现真正的谦卑心态，就会有真正的爱，它就会像阳光普照一样，这时人的内外是统一的。当人的内外达成统一的时候，那就是进入到觉悟智慧的层面了。这时人的觉悟与智慧就是这个“一”的境界，谦卑心就是这个“一”。你以道心待人，你自然就出现了这个“一”的境界；以无我的境界待人，自然而然地就会呈现出纯洁的爱力。当真正的谦卑心升起的时候，那是一种爱的智慧力量的展现！

无心为善的人，他们都会展现出非凡的力量，力量是大得很的。比如原来出现身体薄弱的现象，到那时就都不是问题了。山西有一位学员，还有宁夏的及北京的几位学员，在听我们加持能量的录音的时候，他们当时呈现的就是那个“一”的心理状态，平时生活中比较固执的心态消失了，直接进入到了那种若有若无、若亡若存的谦卑状态。听一听录音，听一听讲话，身体就发生了巨大的变化——先天气大显象。

他们有一个共同的特征，就是从没有特异思维变成有特异思维功能了，这是其一。其二就是他们的身体，在短期内能量系统发生了巨变，能够进行自动的加工合成，使原来体弱多病的情况，如精力不充沛、乏力、记忆差等现象很快消除了；因车祸做手术使一条腿短一点的现象突然改变，两条腿变为一样长了；听觉神经断了而引起的听觉障碍，在听课的过程中恢复了，皮肤也变细腻了；三次电话聊天而使其中脉开了一段，五天松腰，二十多天中脉就开到脊髓管脊髓神经中央孔里了。这几个人在身体改变之前，对生理方面的知识了解是很少的，对练功方面的知识和修身养性理论方面的内涵了解得就更少了。

以上的这些现象，我们认为就是从内在升起的那种谦卑心的状态出现了的结果。这些就是那个谦卑心使然！他听、听、听，一相信就是从内心相信的，是从自性里边相信的，那个罗锅儿好了也是一样的道理。很多人一开始没有那个状态，当那个状态一下子呈现出来的时候，身体就开始发生质变了，“噼里啪啦”响，“噼里啪啦”响，最后骨头整直了，罗锅儿自然就好了。

病好不了，那就是由于自己对自己的谦卑心不够，自信心不够，诚信心不够的原因。但是大家有时候谦卑心展现出来了，身体得到巨大的改变，可对这种谦卑坚持不住，一遇到什么事利益心态就又出来障碍自己了，这就是由于自己不觉悟才造成的结果。所以练功夫、修养净化意识这些内容，寄希望于大家把这些事做好。

在矛盾中和谐发展

学生：老师以后还带我们吗？

我告诉你就别想了。这就是过去事不要想，现在事你也不要想，未来事也不要想。把意识涵住，你把今天的功练完了，今天事做过了，你每一个今天都把功练好、事做好，你的过去、未来都在里边了，当下还在这里边！你想得那么好，我就算给你安排好了你也不一定按照那个方法做，这不是很简单的道理吗？就是执著！你执著于未来干什么？把当下做好就行了。

学生：家里人不同意我练功怎么办？

我管不了这些事。你们学了这么长时间，也应该自己调动起主观能动性来应对这些问题了。怎么想、怎么做，道理都很简单，只要是对自己有帮助而又不侵害别人的事，你就做吧。自己人正不怕影子歪的，你不做危害家庭的事，不去危害社会的安定，而且展现的还是理想的帮助自己身心健康的行为活动，像这样的事有什么不可以做呢？而且这些还是维护整个社会和谐的事。我想在这一点上是没有问题的。维护就从维护你自身的健康与家庭的和谐开始，这应该是没有问题的。

为了锻炼身体而练功修养，如果家庭有了矛盾就要去做工作。可不能因为你做的这件事是对的，就把自己的夫人或丈夫休了，那就不对了。如果对方不同意，是不是应该协调一下，给对方讲一讲关于健康的道理？做人的工作是需要时间的，你慢慢地去做，也就没有矛盾这个事了。首先是和谐家庭。当你的身体真正地好起来了的时候，当你修养意识之后与周围人的关系越来越和谐的时候，对方看到了，体会到了，也会认识到的，那影响就大了。矛盾并不是什么坏事，要学会转化。

以前对我们呼吸操不理解的人，当时闹得蛮大的劲，现在不也是在下边练呼吸操吗？我们这里有些人也是这样的，他们自己练着呼吸操，然后反对我们宣传呼吸操，在网上也是一样的。这些人真是一样一样的，在家里边练的蛮大劲，但自己的意识不变，你再怎么搞，家里人都是有矛盾的。

我们得学会和谐地发展啊！有矛盾并不可怕，它是促成事物和谐发展的动力。可是人僵化的意识模式不转变，偏执的参照系标准不改变，那有了矛盾，它就容易阻碍事物内部的成长和事物之间相互关系的发展，这就容易使事物的发展方向发生改变。

打个比方，我们主动去修正自己的行为，净化自己的意识，当出现矛盾时，可以去宽容，这样矛盾就很容易变成和谐了，就促进事物和谐的发展了；如果意识模式不转变呢？当出现矛盾时，你不会处理，反而把矛盾激化了，变得不可收拾，那就很糟糕。

矛盾是不可避免的。人生活在这个世界上，并不会因为自己在这儿修身养性就避开了矛盾。矛盾是绝对避免不了的，这是最简单的道理。矛盾既可以促成事物的发展，又可以促成事物之间相互关系的转化，同时还可以导致事物的生息消长，这是个再简单不过的道理。

谦卑心是我们人在社会生活中，促成一切事物和谐发展的根本动力！对于这个关键点，敬请大家务必注意！

命运篇

命运『之一』

从认识到改变

从这里破译命运的密码

左右人命运的因素

认识命运

改造命运

转命重在修身养性

改变从不健康的习性开始

启动生命的原点

点滴细行中把握人生

命运对于我们每个人来说，都是需要通过自己的生命活动实践来认识的。大自然里一切生命的存在都遵循着命运的法则，不管是看得见的生命，还是看不见的，它们都是宇宙自然这个整体中的一部分。正确认识自己的命运，对于我们改善命运、获得真正的身心健康是十分重要的。

人们总是在不断地探索命运，但是很多人都觉得命运对自己不公平，总认为自己很倒霉。而事实上，一个人的命运跟自己出生的时间和成长的环境有关，与父母受孕之时的情绪、环境及生长的质量有关，还与一个人后天成长过程中的学习、生活、工作等环境方面的经历有关。而且人生经历的这些内容都关系到了自己命运的走向。

从这里破译命运的密码

关于"命运"，简单地讲，"命"就是生命，指人的生命活动；"运"是运动，是气的运动，是气血的运动，是指人生命的运化内容与过程。

我们现在所讲的命运，就是关于人的生命活动最基本的运化规律。它包含两个方面的内容：第一，社会层面的生命运化规律的内容；第二，自然层面的生命运化规律的内容。

第一方面，是从人生命活动的社会层面来认识命运的内容，来认识人与社会的共存关系。因为人与动物最大的区别就在于人有思想意识活动，有了思想意识活动，就会自然地形成各种各样的社会活动，那么人如何在社会活动中和谐各种社会关系就显得尤为重要。

一个人在成长的过程中需要面对社会，需要和社会上众多的人发生往来。最初的人际关系就是父母与子女之间的关系，其次是兄弟姐妹、叔伯姑舅、老师同学、同事朋友……这一系列的家庭关系、亲情关系、族群关系和一系列的社会关系等。这些人与人之间的关系，构成了整个人类社会的存在，而人在这个社会中展现出来的生命活动，我们就称之为生命存在的社会活动。

每个人都有着各不相同的命运，这是众所周知的事实。比如，有些人从母亲怀胎十个月到出生时就非常健康聪明，不过这一环节很容易被人忽略。这些人在读小学的时候，成绩就已经非常优秀了，读中学的时候成绩更好，读大学时已是出类拔萃了，而且人际关系也都非常好；走向社会，虽稍有曲折，但是不影响事业与人生的良性发展，因此事业上取得了辉煌的成就，周围的人都非常羡慕。像这样的人被大家称之为成功者，受到众人的追捧，可谓是命运吉祥。

另有一些人，从小到大都是顺利与曲折相伴，在社会生活中平平常常，安于现状。还有相当一部分人，从小到大是顺利少而曲折多，像这样的一类人也有勤劳苦干的人生经历，却总是只开花不结果，人生之苦好像无尽头。

在社会中存在有这样不同层面的各种人，由于人们没有办法解释人的命运为什么如此不同，最终就把命运好坏的决定权归结到上帝那儿去了。不是感谢上帝对自己的眷顾，就是抱怨上帝对自己的不公平、不公正等等，而不去回顾、反思自己在成长的历程中，存在着怎样的先天因素和后天条件，也不去探究自己小的时候，甚至于母亲十月怀胎时，其生命的质量如何，以及生存的条件如何，成长的因素如何等等客观现实。

第二方面，是从人生命活动的自然层面来认识命运的内容。我们说一个人身体很好，非常健康，那是指这个人的自然生命状态大体上符合自然运化规律的要求。这不仅是人存在的基本要求，更是人这个自然体生存的必然要求。

当自然的生存要求与社会意识形态的要求相平衡的时候，这个人就会感觉到幸福，这个人就显得比较聪明，这个人就容易在社会上取得成功，容易被大家敬仰称赞。那为什么绝大多数人却都不大容易取得这样类似的成功呢？他们的生活有着这样或那样的矛盾和曲折，还有着各种各样的疑虑和困惑。追根索源，是因为这些人生命的运化活动在早期就不够和谐。

那么人的命运能否改变？人应该怎样去行、去做，才能改变曲折的命运？这是“命运学”中的部分内容——关于人的自然行为和社会行为。首先我们必须得了解影响命运的各种因素。

左右人命运的因素

人的命运，既然包涵自然与社会两方面生命活动运化规律的内容，那么就必然会受到这两方面因素共同作用的影响。从人展开生命活动的生存环境来说，会被各种自然环境和社会环境所影响；从人自身生命活动运化来说，会被各种先天因素和后天因素所制约。

一个人的命运与整个人类的生存环境，包括自然环境中的地球环境、太阳系环境以及宇宙运动的环境，还包括社会环境中的地域环境、习俗环境、人文环境及社会意识形态所形成的生活、教育环境等等，都有着紧密的关系和根本的联系。

宇宙自然的整体运化，是处在不断运动、变化、发展的过程中的。任何一个人，当与其他的人、事、物发生关系时，如果生命运化始终顺随这样的自然法则，即处在不断运动、变化和发展的过程中，如果人始终都是在这样积极的、进步的、健康的、和谐的人生观的指导下生活，那么他的人生所经历的内容、过程与结果就都会是和谐的、健康的，同样也是幸福的。

关于人的命运，首先需要看其先天的成长因素。人先天的成长因素与环境，对其一生的经历都会起到相对性的决定影响。我们说某人身体不好，先天性的基础不好，那是因为他的生命活动不符合自然属性的某些要求。尤其是在母体受孕及出生的一刹那，都会受到来自自然环境中某些信息的制约和影响。这样就使得他的人生，在成长的过程中，都始终无法完全摆脱先天因素和生存环境等诸多信息的约束与影响。

人的命运，同后天所处的社会生活环境、文化学习氛围和文化基础也有相应的关系。这个社会生活环境、文化学习氛围和文化基础，关系到我们建立什么样的思维参照模式。人在出生之后，从小的时候起，爸爸、妈妈、爷爷、奶奶及周围的亲戚朋友就开始教我们学习。从成长教育的内容开始，学习最常用的口语和各种礼仪；从文化知识教育的内容开始，学习自然方面的生存经验和社会方面的文化知识等；从立足社会生存活动教育的内容开始，学习生存所需要的技能和应对各种社会关系的做人学问，以期符合人在社会中的人情世故、伦理道德、法律法规等等。我们在社会上会接触各种各样的人，也会受到他们的习惯、性格和爱好等方面因素的影响，因而形成了自己衡量、应对事物时的思维参照标准体系。

我们应该怎样来认识所谓的思维参照标准体系？每个人在后天不同的自然环境和社会环境、以及教育文化与文化教育的影响下，会形成各种衡量和识别人、事、物的思维参照标准的认知体系；这种后天因素影响下形成的思维参照标准，与人之初受精卵细胞形成时“无生有”的一刹那、以及出生时形成个体生命的一刹那，大自然赋予新生命的先天信息相结合，由此形成了某种固定的思维参照模式。这个模式既促进了我们生命活动的成长和发展，同时又对成长和发展过程中的身心行为活动起到了制约和障碍的作用。

所以，当人自身的生命活动所展现出来的结果，与自己的主观愿望和要求不相符合时，不要去责怪别人，而是需要通过内求的反思、反省来认识这些内容。要知道，生命活动展现的结果，会存在有某些先天的因素，以及后天成长过程中自己形成的某些习惯、习气和惯性思维等方面的内容，它们会在人的思想意识与行为活动过程中显现出来，这样也就会自然出现那些有利或不利于人身心健康与发展的某些信息内容。

总之，这些都是因为人自身生命体的不圆满或缺欠太多的缘故而造成的结果。这种所谓的不圆满，也是由于自己生命中先天的基础能量不足，在后天的成长过程中没有注重去符合生命活动的运化规律，没有做好开发智慧、激活人的智能库的工作等多方面原因造成的。当然，这样的人也就没有足够的能力在社会中取得成功、获得成就了。

那么面对生命活动展现出的这种不圆满和缺失，面对人生过程中诸多的烦恼与坎坷，认识命运、改造命运就成为了我们每个人人生的主题。

认识命运

人首先要认识命运，这是改造命运的基础和先决条件。上面已经初步讲述了命运包涵的两方面内容以及影响命运的因素，现在我们详细地来了解命运。

我们可以从两个方面来认识人的命运：一是命运的自然属性；二是命运的社会属性。

命运的自然属性，也就是我们常说的先天因素、先天条件，它包括精卵结合刹那间、受精卵发育过程中和人出生刹那间的各种先天因素。

人生命活动的建立来自于父母精卵的结合。在父母交合的当时，他们的身体状况、情绪的好坏、交合之时的自然环境，很大程度上决定了精卵结合时的质量、能量和信息。高质量的受精卵细胞对于形成良好的胚胎起着决定性的作用，良好的胚胎为胎儿生命的形成以及后来的分娩提供了顺利的条件，当然这一切同时也决定了一个新生命的健康智能层次。

精卵结合之后产生受精卵细胞，受精卵细胞发生裂变，裂变产生的能量的大小、细胞分裂的好坏，在很大程度上决定了这个新的生命体今后的进程和发展。这也就是人与人之间为什么会有差别，也是过去把人分为三六九等的原因之一。

这个问题很重要，我们以前不曾研究过，不曾探讨过，不曾想象过。实际上，不管是过去、现在还是未来，在人类社会中始终存在着人与人之间生命能量信息的不平等，以及个体智能方面存在差异等现象。因为在精卵结合的一刹那，在能量爆发、细胞分裂的过程中，在形成胚胎、形成胎儿、十月怀胎的过程中，孕育的势能和所堆积的能量的多少，不仅与父母的身心健康状况有关系，而且还与其所受到的家庭教育有关系；不仅与社会生活环境有关系，而且还与宇宙自然当时的环境及运化状态有关系。

请大家一定要记住：人自身以及整个人类社会，都永远只是宇宙自然的一部分而已。所以，自然的社会、社会的自然，这一切都是影响人出生后在学习能力和实践能力等方面相互之间出现差异的重要原因，或者说是先天的原因。

如果在父母精卵结合的一刹那，双方身心都非常轻松、健康，宇宙自然的运化非常和谐，那么精卵结合所形成的受精卵细胞也将是健康的、和谐的、极具活力的细胞生命，同时其裂变时释放的能量是极大的，没有阻力和障碍。这是生命自然活动的最初阶段。

当生命胚胎在母腹孕育十个月后，在来到人世间的那一刹那，就标志着关于人这个整体生命活动的到来。这不仅被社会所认可，而且在出生的一刹那，也预示着这一生命活动发展的大致趋势。过去对这样的内容称之为宿命论，不过现在的科学技术已经证明了过去被认为是"宿命论"的很多内容和现象。通过现代科学技术可以看得出来，我们所谈到的关于命运的自然属性和运化法则，不是宿命论而是科学的观点。例如，生物光照相术就可以证明这一点：拍摄植物嫩芽，照片展示出来的内容却是嫩芽未来的生长状态，是成形、成熟之后的相状。

我们每个人的人生命运的现在和将来，在人之初母体孕育时、在出生时就已经决定了其大致的趋势。人的生命在不同的阶段，其基因都有发生改变的可能。虽说现代科学对基因的研究、对整个基因的变化过程认识得还不是那样清楚，但可以明确地讲，我们所谈到的、所研究的、所展示的生命活动内容与以前大家所认识的内容是不一样的。

命运的社会属性，就是人在身心行为活动过程中展现的一切思想言行，包括应对一切社会关系的总和。

一个新生命的到来，从第一声啼哭开始，便参与了社会活动，要生活、要学习、要工作、要处理人与人之间的关系，以及后来成家立业，直到最后衰老死亡。从以上这些内容中我们可以看出，任何人在从生到死的过程中，都会形成各自较为固定的思维模式和意识参照标准，并会在自己的人生经历中去运用这种思维模式和参照标准来处理各种各样的人、事、物之间的关系。所以人的整个生命活动和身心行为活动的展现，同样是应对社会关系的这种思维模式的体现。这种思维参照模式的标准，在我们人的生命长河之中，在某个特定的时期和一定的环境下，它能促进生命活动的成长；而在另一时期和另一种环境下，它可能又会制约人的生命活动和身心行为活动的展现。

人的生命活动与身心行为活动的内容所体现出来的自然属性和社会属性是一个整体，是不可分割的整体。

简单地举一个吃饭的例子。有些人对甜的食物不想吃，对咸的食物也不喜欢吃，只愿意吃清淡一些的；对肥的不喜欢吃，只愿意吃瘦的；还有人素菜不吃，只吃荤菜……这样一来自己喜欢吃的东西就很少了。这些都说明了在平常生活中，每个人的身心行为活动所表现出来的自然属性特征和社会属性特点都是非常狭隘的。为什么非常狭隘？当一个人的思维参照模式被自我习气固有化了，其思想意识活动的表现内容就自然会变得僵化和狭隘；当这种模式化的思想境界出现时，人的生命活动表现出的生命机能同样也是狭窄的、呆滞的。

当一个人总是要否定某一事物或固执某一观念，而又不能对更新、更广、更开阔、更复杂的人、事、物进行认识时，我们就会说，这个人生命活动的自然属性和社会属性也就一定会变得越来越狭窄，其生命力就自然地变得越来越小、越来越弱了。因为人生命活动所体现出来的自然属性和社会属性是一个不可分割的整体。如果能够分割开来，那么也就不是人的生命活动了，更谈不上命运了。一个死人没有命运，一个未出生的人也没有命运，只有一个正常的符合了自然属性和社会属性的人，他才会有命运，才会是一个有命运的内容及运动、变化、发展过程的人。

可是我们平常人身心行为活动的展现，并不能够自觉符合自然属性和社会属性，以及二者之间整体辩证性的要求。在现实的社会生活中，我们经常会出现“这事我不能做，那事我不想谈”的现象。为什么会这样？这都是源于我们每个人自己的思维模式和参照标准各有不同。这些衡量事物的参照标准，就是由我们人在后天的成长过程中所学的一切文化知识和生存技能，包括人生的各种生活经验教训所形成的。这些已经被用习惯了的参照衡量方面的标准，是人不大好改变的一部分内容，都是约定俗成了的思维参照标准的固有模型。告诉你，那就是人形成矛盾、遭遇磨难的根本所在，是人受假我支配自己身心行为活动的结果。

所以说，在平常的生活中支配自己的那个我，根本就不是你自己真正的主人翁。而假我是你在生命历程中学习到的全部内容所形成的固有、僵化、狭隘的思维参照模式，这种思维模式是形成人自我的观念观点的处所。人片面而又偏执的思想意识活动内容就是在这个处所中形成的。平常人都是用这样的思维模式去参照事物、应对事物的，因此必然会造成人与自然及社会事物间各种关系的不和谐，最终导致“非道早已”的命运。

正是由于人们不能够正确认识生命活动的自然属性与社会属性对自身整个人生命运发展的作用与影响，所以才不能够顺应二者整体辩证性的运化规律来善用和发扬有利因素的作用、调节和避免不利因素的制约。这样就决定了人的一生，必将是不断认识生命、不断进行生命改造的过程，以此达成生命活动的动态平衡，展现出人自身、人与自然及社会关系的和谐性。

改造命运

现在我们要重新开始来认识自己的命运、改造自己的命运。

改造命运，就一定要通过合理的、理想的方式，通过修身和养性这两方面内容来达成身心整体的生命活动，来改变自己的人生命运。

一方面，必须要通过修身的养生锻炼来提高生命活动的自然质量。比如，练呼吸操就能在一定程度上弥补人的先天不足。就拿我自己来说，27 岁以前，生命活动虽然没有什么疾病，但身体还是比较弱的。后来采用了合理的健身方法来进行锻炼，这样才改变了自己原来生命活动比较孱弱的状况，使身心的健康水平发生了本质性的改变，使人的智能境界发生了根本性的提高。如果一个人，自身的气血不发生变化，阴阳五行不平衡，奇经八脉和十二正经不通畅，想从主观愿望上把自己的命运转过来，那是非常困难的。这是关于人生命活动的自然属性方面的问题。

另一方面，必须通过改变思想意识活动的思维参照模式来完善身心整体，以期符合人社会属性的自然要求。我们在改变自己生命活动的自然属性的同时，还要强调思维参照模式的改变，要不断地修正自己思想意识上存在的缺陷。比如，世人总用自己的观念，即用那个“假我”来判断这个人好、那个人不好，这个事顺利、那个事麻烦，这个菜好吃、那个菜不好吃等等，像这样参照衡量事物的思维模式必须要被打破，一定要打破！只有这样，你才能吸收更多、更符合人生命需求的精神营养，来构建新的生命活动的参照标准。

明确地说，就是要建立起整体辩证的思维模式，形成整体辩证的参照标准，这对于我们改变命运，获得真正的身心健康，都是很关键的内容。

如果我们每个人，总是抱着陈旧的观点不放，那么人的命运就无法获得改变了。人僵化的思想观念，是因我们几十年来所形成的惯性思维参照模式形成的，是那个假我完全主导了我们人的身心行为活动而造成的。如果我们不能从根本上去认识那些不健康的、需要改变的思维模式中参照系标准的某些具体内容，那么我们的命运也就无法获得改变了。

我们只知道锻炼身体对自己有好处，而不懂得改变生产思想意识活动的那个模式，不懂得改变自己偏执僵化的思维模式和参照标准对自己的身心健康是多么的重要。如果我们不能完成对生产思想观念的那个固有模式进行改变，那么其他一切的改变都是徒劳无功的。

当一个人自然的生命活动，也就是生理活动发生了改变的时候，那么他的意识活动，即我们通常所说的心理活动也要跟着发生改变。人的自然生命活动与意识活动的改变必须同步进行，只有这样才能获得真正的健康与和谐的人生。

这就好比经济基础和上层建筑之间的关系，经济基础好比人的体魄，上层建筑好比人的意识活动，那么这两者之间只改变一个，或者两方面不一起变，势必会带来一些不良后果。比如说，有病的人开始做一些康复方面的锻炼活动身体会好起来，但是如果自己的意识不变，原来的疾病还会回到你身体里来，因为你一直用那套不变的僵化的思维模式操纵或掌控自己的生命。

我们每个人，都要从调整生理健康的生命基础与修养意识的生命根本这两方面整体入手，不断地改变、改造和完善自己，要顺随并顺应整个社会的发展趋势、整个人类自然生存环境的变化和人自身的整体生命活动的内容。只有这样，我们才不会被社会和自然环境所淘汰。

我们总是羡慕别人的命好，可当自己的健康层次发生好的改变时，自己却不能随之进行自我意识的净化，这就很麻烦了。人要想改变命运，不仅要通过练呼吸操等健身方法使身体气血的运行状态得到改善，生命力得到培补，而且还要使我们的精神活动同步发生改变，要向"欣欣向荣、蒸蒸日上、和谐欢畅、自然端庄"这个方向去努力。如果有事没事就跟别人生个气、拧个劲儿，看不惯这个、看不惯那个，担忧这个、担忧那个，放不下这个、放不下那个……那么等到疾病来临时，再想去改变自己的思维参照模式就很困难了，就来不及了。

人的意识活动是生理活动的统帅，因此就形成了这样一个普遍现象，那就是患病时间长了，疾病会和自己磨出一种"感情"来，它赖在你身上是不太容易走的。只有当你的意识活动——心理活动发生了改变，这个疾病才能被祛除；只有当你思想意识的参照模式发生了改变的时候，疾病的信息才可能从你灵魂的深处发生改变，你才不会再拥有它，不会再与其纠缠不清。

过去我有个学生，锻炼身体很积极，练得也很刻苦，但因为意识活动没有改变，对自己有很多担忧。后来她的身体虽然发生了不小的变化，但由于对人身心健康之理不明，最终还是去世了。这就说明了她的生命活动和意识活动不能和谐地统一起来，并且二者之间产生了相互背离的情况，最终造成了不利自己的后果。

由于生命活动受意识活动支配，意识活动同时主导着生命活动，所以，如果我们渴望改变自己的命运，那就得从生命活动和意识活动这两方面同时着手、同时去改变才行。我们所说的生命活动属于命运的自然属性的范畴，思想意识活动属于命运的社会属性的范畴，这两方面需要和谐运化、混化而统一到一个整体中，这样人的命运才能改变。

如果人的思想意识不变，那么人生命活动最终的改变是不会很大的，因此也就无法从根本上获得真正的身心健康。为什么我要求大家经常念口诀？念口诀是古时候的智者们、修炼家们传承下来的一个净化意识的方便法。我把它教给大家，主要是想通过这样简单的锻炼方式来使大家专一心念，少关注外面纷乱嘈杂的现象。像这样坚持做的时间长了，其产生思想意识的思维参照模式就变了，也就促进了你的生命活动向健康的方向发展。为什么平时我还要经常和大家交流，经常指出大家身上的一些缺点？那是因为大家的意识活动非常狭隘，需要拓宽。由于人鉴别客观事物的标准、参照模式，是导致这种狭隘意识活动的源头，所以要从源头上去阻断它、改变它，这样人的整个生命活动就变了，命运也就随之而改变了。

转命重在修身养性

获得健康智慧的人生，就在于命运的转变。一个人命运中所谓的福分来自于哪些方面？就来自于对生命活动的改造，来自于对意识思维模式的改变，来自于对身心行为活动的整体性改变。

有位老师曾经说过：“人首先就是要转命。”要转成什么样的状态呢？我想，人的改变首先是要改变自己生命活动的气运状态，为转命运打好基础。穷人的命要转富贵一些，这个富贵并不是让你非常富有，而是相对于你原来那个贫穷的命运来说，让其变得富有起来、充实丰足起来而已。

人的命运的转变包括两个方面：一个是生命活动的转变，这是命运转变的基础；一个是意识活动的转变，这是命运转变的根本。我有位老师是从生活的点点滴滴做起的，可是却未能从点滴细行之中发现和总结出做人的道理、原则以及必须要遵循的法度。像那样去践行，其所做出来的事就自然地没有规律性；没有规律性，就不能正确地指导他人、帮助他人、影响他人。只有找出符合人身心行为运化要求的那个规律性才好帮助人、指导人践行！我们现在所讲的这些都是关于命运规律性的内容。

命运的转变需要主观能动性。在平常的交谈中，我总是在指出大家身上的缺点和错误。实际上，每个人的身上都有不太容易改变的缺点和错误，所以说“江山易改，秉性难移”。秉性为什么难移？源于人的性格有固定的模式，生活几十年养成的习惯、习气，人们不大愿意改变它，但并不是不能改变。

其实，我的整个性格特征、整个人格都已经发生了很大的变化，或者说是根本的改变。这其中最主要的因素、最重要的内容，就是我能够主动地去作为、主动地去改变自己。而很多人除了主动改变生命活动这个生理基础以外，意识活动的改变却来得非常缓慢，甚至于倒退，并且总找些客观原因做借口，什么工作很忙，家务事很多，干扰了自己等等。“秉性难移”就是指这些方面，是指你自己没有主动性，不会主动地去改变自己，或者说只做了一部分，还有一部分做得不够，缺乏主观能动性，所以改变才不会很大。

过去传统的修身养性，是从人的命和性这两个方面去修的——修命、修性，性命双修。其实我们现在就是在讲性命双修的内容。要探讨这个问题，就要谈到命运。任何一个老师，如果不谈命运的改变，想去帮助、或去指导别人，并使这些人的身心发生巨大的改变，那是不可能的。

人要想转变自己的命运，就需要建立起符合运动、变化、发展规律的整体辩证的思维参照模式。如果你总是舍不得丢掉那些旧有的、落后的、僵化的偏执性的东西，那是因为你跟这些习气产生了感情，好像是有一个约定，习惯了各自扮演的角色，就像拿着契约、签了合同一样地不愿意舍弃。比如年纪大的人，总是把些旧的东西，自认为有用而实际上是没有用的东西捡回来，屋里没有用的东西也舍不得卖掉，舍不得丢弃。这样一来，老年人家里的东西就特别多，这是个普遍现象，不要的东西，破烂废物很多，都舍不得丢。为什么舍不得丢？就是因为人的生命力萎缩了，已经照顾不到自己与周围环境之间的和谐关系了。

所以，我们要把自己生命活动中不健全的某些方面健全起来，尤其是要把平常人僵化的参照标准，改变成辩证式的参照标准、整体辩证式的思维模式。由于大家现在的思维模式很落后，所以只有在更新自我生命、净化自我意识的过程中，才能逐渐获得身心健康。人要想达到这种身心健康的状态，就必须对旧有的思维模式进行更新换代。可现在的大家就是认识不到、也舍不得从产生思想意识活动的源头去改变自己，因为自己对旧有的思维模式已经用习惯了。

比如，有的人关心孩子的方式，就是问他吃饭了没有、钱够不够花。如果没有吃，就做好给他吃；如果没有钱花，就给他钱。这就叫关心下一代吗？这些做父母的不会说：“有钱吗？没有钱，你去挣；有吃的吗？没吃的，你自己去买，你自己去做。”现在的人们不是这样的，不懂得用良好的信息去引导、去祝愿、去关心别人。因为当智慧教育文化的信息还不是那么强大的时候，从父母祖辈那里继承下来的，从祖辈那里流传下来的遗传基因和文化遗传信息中，人们大多都沿用这种方式去关心下一代，所以这种僵化的思想、固有的信息不容易舍弃。舍弃它，需要花很大的力量和毅力。

为什么好多人的病不容易好，或者是治好以后还会复发，是什么原因呢？就是这个原因——思维参照模式不变。比如有的人练练呼吸操，身体好一段时间，然后就又不行了。我们这里有位患者学员就是这样，咳咳咔咔很长时间，后来吃了几付中药，练一练呼吸操就好了，可是过了一段时间，又还原了。为什么会还原？“没有时间锻炼和进行修正意识的理论学习，交朋友谈恋爱的时间都不够，哪有时间做这些？”像这样旧有的思维参照模式不变，那整个生命活动就不会发生改变。

要知道，改变自己思维参照模式的过程，不仅仅是获得身心健康的伟大工程，同时也是自我人生再创造的过程。当人的命运发生了根本性改变的时候，其释放出来的社会价值和经济价值是巨大的，只是我们自己还认识不到这些而已。

当疾病没来的时候，我们就会忘记生命的可贵，就降低了警惕性和警戒线；当疾病来临时，我们的警惕性和警戒线就自然地升高了，发誓一定要努力锻炼好身体、好好改变自己的不良生活习惯。在住院的时候，就会想着回家一定要锻炼，出院后就又不记得了。肚子饿的时候，腌菜都能吃；肚子饱的时候，吃东西要看档次。这就是我们落后、僵化的思维参照模式导致的结果，这也就是人们常说的“人的惰性”在作怪！

惰性也是有业力力量的，这种业力的惯性力量是人的思维活动不容易改变的一个最大原因。这个根源不破除掉，你就没有办法转命。任何人，只要是想获得身心的健康，那他就必须要努力去改变自己的思想意识和观念。或许我们已经付出了不少努力，或许过了好多年也没有太大的改变，但还是需要继续努力，命运的转变会自然而然地在这样生命改造的进程中发生，我们应该像这样去做。

命运的转变，须要对其有效性提出要求，要认识人需要转变的那个根本点。人的一生应该是不断努力、不断进取的一生。但是怎样才能获得身心的整体健康呢？

一个人需要通过什么样的努力和方式来实现根本的改变？这就需要我们去认识什么是能够帮助人发生改变的那个根本，需要我们找到并回归到这个原始启动的根本点上。

告诉大家，人生命运转变的根本点，就是产生思想意识活动的源头，我们应该从这个源头上去认识它、研究它。

很多人现在还认识不到这个问题的重要性，现在的大家是忙经济，以后可能就会忙健康了。现在的社会是个经济社会，各种关系都很复杂，工作的压力都非常大，其实我跟大家是一样的，也需要面对温饱问题，需要面对各种社会问题。大家现在需要面对的一切问题我也都要面对，但是为什么我还能抽时间锻炼身体，并在生活的点点滴滴中去修养心性呢？而且实话告诉大家，我现在可以不用专业的时间锻炼，因为我的生命活动是呈自然运化的，这就是过去所说的“人不练法法自炼人”的功夫境界，它是符合自然属性的。即便是这样，我还是要强化锻炼——做功夫，每天用两个小时到三个小时的时间来改变自己的生命活动；而且在社会活动方面，还要不断地改变和完善自己的思想意识模式，做好意识修养工作。因为我现在改变起来要比以前容易了，比以前好变了。所谓的开悟或明心现性，不仅是指人的觉悟智慧返回到了自性真心，而且还要求人的思想意识、衡量事物的整个参照标准和思维模式全部改变成符合生命运化法则的要求才行。

改变从不健康的习性开始

改变我们的意识参照标准和思维模式，就要从改变我们不健康的生活习惯、思维习惯以及偏执的观念观点开始。

在20世纪的70年代，人们有个普遍的观点，就是肥肉最能营养人。可是70年代一过，就有个所谓科学的说法：瘦肉的营养好，要吃瘦肉。现在的人觉得什么有营养？多吃菜才有营养。这样一来有不少人就不怎么吃米饭了。实质上，米饭对我们湖北和中原一带的人来说是不可或缺的食物，因为米饭中含有淀粉，而淀粉进入到人体之中是非常容易转化成葡萄糖的，葡萄糖对人体是非常重要的。人的生命活动可以缺少一点其他的微量元素或营养，但却离不开对葡萄糖的需求。人的智能活动同样也离不开葡萄糖，因为人的脑组织和各种生理功能，都需要依靠这种能量来维系其正常的运转。

米饭已经成为这一地区的人们生活中不可缺少的食物，而且在我们的遗传密码里面都留下了记录，因为我们祖祖辈辈都是以米饭为主食的，人非要吃点米饭才行。如果人完全不吃米饭，就很容易造成生理功能的障碍，身体就会因缺糖而得低血糖病。你即使吃再好的菜都不行，就算是吃一定量的糖，也满足不了人身体中所需要的糖分。因为在人的生命中，记录着米饭这种葡萄糖的糖分"生产"过程，它容易被身体摄取吸收，人的生命中有这个基因，有这种生理运化功能。

如果你根据所谓现代的科学观点来废弃自己生命活动中最基本的生理需求，那就违背了自己的生命活动规律，这就是一种妄念、一种妄想。这就是我们在损坏自己生命活动的运化功能，给自己的身体造成疾病、造成污染的缘由。人违背生命活动的运化功能，也必然会因此破坏自身与赖以生存的自然及社会环境的和谐关系。这就是造成环境污染的根源。

我们应该明白，人生存环境的污染来自两个方面：一方面是来自于人自身生命活动的内环境；另一方面是来自于人生活的外环境——即大自然与人类社会。

刚刚我们讲到的关系人身心整体活动的内容，即属于人生命活动的内环境，违背人自身生命运化规律的思维参照模式内容是其污染源；外环境的污染源，则主要来自于现代化的工业生产。内外环境的污染，是相互影响、共同作用的。

现代化的工业生产不仅污染了水和空气，而且还污染了我们脚底的土地。这样的现状造成了各种生物污染、电磁污染、化学污染、声波污染、光污染，还有发展资本经济所带来的各种社会文化污染等等。所有这些污染都直接地影响了人的思维参照模式。

虽然其他环境污染对我们的身心健康起了很大的破坏作用，但最关键的还是我们的意识思维模式被污染了。现代社会中，拜金主义泛滥，物欲横流。有些人为了谋取私利，投机取巧，坑蒙拐骗，不择手段，各种不良风气盛行，这样就造成了人们的思维参照模式被污染。这种污染的核心及根本所在，来自于人自身对感官享受对象的执著。

比如说，我们知道在家里做卫生，拖地板，抹桌子，把屋子收拾得干干净净；可是我们从来不考虑把自己的生命活动、把自己身体内部的这些血管清一清，把五脏六腑都清理一下，把自己的思想意识活动净化一下。我们从来都不去思考这些问题。其实，我们人的整体生命活动，内外是一致的，是没有区别的。现象就是本质，形式即是内容。如果人内部的核心不发生变化，不从本质属性上去发生变化，那么只追求这个外部现象的改观，无论如何是不可能发生质变的。

“现象就是本质，形式即是内容”。这句话是我对见证根本智慧的本质内涵的认识，是对人、事、物的运化法则的根本性认识，是对万事万物总体发展规律的认识。唯物辩证法认为，认识事物就是透过现象看本质，它是一分为二的。

智慧整体观是建立在智慧辩证法基础上的，是对人生、对事物、对社会、对自然的根本认识、根本改造和根本总结；是在古典智慧哲学和自然人生观的基础上，丰富和发展了原来的观点，把社会、整个人类、整个大自然都看成一个整体，把人的思维活动与生命活动看成一个整体，看成一个不可分割的整体。

无论是宇宙自然中的万事万物，还是人类社会中各种关系的交往，任何事物的发展总是波浪式前进、螺旋式上升的；人的生命活动、人生的命运发展也不例外。

什么叫波浪式前进、螺旋式上升？最形象的比喻就像这个弹簧，倒下来的时候，向前转是波浪式前进，立起来的时候就是螺旋式上升。任何事物的运动、变化与发展，都不是从起点回到起点，而是从起点向更高的一个层面螺旋式上升了。在我们认识的事物中，只有相似的重复，没有绝对的起点重叠。如果一重叠，就不对了。

古时候修身养性的人很多，但绝大多数人连其本质的生命活动却都改变不了。他们修炼的目的就是想返老还童，他们就是想从起点练到起点，而没有从根本上认识到，事物是螺旋式上升的。我们现在通过对生命活动的实践而践证到实相智慧的道之境界，从而认识到：人不可能从起点修到起点，而是要从起点上升一个螺旋，这样你的生命活动就会发生变化，人的智能就会向更高一个层面跃升。

平常人还没有真正建立起修身养性的意识和自觉性，也就是说，还没有意识到把握生命运化规律的重要性，还没有建立起改变自己命运的坚定信念。人的信念、信心不够，信力就不足。

我有位朋友，他的表现就是一个比较明显的例子，他总说没有时间练，理由好像充分得很，总是说有这个事或那个事烦心、放不下。所以像他这样的人得好好地改变自己的思想意识活动才行。我这样说的意思不是批评他，我直接指出他的缺点，是为了大家能更好地改变，因为他身上的缺点也是大家共同有的缺点。如果我把大家的缺点都指出来了，你还不能因此而发生改变、主动去净化自我意识的话，那问题、矛盾、困惑、曲折就会接踵而至了。

我常跟大家说：刚开始学习改变人生，你是向前跨了一步，这一步还跨得不小。可是后来，由于人需要在社会上生存，要处理这样或那样的事情，要解决家里的一些矛盾等等。这时的人就很容易被各种各样的事情所困扰，其锻炼身体、修养心性的活动就会懈怠了，前进一步又退回来了。只是退回来没有退回到原点，相对来说还是稍微前进了一点点。虽然你的生命活动没有发生巨大的变化，但是通过一段时间智慧教育文化的学习，你对事物的认识已经向前跨了一大步，你退回的那一步比向前跨的那一大步稍微小一点。这就叫什么？沙漠上行走，走一步退半步。

为什么你现在的变化不大？比如我们讲课的时候，有些学员会找这样或那样的理由旷课，他们为什么不来？很多人在忙赚钱。钱是维系我们生命活动所必需的东西，我们需要钱；但是，改善我们自己的生命活动、获得身心健康，这个是更重要的事。我想在这方面，我们的老学员们应该是深有体会的，大家都在练呼吸操，学习智慧教育文化，但除了个别主动精进的人以外，其他人都不能坚持下来，没有一个人能认真去做。如果你能够认真地按照我所说的方式去做、去改变，那么命运的转变会是很快的。

有位女学员更固执，如果有几天身体感到不舒服，她马上就会回忆以前的往事，后悔当时所做的事情，总觉得有很多不应该。事情都过去那么多年了，哪还有什么不应该呢？都说人老了爱怀旧，但她现在还没有老，总是说自己有很多不应该，后悔过来，后悔过去，其结果还是没有变，这就叫未老先衰。

再比如说，在应用各种健身康复法调治的过程中，有些疾病，像心脏病，该吃药就要吃药；高血压病，在血压不稳定的时候可以用药控制，稳定以后就要慢慢地减药，要根据各人不同的生理和心理情况进行不同的康复调整。可是有一些所谓的老师，自己的理论修养不够，又认识不到自己的不足，还在那里瞎指导，最终伤人害命。这都是人们对生命运化规律不认识的结果，不仅对人的自然属性认识不够，而且对人的社会属性也不认识，因此对产生意识活动的处所认识不清，这样人要想获得命运的根本转变，那就更谈不上了。为什么上世纪 50 年代到 70 年代的人们很少生病？这种情形正好符合另一条生命规律——思想单纯。我希望通过这堂课，使大家把认识再提高一步，意识到把握生命规律的重要性。

启动生命的原点

要想真正把命运转变，就要启动生命的原点。

启动生命的原点！这个生命的原点在哪里？从人的生命结构来看，支撑人的生命形体活动的基础能量集中在下丹田；从人的心理内容来看，根本智慧就是人存在的最本质的内容。

先说人生命结构方面的生命启动原点。人的生命力在哪里？它由哪些能量所构成？简单地说：

一是，由肾气形成的先天之精的能量；

二是，后天运化水谷之气形成的后天的能量；

三是，包括我们身体中的命门穴位以及周身各穴位和毛窍腠理的自动开合，它们不断地和宇宙进行着气机能量的交换。

如果一个人没有了光彩，就说明其生命力快耗尽了，也标志着这个人的生命即将消亡。而下丹田，正是我们人生命活动基础能量的原点。（编者按：关于生命结构，请参阅本书“命运（之二）：生命的拓展”中的相关内容。）

心理内容方面的生命启动原点，那就是人的根本智慧。关于根本智慧的内涵，在这里不作过多讲解，我们现在就从修正人的思想意识上来讲解这方面的内容，因为修养意识是人成就智慧的根本内容和根本途径。

只通过练呼吸操等健身方法来锻炼身体、来获得身心健康，那肯定是不够的，这些方式方法仅仅只是接收能量、修正自己思维参照模式的一种方式，更重要的是应该主动地去修正思想意识的偏颇，那才是根本法。修养意识，改变命运，如果你是全身心的投入，那么对每一个环节、每一个思维过程都是需要关注的。毫不夸张地说，只有像这样去做，你的生命活动才会发生巨大的改变。

若想做好意识修养方面的工作，首先，必须要有自觉性！在改变命运的这件事情上，我不需要用功能去查，或是看着哪位学员到底做得怎么样。为什么？因为我就是希望培养你们的自觉性。人要学会做到自觉改变自己，那样的身心行为活动对你获得健康是有好处的，不管对生理上的健康，还是心理上的健康都是有好处的。

其实做老师很难，做个负责任的老师更难，不负责任的老师好做。如果认为你的生命活动与我毫不相干，那就好做，但那就成了对你不负责任的老师。

我把大家协调到这条走向身心整体健康的大船上，教你从根本上去改变自己的人生，可大家是捆都捆不住。我想把大家撮合在一起，叫大家不要走，可是这个说上个厕所就回来，那个说有点急事要出去一下，留在船上的也都要往下跑。老师喊："船要开了！"你就紧张一下，然后又恢复原样。这就是什么？没有培养起修身养性的自觉性。我是很想把大家一起都带到智慧真理的彼岸去，但是你自己要努力才行。我们所探究的生命活动的内容，在所有的文明古国中都有人进行过研究和实践，有的甚至践证到很高的智慧境界。我不是要求大家一定要达到那样高级的生命状态，而是要你认真去做，去改变自己的命运，完善完美自己的人生。

如果大家不愿意改变自己，我又何必去劳心费神？每个人的生命没有其他人能够代替，自我意识净化也没有谁能够代替你去做。有缘分，我很珍惜，你也要珍惜；如果你不珍惜，那我也没有办法。谁又有什么好办法呢？一台戏一个人怎么能唱得起来？一个巴掌怎能拍得响？我一个巴掌在空中挥得呼呼响，而没有人响应，那不行！我在这里挥得风直响，你还不警觉，那怎么办？所以说，要懂得惜缘，要珍惜缘分。

希望每一个人都能坚持下来，认真地去做。别人说修身养性很难，我告诉大家方法，只要你去做，认真地做，不难。做个身心健康的、有智慧的人该多好！不是要你拥有很多财富，而是要你拥有一个自觉自由的智慧生命，总是高高兴兴地生活。

就像有一次我说了夫人几句，有的学员还担心，怕我吵起来。那怎么可能吵起来呢？如果吵起来了，那就是我没有修为。我可以严肃地说话，但肯定是不会吵起来的。即使大家看我好似发脾气一样，那一定是发的假脾气，是为了以这样的方式来帮助大家、警醒大家。其实我是可以一边发脾气一边笑的，还很自然，内心世界也是高高兴兴的，这就叫有本事。能够发脾气而内心不动，那就叫有智慧的修为。如果我们从根本上能对这一现象有个深刻的认识，那就长本事了，这很关键。

其次，修养意识必须要有正确的认识！每一个人都要寻求身心健康的整体改变，当然不可能是人人都做得这么好的，但我要求大家都能跟得上，你跟上了，命运就会发生改变。很多人信心不足，刚开始很好，到后来就没有信心了，为什么？因为对老师提出要改变思想意识的要求不重视，不把它当回事，第一念没有跟上，这样人前进的动力就不足了。如果你自己都不珍爱自己的生命，让别人替你操心，那才是怪事情。

人真正的主人翁是没病的，有病的是这个肉体，我们心理上、思想上的疾病，也都是源于那个假我对躯壳里面渣子的反应。大家一定要知道，人体内的每一个组成部分都需要做卫生，包括各种组织细胞。细胞的生命就像人的生命一样，都是属于生命这个范畴的事物。克隆技术和全息理论告诉我们，在一定的条件下，生命体中的某种细胞是可以培育成某种生命体的，每个细胞都是完整生命的缩影。所以，生命中的每个细胞都能反应出其存在的整体性生命信息。

如果你总是问我这个人怎么样，那个人如何？这说明你的思想意识形态存在有不健康的东西，比如你的思维模式比较偏狭，思想观念比较僵化，从内心世界来看，即在个体人的自我意识形态方面，其所显现出来的境界还不是很卫生的，要做清洁，要学会主动去净化自我意识才行。

点滴细行中把握人生

走这样一条完美身心的健康之路，必须要从点滴上去修正、去践行，从日常生活的点滴细行方面入手，只有像这样去做，才有改变自己、净化自我思想意识的可能，这样我们的命运才有可能被改变，我们的运气才能转！

现在给大家提出要求，改变自己的命运，要从两个方面去认识清楚：

一是，练习智慧健身法，比如呼吸操、梳头操等等，但这只能改变人生命活动中自然属性的生理部分内容；

二是，我们要做大量的工作，去改变思想意识活动里面的内容——我们的意识思维模式和参照标准。

这样，我们就要懂得在点点滴滴的生活内容中顺应生命活动的运化法则，符合事物的发展规律。既注重生命力的累积和培补，又注重自我意识净化，开阔胸怀，达成与自然及社会关系的整体和谐。

如果你总是带着旧有的习惯、旧有的观念，总在那里强调“不是的，你不知道，我那事特殊得很”，如果总是有这么多的特殊，那你的身心获得健康、获得变化的可能就会完全消失了。因为，当一个人总强调特殊的时候，你这个生命力所展现的范围就变小了；如果你不特殊，那么你的生命力就要大得多，胸怀也会广阔得不得了，对任何事物就都能接受，任何来自宇宙的能量、信息就都能被你接收，毋庸置疑，整体的身心健康就会自然地在你身上呈现出来了。如果你总是认为“我这个情况特殊”，那么你的生命力马上就变得狭隘了、缩小了、委靡了，最后导致不健康、得疾病。

为什么？当人在一味追求金钱、追求物质利益、追求情感利益的时候，他的思想意识活动是会影响到他的生命活动的。举个例子，我认识一个经理，手下有两千多人，女强人，很能干。她自修了五个文凭，同时还在单位做经理。由于快速的生活节奏，精神长期处在高度的紧张之中，后来得了神经性胃炎、糜烂性胃炎、神经官能症等疾病，情绪变得非常低落。

人是需要休息的，如果你不认识自己生命活动给你的暗示，那么人生命的这个自然本能的行为语言就会给你暗示——“你现在须要休息”，这样得病就成为必然了，它让你得病，人病了就可以休息了。得病以后，她不得不休息，到我这里来康复。她向我咨询，问我她的身体为什么会出现这样的情况。我说你这个疾病的根源是生活节奏太快，做人又太要强，透支了生命力。生命力被透支了以后，就要跟你敲警钟，它没有办法敲，又不会说话，如果你读不懂这个生命暗示性的语言，它就通过什么来表达？它就让你生病，病了你就可以休息了。西方心理学家也说过，心理暗示、自我暗示是会使人得病的。

我现在所讲的这些理论与方法，就目前而言，是世界上最先进的认识生命的方法之一，因为这些理论中的很多内容都是对我们亲身实证的经验所进行的总结，不是逻辑推理的结果，是我们直接践证到了生命运化规律就是这样变化的过程。所以我们是在感受人生、经历人生，而不是在推理人生。

有位老师得道后，到另一位老师那里去印证。那位老师问他：“你拥有多少财富？”他说：“下无立锥之地，上无遮天之瓦。”是啊，人只有通过自己的亲身实践，才能见证到什么是“下无立锥之地，上无遮天之瓦”的觉悟智慧境界。那么像这样的人，他会拥有什么？他的胸怀就涵容了整个宇宙自然，他拥有整个人类，拥有整个世界。如果你要上面找个瓦挡挡，下面弄块地住着，那你的生命活动就只能在这样狭小的空间中求生存，就只有这个板眼，也就只是这个本色。

讲这些内容，是让大家开阔胸怀、坚定信念，是希望每个人从现在开始，都着重去认识自己的生命活动，认识自己的思想意识内容，不要犯痴、犯迷、犯执，那么你的命运、你的人生就自然会好起来。

命运『之二』

生命的拓展

浅谈人的生理结构

生命三大能量集聚区

人的健康须要身心双修

放下执著 自然和谐

点滴着手 当下即行

浅谈人的生理结构

拓展开来讲命运，首先就要认识人体的大致结构。从中医理论和西医解剖学来了解人体组织结构和运化功能；从功夫修炼的实证内容以及对生命运化规律的认识，来了解人生命活动的不同健康层面和功夫层面。

对人的生理结构，中医总结得很精炼：五脏六腑、奇恒之腑、四肢百骸、筋脉皮骨肉和经络气血等寥寥数语，就这样简简单单地把人的生理结构都基本上涵盖了。

进一步讲，肝藏魂，主怒，与胆的功能相表里；心藏神，主喜，与小肠的功能相表里；脾藏意，主思，与胃的功能相表里；肺藏魄，主悲，与大肠的功能相表里；肾藏志，主恐，与膀胱的功能相表里等等。就这样简简单单的几句话，又把人五脏六腑功能的动态关系和分布状态基本上涵盖了。还有脑、髓、骨、脉、胆、女子胞（子宫）六个器官组织叫奇恒之腑，是不同于六腑的另一类腑。

但是西医的解剖学所认识的人体，是从另外一个层面揭示了人的生理组织结构，它有个物质构架。从解剖学的角度去认识人体，人体有骨骼、各类组织、器官。再分细点，那就是这些组织、器官是由细胞组成的。至于说那些细胞集合生成了什么组织，而那些组织又具有什么样的功能，在这里不作详解。需要简单了解的还有人的体液——血液、内分泌液、有管分泌的液体和水分等等，统称为体液。

细胞大致有几类，简单地说：有血细胞、淋巴细胞、脑细胞、神经细胞、上皮细胞、生殖细胞等等。其实我们最应该了解的就是骨髓生产的三大类细胞：红细胞、白细胞和血小板。从神经传导上来说，应该了解神经细胞；从意识活动的诞生到主导生命活动的开始，要了解脑细胞及其形成的智能态的功能效应，要懂得它的运动规律以及对人生命活动起统帅作用的重要性。

我们简单地了解一下这些内容。有些细胞在身体里面全部代谢一遍，需要几十天的时间；有些细胞在几十分钟，甚至更短的时间内就产生了更新换代；还有些细胞则需要通过几年的时间，才能完成一个代谢周期。

所以过去有人说，践证智慧功夫——研究和探讨生命活动，是三年一小变，七年一大变。还有一种说法是七到十年一小变、一小乘，在这样的时间段内，可以引起生命活动小的变化，只能取得一些小的成就；三十年一大乘，那是可以获得大成就的。所有这些，都是相对于我们人整体的生命活动，在不同时间和不同的健康层面或功夫层面而言的。

这是指我们的生命细胞在更换周期当中，在储存人的生命信息和能量过程中，所进行的质量方面的新陈代谢，是生命组织细胞更新换代的过程。我想有没有可能是在揭示着这些内容？——虽然现在科学家还没有揭示到这个层面上来——人体基因的改变，是不是在七年就有一个周期呢？尤其是在脑细胞、神经细胞和结缔细胞等细胞的活动过程当中。这就需要我们了解一下，在人的生命体中存在着的各种各样细胞以及各类细胞，它们大致的变化过程。虽然不是要详细了解，但是考虑到我们在身心锻炼的时候，在呼吸操和梳头操等健身法的帮助引导下，使身体发生变化的时候，我们就要注意观察自己身体里面的变化，比如三个月、七个月、十二个月，三年、七年、十二年……不同周期的不同变化等等。

如果我们能够坚持几十年如一日的锻炼，并注意观察自己身体的变化过程和变化内容，那么我们将毋庸置疑地就会取得非常显著的成效或成就。但是，如果我们没有不断连续的锻炼、每一天自觉锻炼的积累，没有对自己生命活动长期践行认识的积累，没有对各种各样细微感觉感受见证经验的积累与认识上的沉积，我们就不可能在理性上把自己身体的变化升华上来、提炼出来，形成理论来指导自己。

要知道，结缔细胞在人体的分布是非常广泛的，我们的血液、肌体组织、骨骼，大多数都是由结缔细胞形成的不同组织结构，都是这样构造起来的。我们人的生命活动最初的、最主要的能量分布是在小肠这个部位和骶骨板区域。

从解剖学的角度我们能够认识到：人的各种骨骼组成了人的身形骨架。人的身形骨架首先是由上面的头颅骨，中间的脊椎骨，脊椎骨又分颈椎、胸椎、腰椎和骶椎、尾椎，肩胛骨、胸骨柄、肋骨、盆骨等，构成了人体的支架，还有四肢骨——两上肢骨、两下肢骨。

在头腔内、头颅骨内充满了由脑细胞组成的脑组织体，加上各脑室中的脑髓液以及血管血液等内容组成。脑组织在头腔骨内，脑神经细胞组织沿中枢主干从颈脊椎向下分布于全身，传导生命活动的信号，它是起传导功能作用的。

我们人的肝、心、脾、肺、肾，胆、小肠、胃、大肠、膀胱等脏腑器官，都在身形躯体中的整个胸腹腔里面，在上腹腔、下腹腔和胸腔中藏着这几部分的脏腑组织器官。在这里只能简单地向大家介绍这些生理结构，如果要讲得复杂一点，那几本书也介绍不完。但是通过以上所讲的内容，我们可以简单地归纳一下。

上述人体大致的生理结构以及运化周期性的内容，这是对人生命活动的基础认识。那么对于我们想通过健身的方式和养生的过程、及修心全性来改变人生命运的人而言，还须要掌握生命活动的根本内容，那就是人体的高能量集聚区。

生命三大能量集聚区

在人的生命体中有下、中、上三个能量集聚的区域，这三个区域就自然地成为人生命存在的三大能量体系的中心。这三大高能量体系的中心，是人精、气、神贯穿遍透得最集中的区域。

第一个能量集聚区域，是肚脐里面小肠和骶骨板区域，这里是人的消化吸收生理功能与生命活动及人体运动的基础能量区域。在这个区域的中心，我们古人在进行身心锻炼的实际过程当中，通过自身的生命活动实践而见证到了，它是身形运动的能量高集聚区域，并将此处称为下丹田。

第二个能量的聚集区域，在胸腔里面，在膻中穴的后面，胸椎的前沿。因为我们的心脏像个泵一样，把人体之中的血液与血液中蕴含的各种各样的营养物质和能量向周身输送，然后通过大循环回流，再经小循环到肺脏与氧气结合之后回收，然后通过心脏循环到周身。我们人的生理活动就是如此循环往复不止的。所以在这一区域形成了有无相生的混化点，通过液体物质的位移与分解合化反应，便使能量在这里产生了大量的聚集，这是第二个高能量聚集区域。古人通过自身的修炼实践，认为它是人体生命活动运化的中心，并将此区域称之为中丹田。

第三个能量聚集区域，在头腔内，在脑的中心——即以头腔内脑中心为核心，这里的智能效应功能区域是人的整个生命活动的“司令部”，古时称之为神。由于这里是人的精神活动中心，所以在这里就产生了因思想意识活动的运动而引起的各种生理活动的反应，这样便自然地形成了高级的能量聚集区域，古人将此区域称之为上丹田。

在这里我们是以最简单的方式来讲述人的生命活动能量聚集的区域。

三大能量体系区域之一的下丹田，为什么会有那么多的能量集中在那里呢？从现代科学知识中我们可以了解到，比如通过具体学科中的物理、化学和生物学等知识我们可以发现：任何事物发生运动时，如果运动量越大，它所需求的能量就越多；速度越快，那么需求的能量也就越大；任何事物在发生物理、化学、生物和生命的物质反应时，参加反应的物质越多，那么所需求的能量就越多，这样就必然要求生命活动中的生理功能生产出更多的能量。

在人的小肠所在区域的肚脐里面，也就是我们通常所说的腹腔中，这个地方就是人体对食物进行消化、吸收的场所。人每天吃进去的各种食物，这些有形的物质能量，需要在小肠这里进行分解、分化、合化、吸收等，但不是在胃里面，而是在小肠里面进行这些工序。所以这个区域就自然地进行各种反应，如物理的、化学的、生物的和生命的反应性运动。

我们知道，只要有运动就会有能量集中，如果发生这么多复杂的复合性反应，那就需要有更多的各种各样的能量参与进来。而且这个地方，是从人出生后吃进第一口食物之时就开始工作了，直到人最终死亡。这个地方不仅需求能量，而且还会生产出符合人体需求的巨大能量，它是人第一个有化无、无生有的功能性区域。

有很多人说，我消化不好、或者说是胃不好等等。要知道消化不好，并不等于胃不好，要把它分开来分析，与胃有关系，但不全是胃的问题。在小肠里面有很多的毛细血管，它们会分泌很多种酶来分解食物，这需要很大的能量。所以说，我们躯体的能量集中在这里，它是个运动的高能量聚集点。

另外，骶骨板是由致密的结缔细胞组成的，“智慧养生康复学”

认为：物质的密度越大，它蕴藏的能量就越大。另外，在骶骨板中藏有马尾神经。所以要想使人的身体健康梯度发生非常了不起的变化，就必须在形体上、在意识上加强小肠和骶骨板区域能量的融合转化，这个综合性的混化过程进行得越好，人所获得的能量就越大，生命力就越强。

简单地说，我们吃进去的食物在小肠里面能够被尽可能地吸收，把它全部吸收在身体里面并供应到周身去。所以这个位置非常关键，这里能够做到分解与吸收。因此，我们把下丹田这一区域定义为人这个生命活体的第一个高能量聚集区域。

那些吸收进来的营养物质靠什么来输送呢？传统中医认为，是以脾脏的运化功能为中心，协调其他脏器整体运化的过程；运化好了之后，就依靠心脏的运送功能，以心脏为主，同时协调其他四脏完成输送的任务。因为人整个周身的体液循环，就是靠心脏的功能来鼓动完成的。打个比方，我们可以把它当作个"泵"来看，但这个人体之中的泵是相对永动的。只要我们生命不结束，心脏这个泵就不会停止；当人的生命活动结束的时候，这个泵就停止了。

这个泵把我们所有的营养传输到身体的各个部位，使我们获得必须的营养。虽然说心脏的功能是相对永动的，但是心脏自身也同样是需要营养物质来维系的。不仅如此，而且心脏与肺脏的自身还会分泌出物质与血液进行混化。当然其他的脏器也同样会分泌，既营养自身、又与其他的脏器共同完成生理功能的任务。

大家应该知道，人的血液在周身循环之后，已经缺乏了各种各样的营养成分，包括氧等物质的内容，这样就需要通过我们的肺脏来进行合成。所以在胸腔这个地方，是我们人体生理活动之中的又一个具有有无相生功能的区域。在这里同样具有物理的、化学的、生物的和生命的物质运化过程，只不过中心是在相当于胸腔里面，即膻中穴的深处，靠近胸椎骨的内沿处。因此我们的"智慧养生康复学"中，认为这一区域就是人体生命活动的第二个能量集聚区域，在传统的修行生命运动学中，修炼家们称其为中丹田。

在我们头颅骨里面，主要藏着脑组织、脑细胞，解剖学把脑区分为大脑、小脑等，脑里面有脑室、丘脑，在脑中心部位就是脑组织细胞形成的能量中心区域。这个地方同样有物理的、化学的、生物的和生命的以及思想意识的运动。这个地方是人体发生各种物质反应的最高级、最复杂、最密集的中心区域。尤其是产生我们思想意识活动的地方，它是我们人的最高机能之所在，是藏人之“神”的地方，是我们一切生命活动的统帅和核心。

这里不同于中、下两大能量聚集区域，其关键就在于这里有了人的思想意识活动的运动。在这里不仅具有有无相生的功能，而且还是有化无、无生有的这种有无相生功能的总枢纽。这里的物质结构需要心脏把营养从血管里面供应上来，把人体的循环系统全部运转起来，包括脊髓管中的脊髓液的循环等。不管是有形的看得见的物质要运转起来，还是无形无相的思维意识活动要变化起来，都必不可少地需求能量。因此我们“智慧养生康复学”认为，这里同样是人体生命活动的高能量集聚区域，过去的修炼家称此为上丹田。

我们这样简单地了解了人的三大能量系统的区域之后，对我们今后去探讨和认识人的生命活动规律有重要的指导意义。了解太深、太复杂了大家不容易学，暂时简单大致地这样了解一下就可以了。以前热爱生命的那些修炼家们，他们认识到的生命活动和要求开发的生命活动内容，与我们现在的认识是有区别的。为什么会存在区别呢？因为我们与古人修炼所要达到的目的不一样，发展的方向不一样，所以说我们的取向不一样。

人的健康须要身心双修

人的生命活动，其组成结构和能量区间的分割不是绝对的，而是相对协调的统一整体。人的生命活动是一个巨系统，非常复杂。所以我们要完美身心必须从最基本的规律着手：一是刺激聚合、调动混化好三个丹田区域的能量，把身体健康搞好；二是提高思想意识修养，把人之神养好。

我们的心神——精神活动或者称意识活动，一定要健康。我们不仅要认识到人的身体健康是维系生命正常运转的基本要求，而且最关键的还是人的思想意识活动内容——即心理活动内容一定要健康。只有当人的心理活动和生理活动都处在良好健康的发展过程中的时候，那么这个人的生命活动才是健康的。人拥有健康的生命活动，从外面看来这个人是有光彩的，其思想言行是朝气蓬勃的，呈现出“精气神”的统一体。这样给人的感受就会是那么神采奕奕、容光焕发、光彩照人的，这样的人，其身心活动状态才是健康的生理和心理的统一。

我们要了解自己的生命活动，要了解关于人这个种类、这个种群的生命活动最基本的规律，那就必须从我们个体入手去认识它。我们这套智能呼吸操也是源于这些认识而建立起来的，也是从这个最基本点上去进行生命活动锻炼的。

从人的生命活动的需求上来看，我们首先需要正视的就是改变自己的思维模式和参照标准体系，改变自己的思想意识活动的运动方式，然后我们还需要改造自己的生理活动。只有把人的思想意识净化好，才能真正地把生理活动改造好。

从第一方面来说，我们需要加强三大能量集聚区域的修炼与混化，打下身心整体健康这一生命基础。我们人的神藏在头部——即上丹田，因此加强上丹田的锻炼是非常重要的；还有人的中、下两个丹田也同样需要锻炼好。上、中、下整体地向中间一汇合，或者是从中间开始横穿左右，贯通上下，只有这样才容易改变我们人整体的生命存在；只有像这样才能真正地改变我们自己的生命活动质量，从而使我们人自己的生命活动由低级健康向高级健康迈进。

我们编创的智能健身呼吸操（编者按：详见本书第五辑），第一节直接启动的就是我们的中丹田，贯穿下丹田；第二节是上、中、下三个丹田——三个能量区域共振；第三节直接启动下丹田的能量。所以这三节呼吸操，既是最基本的运动内容和运动过程，又是最简单、最高级的锻炼方式和方法。

在提高生命活动的过程当中，有些人会说自己的方法是高级的，而总是指责别人搞的是最低级、最初级的健身方法。那么我们现在认为，哪怕是最简单、最一般、最初级的锻炼方法，只要符合了人身心整体自然运化的法则，只要是最能够让习练之人发生改变的、能够让人获得健康的方式方法，就是最科学的锻炼内容。越高级就越简单，越低级就越复杂，人类的所谓科学的内涵和科学的发展观就是这样的。

我们除了要了解这些内容以外，还有一个方面是不能忽视的，那就是通常我们了解了人的身体有各种穴位，但自己却并不知道这些穴位和毛窍腠理无时无刻不在和大自然进行着能量信息的交换。

有的人说，我只要吃好、喝好，身体便可以好。如果吃好、喝好了身体就会健康，那么为什么大多数人像这样去做了之后，还是不见其身体呈现健康状态呢？为什么还会得病呢？甚至有人还会因病而死亡？那个好像是“永动机”的东西，到一定时候为什么就不再工作了呢？这些都是因为我们人的生命活动不再符合自然环境的要求，不再符合生命存在的规律，所以才会出现这样的结果。

当你生命活动展现的内容是正常的时候，并符合人的生存规律的时候，人的穴位和毛窍腠理与大自然是进行着能量交换的。所以，人的生命能量不仅来源于有形的食物，还来源于无形的气。无形的气又分两类：呼吸之气和生命之气。

其中一类，就是我们人体所需要的氧，存在于空气中，对它的获得，来自于我们的呼吸。其实，人的饮食虽然是以有形的食物存在为内容的，但在空气之中存在着无形的氧与氮等气体，要知道，它们同样也是我们人需要的“食粮”，只不过我们看不见而已，它是一种气体能量的存在。

另一类，我们需要了解它是有别于呼吸之气的另外一种能量，那就是生命活动之中不可缺少的那种无形无相之气，可以把它称之为能量或生命场。在中国的古文化里，对气有两种写法，一种是“气”，另一种是“炁”。这个炁的涵义①，包含了宇宙自然之间万事万物能量信息的不同层面和不同层次的信息内容。

现在结合心脏这个“永动机”来讲，我们人的能量来源于三个方面——即有形的食物、呼吸之气和无形的生命力之气。这三个部分的能量结合起来，才能够满足我们人这个生命活体的整体生理需求。

那么，经络是怎么回事呢？经络是我们人这个生命活体的各种各样组织结构中，各种有形的组织器官弥散的信息能量场之间的混化融合，与宇宙自然的那种无形之信息能量场之间的交合、交汇和交融等所形成的信息能量通道，对此我们就称之为经络。我们也是需要解释一下关于经络存在的内涵的。关于经络现象，现代科学已经研究了这么多年，有的人身体比较敏感，通过一定方式的锻炼活动是可以察照到经络的存在的，但是现代的科学技术还没有办法去揭示经络存在的内涵、揭示它的本质，不懂得它是怎样的。

有的人可能想问这个经络的问题，其实大家大可不必、也不需要了解这么细、这么深，因为大家还没有达到非要去了解和认识这么深刻的时候。所以，对于构成和维系我们人生命活动的这些能量信息，我们就通过这样说理的方式，简单把这一生命信息能量的需求体系讲出来。

---

① “涵义”与“含义”在现代汉语中多作同义使用，其实二者本义并不完全等同。“涵”有渗透融合之意，在表达事物根本内涵之义时用“涵义”；“含”则侧重于包括容纳之意，在表达包含之义时用“含义”。本书按照句义表达的不同，对二者进行区分应用。

人生命需求的能量体系，就是有形的食物加上两种无形之气。气虽然是无形的，但是从现代科学技术上是可以找到的，一种就是氧、氮等空气内容；还有一种就是我们每一个活人都有的无形之气，这种无形之气就是人生命力的内容，是现代科学技术上还没有检测到的或已经检测到的那一部分内容——生命场信息能量。由这三种能量构成了我们人完成生命活动的需求。

例如一个死人，去世了的人，在他的身体里有血液，肚子里面有食物，唯独就没有什么呢？没有了人与宇宙自然之间进行的“气”的交换，两种气——空气与人的生命力的混元能量信息，这二者的交换都没有了。人的呼吸系统不工作了，不进行交换了；人的穴道经络同时也不与大自然的能量信息进行交换了，所以这样的人就是死人。活着的人在任何情况下，都是可以运用红外线照相术或生物照相技术来映照的，都是能够照出人的那种生命之光的。活着的人是有光彩的，而死去的人、去世的人是没有生命之光彩的，因为他不能同宇宙自然进行能量信息的互换了。

我们这个智能健身呼吸操，不仅能够调整自己对有形食物的吸收、分解及运化，而且还能够调整关于这两类无形之气的吸收、运化和转化的内容，这就是智能健身呼吸操的本质内涵。呼吸操是通过呼吸来推动我们的脏腑组织器官加速气血循环的，能够强化生命活动的规律——升、降、开、合、聚、散、化，维系生命运化的动态平衡。

这些应该是今天讲到的关于生命拓展方面的基础性内容，也是比较粗浅的简单性描述。

从第二方面来说，也就是在意识修养方面，我们要求大家改变那些能够障碍自己生命活动或破坏自己健康的习性、生活习惯，以及僵化的、惯性的思维参照模式，也就是我们思想意识中存在的不自觉的那些东西，这样来达成身心和谐的智慧整体性这一生命根本。

例如，有的人习惯了大声讲话，讲着讲着声音就越来越大了，也许在周围的人看来这是习以为常的，会认为说话声音大，表现我们直率。不！我们搞生命运动科学的人就会说你是太潇洒的人了，太大方了，把自己的这种精微的生命能量——无形之“气”挥霍、飘洒了。过去有句行话说“口开神气散”，我们讲话的时候声音大了，就把自己的神气消散掉了。

我们人自身的诸多不良习惯和习气都要改变。从摄取、吸收有形的物质能量来看，需要改变我们的口味，不要觉得这些菜我喜欢吃，那些菜我不喜欢吃；只喜欢吃米饭，不喜欢吃面条；只喜欢面条，不喜欢吃馒头等等。人必须要学会打破你自身存在的这个偏执、僵化的生活习性的内容，在更大范围内接收更多的食物来濡养自己的生命，接收那些平时并不是你非常喜欢的、不合你所谓的口味但又非常需要的那些食物。

例如不能吃辣的时候，我们尽可能不要吃，因为我们的身体不需要。但这不是说我们身体不需要各种各样的营养来补充，因为有些微量元素是要靠从食物当中来摄取的。如果说我们只想吃白菜，不想吃菠菜，我们摄取吸收铁元素的来源就会减少；如果说我们只喜欢吃包菜，不喜欢吃苋菜，那么我们吸收色红素就少了。人体不仅仅只是需要吸收维生素 A、B、C、D、E 这些微量元素等等，我们不但需要现在能够通过仪器检验出来的那些已知的营养物质，而且还需要摄取我们身体中必需、但还没有被现代科学所发现或检验出来的某些营养物质。

所以在我们今天的讲课中讲到了，要把我们的思维参照模式中僵化的内容去掉，把思想意识修养的方式拓展开来，不要仅仅停留在自己所理解的理论方面展开，一定要在具体的生活内容中、实际的行为活动中展现开来。例如，口味方面需要我们去践行拓展开来，平常不喜欢吃的我们要吃，要尝试吸收多方面的营养，把口味调得更全面些等等。

从呼吸上来讲，我们每天都在吸收空气当中来自于不同地域的微小的营养物质。它们是在空气中夹杂着的，而且还有调整我们吸收氧气的这种功能。我们的血液需要和氧进行反应，要携带氧运送到周身，尤其是我们的脑组织细胞所需要的氧，占整个身体活动需氧量的百分之四十左右。所以说，健身呼吸操这样的有氧锻炼活动能帮助我们的生命活动更加健康，帮助我们的生命活动功能更加的完善。

三大能量需求构成了我们人的生命力体系。有形的食物和两种无形之气——呼吸之气及流行于生命体中的炁，都在我们的头部进行摄收，由鼻孔和口腔摄收这有形与无形两种形态的物质。其中生命信息能量之炁，就是靠呼吸锻炼而推动自身气血来运行的，推动、调整毛窍腠理和各个穴位与大自然进行信息能量的交换。只有符合这样的生命运化规律去做、去行，才能真正地提高人与自然以及自身内部的交换功能，只有这样才能提高人的生理工作效率。

例如在现实的生活中，有很多人都会说这样的话："这个人缺钙"，但大家都不会去研究这个人为什么缺钙。喝水都能补钙，为什么这些人还会缺钙呢?！是因为我们摄取吸收钙的功能差了。有的人缺碘，是摄取吸收碘的功能差了；还有的人患障碍性贫血，是因为摄收铁的功能差了。我们就是要运用健身呼吸操这样的健身方式，通过这些锻炼活动的内容，把我们身体摄收营养物质的功能全部调整恢复起来，或把这些功能建立起来、健全而强化起来，把它扩展到最好的状态；同时加强意识修养，把障碍自身生命活动的生活习性修正过来，从而使人走向真正的身心健康。

由于每个人的情况不一样，身体经过多少年的演变，在某些方面非常贫乏，这需要我们通过饮食，通过呼吸操等健身方法，有的人还需要通过一定的药物等等这一系列方法进行调理，全方位地调理，使我们在最短的时间内发生最快的改变，获得最大的利益，取得最好的成效。

放下执著 自然和谐

修养意识，是一个更大范围的生命拓展，也是更高层次身心锻炼活动的内容和过程。改变我们的不良生活习惯，改变固有的思维参照模式，就成为提高我们身心健康水平的必然。我们要放下执著，呈现自然的应对，因为事物总是在和谐的发展过程中，自然产生一个良好的愿望和良好的结果。

在思想意识修养上，在完善身心整体的生命健康方面，就需要我们每一个人从根本上着眼去改变自己，尤其是在社会交往方面，与人、事、物都是需要和谐相处的。如果这个人你不理睬，那个人你不交往；这件事不符合你的心，那件事不满你的意，什么事都不想做，那么你的人生就会有很多的空白，你的思想意识修养就得不到切实的锻炼。如果总是觉得这个人不对我的胃口，那个人太小气，像这样你接触得越少，你了解的事物就越少，这些都是不符合我们人身心健康的人生要求的。

修养意识这一生命拓展的根本内容和过程，在过去称之为“修炼”。但是，对于我们现在所谈到这种心性修养的内容，为什么一直不提“修炼”这个词呢？因为现在社会上的人很害怕谈修炼，对其没有正确的认识。其实我们倡导的修炼，是希望大家在习练智能健身呼吸操的同时，也通过这种修炼的方式来净化自己的心性！

所谓的“修炼”，“修”是指修养我们的思想意识，净化我们的心性，修正我们的思维模式和参照事物的标准；“炼”就是锤炼，即人在现实的社会生活中，在具体的行为活动中去锤炼我们的品行，磨炼我们的意志，锻炼我们的身体，改造我们的体质，使我们人的生命活动合理化、有序化，完成命运的转变。

简单谈修炼就是这样的。很多人不大了解修炼到底是怎么一回事，所以就产生误解。修炼有两方面的含义：在修正我们思想意识的方面，是锤炼我们的思想意识修养的过程；在修正我们身体生理活动的方面，是锻炼我们的生命活动，培养生命力。所以关于修和炼的内涵，就是需要我们从这样的层面上去认识，像这样做才能够从整体上提高我们人的生命活动质量。

下面讲关于大家这个生命活动为什么这样贫乏，为什么需要改变？很多人不认为健康是个很了不起的事情，不注重健康，就是平常不注意自己的饮食生活环境和健康状态。再就是人们患有很多的疾病，在“智慧养生康复学”里面我们不称它为病，而称之为生命当中不和谐的音符或瘀疵点。中医也说，气滞血瘀即成病。为什么会产生这种情况呢？

我们出生以后，我们的父母、亲人，他们不断地告诫我们，哪些东西是我们需要的，哪些东西不是我们需要的；哪些东西好吃，哪些东西不好吃等等。原本自己出生的时候是非常健康的，脑筋里面是没有杂念的，没有条条框框的。但生下来以后，妈妈告诉我，她就是妈妈，告诉我另外一个人就是爸爸，还有爷爷、奶奶、阿姨……这样就形成了一些概念。还告诉我那是池塘，不要到那里玩；告诉我那是有毒的东西不能吃，那是不利于我们的东西不要学……这样就使得我们形成了很多自己的思想观念，而且我们的生命活动在父母辈、在周围环境的引导下，变得越来越狭隘，不能真正懂得任何事物都是不断运动变化发展的这一自然规律，没有建立起这样整体辩证的思维参照模式，这样使我们平常人在后天成长当中形成了很多盘根错节的、不利于生命活动的习惯和习气。这些不遵循生命活动规律的习惯和习气，在平常的生活中会不知不觉地障碍自己。这些生活习惯不仅仅是口味上的，还包括我们的语言和行动，包括我们的思维过程和思维参照模式，包括我们对过去事物认知的不足和固有的记忆内容。

佛学里面有这样的说法，改变固有的生活习惯和思维模式，必须得首先扫除“三心”——过去心、现在心和未来心。

首先是“过去心不可得”。过去了的事物你不要计较它，不要把它固有化地储存在记忆当中；过去的生活习惯不要有，要放下它；过去认知事物的模式不要有，因为你固执过去的认知模式就会产生分别心，产生执著心与妄想心，这样你就不容易改变你自己的生命活动的气血运化状态了。因为一个人的意识活动和身体气血的运动是相符的，一个不健康的人的生理和心理状态，与一个身心健康人的生命活动之气血运化状态是不一样的。所以过去心不要有。如果有了，那就影响你现实的生命活动质量，使得你在认识事物、应对事物时产生障碍。

其次是“现在心不可得”。你没有现在心的话，你的生命活动就能够呈现出自然的演化。人们常常说：哎呀！养儿育女，儿女一结婚自己就老了；抱了孙子，身体就完了。其实，我们每天所面对的生活都是自然存在的现实，比如今天把碗洗了，明天还要吃饭，还有碗洗。事物就是这样不断运动、变化、发展着，没有任何停留。所以说现在心不要有。

再次就是“未来心不可得”，就是不要在幻想中期盼着明天自己会好起来，妄想明天会有一个广阔的前景。比方说，我会中奖的，我会提升的，我会买好房子的，我会遇到好人的……这样一些所谓好的愿望，对我们的生命活动也是会有不良影响的。虽然你会觉得对自己当时是好的，当时会有一种满足感，但是这些妄想的念头障碍你面对即将发生的事实，甚至引导你盲目地应对事物，所以对未来并不好。当未来的事物发展不能使你的主观愿望真正实现时，就会产生一种失落感，这样就会影响自身的生命活动。所以未来心不要有。

事物是呈自然衍生演化状态的，所以我们不要从主观愿望上去要求事物，不要对事物作出偏执的主观判断，要扫灭这“三心”。

虽然我们也讲三心，但不是神权宗教、或宗教神学教义中的内涵，我们讲得非常简单而根本。我们是搞生命科学的，是探索生命真谛的，有一点需要特别注意：我们要求达成的是使自己的生命活动成为自然展现的内容和过程。我们要做好每时每刻的事情，比方说，这一小时我高兴了，就会影响下一小时也高高兴兴；当下一个小时来临我还是高兴的时候，就影响着未来的事物，它是呈自然和谐的变化的。

所以一方面，事物是在自然的发展过程中呈现和谐结果的，不要期盼着上帝给你什么样的恩惠，也不要期盼有谁来搭救你，而需要靠我们每一个人自己的努力来达成与事物的自然和谐关系。很多人都会有发财的想法与期盼，妄想着自己要是中个大奖该有多好。事实上，中五百万元大奖的人是少之又少的，要有五百万的销售量啊，中奖的概率是要超过五百万分之一的。如果只卖了四百万，都不一定能够中出大奖。再比如有人会想，想到我明天就要提升了、当处长，结果明天没有被提升……像这样的想法一旦不能成为现实，人就会产生失落感，而失落的心态又会伴随着消极、抱怨、嫉恨等情绪产生，对自己的身心健康是不好的，是会有妨碍的。只要我们扫灭这“三心”，使这“三心”变得越来越小而逐渐消失，那么我们的生命活动就成为自然和谐的运化状态了。

再一个方面，就是不要太执意地追求某个事物。有人会给自己立个目标，例如三年后必须赚10万元等等。我确实碰到过这样的一个人，他跟我说，三年内要赚20万元。他写了一个遗书，说三年内不赚20万元就准备自杀，自杀不怪他家里人，都不与他们相干，是自己想自杀的。这显然就是典型的心理扭曲，违背了人意识活动的思维规律中最基本的内容。如果执持于此，其结局是不会好的。

点滴着手 当下即行

若想修正我们生命活动中不符合生命规律的内容，就必须要求我们从日常生活的点滴上做起，从当下做起。我们做人要学会用光明的方式、和谐的方法、智慧的力量去对待生活，对待各种人际关系，对待我们自己的生命活动。每一个人都不是不可改变的，关键是我们自己以什么样的心态来看待和决定自己的命运和人生。

我有一个老师就是这样要求我们的：说话的时候声音要小一点，做事的时候声音要小一点；放杯子时要轻一点点，不要把杯子放得“砰”地一响；吃饭的时候声音小一点点，走路的时候脚步轻一点点；向人问路的时候语言和气一点；做事时要麻利一点……像这样去行，我们就可以从整体上提高自己的生命活动内容，这样我们的身心状态、我们的命运才能真正地好起来。

而大家在日常生活中展现自己生命活动的时候，应对某一事物的时候，总是表现出这样的一些狭隘心态，比如舍不得，不愿意，总是觉得吃了亏，或总是觉得上了当。那么这样的心理活动就必然会影响你的生命活动，一定会给你带来不健康的结果。还有就是不要总回忆过去，过去你所有的一切失败，都源于那个时候的思想状况和生命活动内容不符合生命规律的要求。

一个不健康的人，他在帮助别人的时候，其想法或出的很多点子都不一定是正确的；即使是当时派上了用场，其结果也是不会如人之意的。所以一个身患疾病的人，他的思想境界也是病态的，其想法能够产生的效果也不会好到哪里去。当自己是个身心完全健康的人的时候，春风得意的时候，一切都是顺利的时候，那我们的思想境界也会是健康的、正确的。为什么会出现这样的现象呢？其根本原因就在于我们的生命活动是健康和谐的。

因为这种健康与和谐是来自于人自身内部的和谐，以及人与大自然这样一个和谐的整体。所以只有维系一个健康的、和谐的身心状态，才能给我们带来一个光明的前途、光明的现在，当然也是赋予了我们一个美好的过去。你每一个“今天”都是好的，你过去也就是好的，你的未来都在“今天”中展现。所以我们对大家的要求，就是强调这个——当下！

改变旧的思想意识观念是非常重要的。我们要从点滴做起，从当下做起，改变自己旧有的、偏执的习惯和习气。过去有句俗话叫做“江山易改，秉性难移”，也就是说我们的生活习惯、思维习惯，在为人处事的过程中这种僵化的习惯、惰性的习气是不容易改变的。其实从根本上来看，人的旧有习气并不是改不了，而是要看自己愿不愿改。

我有个朋友，他在家里发脾气，当他一发脾气的时候家里人都害怕他，这样的家庭怎么可能不起矛盾呢？还有一个孩子，跟他爸爸讲话的时候是这样的：你如果不同意我的观点，我就会做出什么什么事……像这样去威胁自己的父亲。我们说孩子如果有了这样的想法，其结果肯定是不好的，更何况是有了这样的行为。所以，人在产生这样狭隘、偏执的思想观念之后，就会在生活中不断地障碍自己。人如果不改变这样的观念，是不会产生好的人生结果的。这就是不和谐的、晦暗的人生。从我们自己做起，从当下做起，来改变自己点滴方面的缺陷。任何人的缺点并不是不可改变、不可更正的，只要你愿意，那么就一定会得到改正。

人要是害怕或畏惧某个人的时候，他不可能跟那人讲要挟性的话。举个生活中简单的例子：我认识这样一个人，他要跟妻子离婚，结果另一位朋友去了，他的妻子跟这位朋友说了这件事。由于他的内心畏惧这位朋友，本来想发脾气发得很大的，可见到这位朋友进门，马上就陪上了笑脸。所以人的性格、脾气并不是不能改，而是人自己总是有个仗势，他能够欺得下你，他就欺你。人啊，其在性格或脾气方面不是不能改，而是需要问一问自己，看看自己愿不愿改！当你愿意改变自己的时候，那么你就一定能改变自己。

我自己就是这样改变过来的。我原来脾气非常暴躁，通过自己这么多年来修养心性的过程，通过智能健身呼吸操的锻炼，通过净化思想意识活动的修炼，使得自己在这些方面发生了巨大的变化。所以积极的人生观，积极的思想意识活动，对培养一个积极的良好的心态能起加速作用。就像汽车一样，如果汽车调理得好，要想开得快，油门一踩就加速度了。只要你是这样一个和谐的心态，那么你就能够赢得一个和谐的人生、顺利的人生。

有的人懒，他不是不想做事，而是不想改变自己的缺点，因为改变自己的缺点很难受啊。打个比方说，人在戒烟的时候，他总觉得手上没有个东西，差一个东西，所以老是摸口袋，这就是习惯。所以，人要改变一个缺点，就需要自己尽很大的努力。那些有惰性的人，才不想改变自己哪，一般人也是不怎么想改变的。但是你们这些有病的人，需要通过改变自己这个有病的身体状态来赢得健康，那么就必须得改变这些不好的生活习性；那些表面看上去身体还可以的人，也不能忽视对这些不良生活习气的改造，否则早晚有一天会加入不健康的行列。我们每一个人，要想获得身心的整体健康、获得智慧，要想完善人生、改变命运、生活在和谐的幸福之中，那就必须走这条自我净化之路。

还有一个方面需要注意的是，当我们在帮助别人的时候，尽量不要去指责别人，可以多用一些方法。要知道，如果一个人不愿意改变自己的人生，那么你去指责他又有什么意义呢？这时指责任何一个人都是不好的，是达不到助人的目的的。根据情况的不同，我们可以选择多赞扬周围的人，这样对方反馈给你的信息也是会使你心里舒服的，生命活动也就很和谐的了。两个和谐信息间的交流和融合，会起到相互帮助、相互促进的作用。所以在自然交换的过程中，语言不仅是起到了交流交换的作用，同样还能帮助人进行那个无形之炁的交换与交往。

宇宙间的万事万物都是一个和谐共振的内容和过程。毒蝎子为什么不咬小孩子，为什么呢？因为小孩子没有伤害它的思想意识活动，没有这样的信息。大人不一样，大人遇到这些恐怖的凶猛的动物，或是小的虫子等，首先自动跳出来的第一念就是消灭它，消灭不了就赶紧自己跑。当你嗔恨的情感或恐惧的思维活动一动弹，这个事物就发生了变化，对于这样的信息，动物、昆虫是能够感受到的。

我们“智慧养生康复学”是在认识、见证了自然法则的基础上建立起来的，从这个高度来看，对待任何事物不需要透过现象看本质，因为现象本身就是本质的内容，形式的本身就是内容的本质，它们是具有辩证性的统一整体。

所以也希望我们大家要去改变、要去证明、要去提高我们的生命活动质量，要在实践当中去提高。想通过我们自己的锻炼改变自己的身心，是需要持之以恒的。如果今天我坚持了一个小时，明天坚持了两个小时，到了后天却没有时间了，也就一分钟都不练了，这样对健康同样也是不利的。

净化自我、完美身心的过程，不仅是改变自己生命活动的内容与过程，也是探讨自己生命活动规律的过程。所以我们要求每一个人尽可能要有规律地生活，不要无规律、盲目地生活，以减少我们的各种感官欲望和一些妄想要求。这点对我们每个人都是一样的。

通过这节讲课内容，大家了解了人的生命活动，了解了我们的思想意识活动的一部分内容，今后还要进一步了解它们之间的规律性。我们人生活的本身就是一个实践的过程，所以“智慧养生康复学”本身所揭示的事物本质内涵，就是揭示了人这个群体的共性。同时，这样共性在每一个人身上所展现出来的内容、展现出来的各自的优缺点也是不一样的。小张的感受，王阿姨的感受，谢老师的感受，小郭的、小王他们习练呼吸操的身心感受和变化都是比较好的，关键是贵在坚持，如果坚持得好，那么人的身心健康状态就会越来越好。不要今天我们在讲的时候知道要改变什么，可到了明天就忘了。

大家需要学会每天给自己规定一点，而且要做得到。为什么一开始教这个方法的时候，我就这样讲，口诀每天都要念？就是借助这样一个方便法，让大家习惯性外放的意识活动渐渐地能够变得集中专注而且能内敛。如果念口诀能渗透到你一天生活的二十四小时中，那就不得了了；如果只有八小时在你脑筋里滚，同样你也是会获得了不起的成绩的！没有杂念，你的生命活动改变就快了。

所以，身心锻炼的过程，并不是要抽专门时间，而是在每一时、每一刻！不是说每一时、每一刻都只顾念口诀而不会去顾及其他，而是它会帮助你顺利地完成其他活动。当然你可以在以别的锻炼活动为主时，以念口诀为辅，在有空闲的时候则以锻炼身体活动为主。所以说，口诀念一念，对大家都有帮助。可能大家一开始对这不理解，或许有时候会忘记。我以前念口诀时，是上楼就记得，下楼时就忘记了，走路的时候也忘记。这样我就会规定自己，在上楼和下楼的时候都念口诀；如果总走这条路，那么它就可以成为自我规定的环境，在走这条路的时候，我就会自觉而不间断地念诵。然后，专门练起身……

当你们有了很多好的锻炼习惯形成了的时候，再一部分一部分地衔接起来，那么在整个的一天当中，人就会在不知不觉中进入。像这样持之以恒地坚持下来，那么自身生命活动慢慢地就会发生改变，会发生质的改变。这种改变也是可以看作从根本上变的，因为这时的你就因为念口诀而没有时间去想其他的杂念了，所以人的身心就自然而然地发生了改变。

虽然修炼的方式方法是多种多样的，关键就在于专一，而且还要坚持。如果不能在这个方面坚持下来，不能去认识生命活动一些最基本的理论内容，那我们就没有办法将生命改造坚持下去；不能坚持下去，生命活动就没有办法获得真正的提高和完善。

我们今天所讲的内容叫什么呢？就是以理开窍。我们懂得了这些道理以后，用理开窍，用理指导自己的言行，以理服人，以行去达成和谐。不管是在外面还是在家里，都不要跟别人计较。不跟别人计较，并不是说自己有理或没有理，而是当别人有理的时候，接受他的理、学习他的理；当别人在没有理的时候，也应该谦让着他，从他的错误中吸取教训。我们可以这样去想：

谦让别人是解脱自己，嗔恨别人是祸害自己；

远离他人是放弃自己，热爱他人是和谐自己。

我们要用自己的智慧，用智慧的方式去解决问题，用智慧的方式去改变命运，用智慧的方式去和谐人生。慢慢的，你们身上都会展现出一种觉悟智慧的力量。这种力量，你们是来源于我，而我是来源我的老师，来源于我的祖师这一脉。这就是智慧传承教育文化的力量与魅力之所在。所以慢慢的，大家今后就都会有能力展现出智慧的觉悟来。我希望和大家一道，共同把这件人生最根本的修身养性、改造命运之事做好！

易理与人生

八字穷源

四柱预测与命运轨迹

以整体辩证观看待人生

谋事在人 成事在天

五行生克的自然命运

顺天合时的积极人生

八字穷源

人的生辰八字跟自己的命运是息息相关的，这是根据人的生命活动与宇宙自然运化之间的整体关系而呈现其意义的。所以，千万不要把周易预测学、四柱预测学与迷信等同起来，它的理论根据是人天相应的整体观和阴阳五行学说。

《黄帝内经》作为传统智慧文化的内容，其中也特别强调了“五运六气”对人生命活动的影响。在人一生一世的生活中，五运六气的变化对人生命活动的影响，是无时无刻不相伴随的。那么在人出生时，大自然所呈现的五运六气之势态，对人一生的生命活动和身心健康状态的影响，是非常关键的；对人一生的工作、学习和生活及事业的发展趋势的影响，也都是很重要的。

大家应该明白，人对五运六气的自然因素的了解非常重要。之所以现在一提起四柱八字、卜卦预测等等，人们就认为是迷信；之所以易学、阴阳术数等我们的传统智慧文化，到了今天遭遇了这样不被人理解的境况，那是因为我们把老祖宗传承下来的智慧性给弄丢了。现今社会中有很多人利用大家不懂这些传统的智慧文化，因此都掺和着迷信、玄学、神学的糟粕，在那里挂羊头、卖狗肉。对于这些不良的社会现象，归根结底，都是因为大家不能明晓其易理之内涵所造成的。更有甚者，为了获取利益就打着占卜预测的旗号行骗。这样我们古智慧文明中的很多理论，就被无知愚昧的人投入到迷信的泥潭之中了。

四柱预测与命运轨迹

四柱预测学，在天干地支中结合了阴阳五行规律，并将这些信息与人体里各具阴阳五行属性特征的部位相对应，从而建立起一套数论模型来推衍各种生命信息之间的相互关系，以此来揭示人的身心活动状态，以及生命的变化发展过程。

什么是“八字”？简单地讲，我们常说的生辰八字，是把人出生时的年、月、日、时，分别与天干和地支相对应，这样形成的八字组合，就叫做四柱。

以四柱为基础，并结合阴阳五行的干支理论来推衍，像这样推衍出与生命运化轨迹相关的各种信息，并把这些信息进行综合分析，最后得出与命运轨迹相符合的结论，对此就称为四柱预测。

四柱预测需要把每组的干与支竖写——干在上、支在下。如下：

年干　月干　日干　时干

年支　月支　日支　时支

这样的干支运用，以阴阳变化为原理，以五行的生克制化为法则，以人的生辰——即先天生命信息为依据。相传天干、地支是黄帝在天文地理等自然规律总结的基础上发明的。而人是宇宙自然生化中的事物之一，必然符合宇宙自然的运化发展规律；人自身的生命信息和能量，也无时无刻不在与宇宙自然的信息和能量进行着交换，并受其影响与制约。

所以有学者将标示先天生命信息的八字，比喻为人生命活动的“信息储存器”，而且是全息的。古人通过这样的各种信息标志来预测和认识人的命运，并通过学习和实践来掌握这样的理论，以便认识人命运的吉凶福祸之信息，从而为自己在后天的生命历程中趋吉避凶服务。

即使在人先天的生命信息中储存有利于自己生存的好信息，如果后天不努力，不去调动自己的主观能动性，积极主动去符合生命的自然运化内容与过程，那就会在不经意间浪费一些符合生命活动的有利因素，这样自然会自食其果；如果人的先天生命信息中储存了不好的信息，不利于生命活动的信息因素，那么通过后天的有效防范，也可以避免先天不利因素造成的灾难。

所以，古人非常重视对先天与后天因素的把握，如占卦问卜就是上古时期人们生活的重要内容之一。通过卜卦这种生活形式，直接融合了人与自然及社会之间的关系，人们可以通过此去调节自我生命活动的运化状态，使自己的身心活动进入到“曲则全，枉则正”的境界之中。伏羲氏画八卦正好体现出上古时期先民们古朴的智慧，而《道德经》云“朴虽小，天下不敢臣”。

我们平常总是说要把握自己的命运，那么首先需要解决的就是认识命运的问题。人一定要在了解自我和认识命运的基础之上，才可能谈到如何改变命运，否则就是空谈。

其实，在我们先天的生命信息之中，已经有了自己这一生大致的运化轨迹，其中存在有利于生命运化的和谐信息，也有不利于生命运化的其他因素，对此都可以从周易与四柱预测的信息中得到消息。这样也就需要我们能够认识它、解读它，并学会善用这些有利、或不利的因素，来为自身谋福利，弥补自身的不足，以便达到避灾免祸的目的。

例如有个孩子，患的是白血病晚期，把她的八字拿出来一看，就知道她那个病是九死一生的。

在她的生命信息中，年、月、日、时所对应的天干地支的八字信息，已经涵盖着她这一生的各种变化。我们就她这个自然的生命信息来看，其中有很多的信息是相互对立的，就是说有不可调和的矛盾存在，这种不可调和的矛盾信息已经影响到这个孩子的寿命了。

虽然这个孩子也进行了中西方面的各种治疗，而且家里的经济基础也被她耗尽了，但还是没有起什么作用，所以现实的情况体现出来，就好像是老天爷不要她似的。

今年是乙酉年（2005 年），明年是丙戌。丙是丙火，丙火就是阳火，而她的命属于水命。由于在她的八字中水的信息少、弱，而且又没有水源，我看她熬不过明年。因为届时流年中存在有旺火的信息，如果火的信息旺，水的信息弱，那么火的信息反过来也能反克水的信息的。她命中水的信息太弱了，在她的八字中，日元左右的阴阳五行的信息都来克她的命元。在她的命中木的信息多，木本身是需要水来生发的，水能生木，但由于命中水的信息太少，而且木多则消耗水，又没有水的来源，且属于阴水。

在阴阳五行的理论中，存在着生、克、制、化的规律。一个人的命运能够运行，起码是需要符合这个生克制化规律的最低要求的。可是这个孩子的生机在八字命相中没有了，转不过来。在命相中根据她今年的流年来看，假如能够闯过明年初的这一关，那才有可能存在一些生的希望。但从她命相中四柱八字的这些信息来分析，能够见到的只有克或制的信息内容在里面。我们可以先不看八字中具体的天干地支，因为大家没有学过这些内容，讲起来非常难懂，在这里只分析四柱中的五行属性信息。

在这个孩子的八字里，有四个木、三个土和一个水的信息。那么我们知道，一个水的信息哪能供应四个木的信息呢？这样水与木的信息本身就处在不平衡的状态之中，而木的信息太多也同样会反过来克水，关于这一点需要大家想一想。土本身就具有克水的信息，那么在她的八字中有三个土的信息，因此土也来克水。这样由于她的命元缺少水的信息源，而且与命元相关联的水信息又接不上，所以五行的运化就不能维系下去了，这样的信息组合必定处死地。因此，我个人认为这个孩子的情况是要面临这样一个难关的，正赶上自然运化的五运六气因素与自身生命运化的信息相冲。

以整体辩证观看待人生

一个人的生命中有很多的信息，有的人信息是有矛盾的，有的人信息是和谐的，而矛盾与和谐的信息又总是并存的且相互转化。这些内容虽然复杂，但可以从四柱八字的阴阳五行组合中看出人生命活动80%左右的运动轨迹。

按照人生命信息的阴阳五行、生辰八字等数学模式来演算推理人命运的轨迹，并通过整体的辩证观来进行综合论证，是可以对人的自然属性产生客观反映的。很多人由于不理解，就会说这是宿命论。实际上不是的！你要用整体辩证的观点去看待阴阳五行、八卦，它能够反映出宇宙自然的客观存在，反映出人的生命活动的客观存在。你不懂阴阳五行、八卦就无法认识它；你懂了以后，这个人的八字好不好，拿过来一看就能知道个大概。

有的人，其四柱八字组合里边的信息，生克制化等信息矛盾重重、冲突不断。大家可以回顾一下自己的过去，在自己的生活中是否存在有很多无明的矛盾和冲突？有时，有些矛盾或冲突，好像是在没有什么事因的情况下，会无端地出现起事闹祸的现象；有时候又变得很顺利，人们之间的关系也变得融洽和谐。为什么会出现这样的现象？这就是人的命运中那些先天信息自然显现出来的矛盾冲突与顺利和谐的内容。

四柱八字里边存在有阴阳五行的相生与相克，互制与互化，这是宇宙自然任何事物的运化发展过程中不可避免的。人与任何事物的运化发展一样，都是在矛盾当中得到发展的，所以人的这些信息都能从四柱八字的信息组合里看出来。四柱八字涵盖了人的整体生命信息运化的特征，具有生命存在的全息性。所以对我们来说，在生命活动当中应该怎么走，应该怎么做？四柱八字中的有关信息可以作为我们人生的参考内容，但不可偏执、偏信、偏行于此理。

有的人是当官的命，在他的四柱八字组合中的阴阳五行里边，就存有当官的信息；如果不是当官的命，就没有那些当官的组合信息存在。我们讲这些内容的目的，就是为了帮助大家提高认识，从人的先天信息中去认识自己的自然属性。这也是一个让我们去偏执、退分别、除妄想的方法和内容。

人们常说：我这一辈子有好几个机遇都没有把握住。实质上不是没把握住，而是那本来就不是你的机遇。世俗生活中的很多人，总是把那些与自己的人生经历擦肩而过的所谓机遇当成是自己的。殊不知，那个所谓机遇的时空点与你的生命存在没合上，匆匆地擦身而过，就溜走了，所以跟你没关系。也可以说它是一闪而过，擦肩而过，让人感觉好像是与自己的生命活动有关联，而实质上不是的。所以很多人对自我命运的认识，是非常地肤浅而盲目的。

从四柱八字的信息里边我们可以看到，读书的人有读书人的信息。一个小孩能不能读好书，这个信息，可以从四柱八字里边解读出来，因为在天干地支的阴阳五行里边有这些信息存在。古人把这些内容都已经总结好了，但是如何去运用古人对人命运的四柱八字中阴阳五行的认识呢？这就是需要我们自己去学习的内容。当然，学习周易八卦和四柱八字等内容是会有一定难度的。如果能够把智慧整体辩证观的理论内容学好，并学会运用智慧整体辩证观的原理，是可以起到帮助我们去学习了解这些预测学理论的作用的。

学周易、算八卦、批八字很重要的内容就在于“解”。如何解？就需要自己形成整体辩证的思维模式，像这样去看八字中的阴阳五行信息，也能看出好多东西来。虽然我们也没有老师教，全凭自学，但是也能看过来一些。

我们的生命活动、人生的命运是可以改变的。比方说：你那个命运能活六十岁，通过修身养性，你可能会健康地活到六十五岁以上；如果不能自觉地进行健身活动或意识修养，也许不到五十五岁就走人了，人会因疾病的折磨而身心疲惫，这样过早地消耗生命力，必将导致生命力的衰竭。

假设六十岁是你的自然寿龄，由于受到社会活动的影响，你的身体不健康，也许就活到五十五岁；但是如果你能够保养好自己的身体，也许能活到六十五岁，改变的幅度相差十年，那么这个六十岁就是生命改变的基点。所以人的生命活动是处在不断的运动、变化和发展之中的。

谋事在人 成事在天

四柱八字里边涵盖的阴阳五行理论，孕育着人这个事物运化发展的规律，如何把它解读出来，关键在于你是否会运用整体的辩证观来识别其中的信息。每个人都要明白身心健康、心性中和才是幸福之源；要懂得谋事在人，成事在天。

八字也是个数理逻辑模式，是对人生命运认识的一个数理模式，古人对此则称之为术数。很多人感觉这个东西很神奇。当然，在我们这个社会之中也有很多人会学习一些这样的理论，其中有少数人在算命的这一方面还是算得挺准的，有些人通过这样的命运演算模型做预测，能够达到70%至80%的准确度，但是社会中的人们大都过于执著这些预测的东西了。

能够预测得相对准确一些，那是由于这些人建立起了辩证法的思维模式，掌握了人四柱八字中大量的阴阳五行信息的组合规律，积累起了很多的实践经验，再结合古人的经验，所以他算得比较准。大家一定要明白，通过这些理论做预测，预测所出现的结果“准”是相对的，而“不准”是绝对的。人算不如天算，没算准是绝对的，那是因为宇宙自然中的任何事物都是处在不断的运动、变化和发展之中的。人如果没有算到，那是因为演算者的辩证推衍没有办法辩证到那个未知的存在，但这个未知的存在是客观的事物存在。对于认知者而言，一旦产生盲目的偏执性，那就变成了绝对的存在，这是走上迷信之路的开始。所以，人类认识任何事物，都只是对存在的相对认识，而所谓的绝对认识是不存在的。切记：算对了是相对的，算不对是绝对的，这就是辩证法。你算对了，就是合于自然发展规则才对的；你算错了，就是因为自己的能力不够，智慧还没有深入进去。

所以从批八字上看人生，能看出来80%左右的东西，还有20%左右是变幻无常的，而这20%的变幻无常的因素，正是人命运发展态势与转变之机，可以直接影响那80%的相对稳定的因素及其发展的走向。因此还需要人自己去努力。

“谋事在人，成事在天”，如果没有自己“谋事”的主观能动作用的体现，人不与天道相合，那就不可能“成事”。“天道无亲，常与善人”，就是说的这个道理。

五行生克的自然命运

通过四柱八字的这个预测模式，是可以看出来人发展变化的方向、及发展前景的，人身体的健康程度也是可以大致看出来的。若一个人的命里边土多了，这个人的脾胃就很弱；如果木多了，也有可能影响肝胆，使肝胆变弱；如果是缺木，那也还是有可能呈现弱功能态。任何一项五行元素多了，是会产生强势或弱势的；如果某个五行的元素个体信息少了或缺失，也是会显现出弱势的。同时，某一项元素的过多或缺失，也会因阴阳五行的生克制化关系影响其他元素。

比如在我的命局里边缺少火的元素信息，那么我自己需要注意的就是心脏与小肠方面的功能健康状态。我要是不懂得健身方面的理论知识，并进行积极地养生锻炼的话，到现在这个年龄，肯定是会出现一些心脏与消化方面的问题。即使我的健身活动能够坚持到现在，有时候心脏与消化方面，还会时不时地起反应，这些都是因为我的命运中缺火的元素信息造成的。

大多数人的先天命局中都会或多或少地存在欠缺，从八字看大都存在着偏颇或缺失的信息，所以人存在的本身是不可能圆满、完美的。有的人缺少五行中某一个方面的信息内容，而有的人不缺，但某些信息会偏少；有的人缺得多，而有的人甚至是缺少两种信息的内容。对于这些四柱八字中阴阳五行元素信息不全的人，似乎存在一些这样的现象：生活变化多，矛盾冲突多，人生经历复杂而富有经验，所以，他们反而是一些比较能干的人，能做出事来。而阴阳五行当中什么信息都不差的人，做起事来就比较一般，因为这样的人，他那个阴阳五行当中的什么信息都有，或只是存在一点偏差，或这个元素的信息多一点，或那个元素的信息少一点，像这样的人，大多数是兴趣比较广泛的，注意力比较散，很少能把某个具体的事情干得非常好。当然，这也不是绝对的，这样的结果还必须与阴阳组合信息的和谐度有关系，与信息的矛盾冲突有关系。

一般来说，社会中的各种人、事、物都会符合“物以类聚，人以群分”的社会自然规律。无论是社会生活中的哪一种人，也无论其社会地位如何，在其命运中都会出现一定的运动变化内容，这样人在社会之中自然地分成了三六九等。如社会地位高和非常富有的人，他们的生理基础好，心理素质好而且安定，生命力旺盛，生命的能量大，能力强，因而他们的各种厉害冲突和矛盾也大。这种大的矛盾与冲突的信息，也涵盖于其命运的信息之中，所以他们这些人在预测命运时，关心的只是自己的所谓事业的前途。社会之中的小人物就会存在有小的矛盾和冲突与之相伴，因为这群人的生理与心理素养差一些，生命力与能量基础也差很多，所以由于能力而决定了自己这样的社会地位。

总而言之，在社会生活之中，无论其能量信息和社会地位如何，这些三六九等的各阶层的人，都不会希望自己遭受曲折与磨难，都会希望自己获得幸福，但是大家却不知道事业能够获得成功的原因在哪里，人生获得幸福的源头在哪里。对于这样的一个问题，古智者圣人早已经给了肯定的回答，首先从净化人自己的思想意识做起，必须内求诸己！

内求诸己，从产生思想意识的源头修起，这样才能呈现人的大智慧；从学习健身理论和坚持不懈地进行养生实践的活动开始，这样才能完美身心而获得身心的整体健康，这才是人生获得幸福的源头。如若不然，人们为了各自的各种利益而一心驰骋外求，那么这样就自然地远离了人自身生命的运化规律，其结果是造成了自己身心疲惫，无谓地消耗了自己的生命能量，拼命地执著追求所谓的事业而妄想未来，就会隐藏祸端造成矛盾、激化冲突。当这些隐藏的祸端爆发的时候，就会显现出大矛盾、大冲突来，到时是轻则垮台、倒闭、坐牢，重则要命！

四柱八字的命局，可以从中解读出储存在生命里的能量和信息，以及其和合与分化的运动变化发展势态。所谓命局，就是由天干地支组成的四柱，而四柱就是由八个字组成的。例如一九九零年阴历四月十六辰时生人的四柱为：

一九九零	四月	十六	辰时
庚	辛	乙	庚
午	巳	亥	辰

在平常人的眼中，出生的日子好，那命运就好；如果出生的年、月、日和时辰不好，那么命运就不顺。其实我们认为，人的命运没有所谓的好与坏，都与母体受孕及自身出生时的大自然当时的运化环境和条件等有关，与父母健康情况以及交合时的身心状态有关，与母亲孕育胎儿的全过程有关，与生命初期的生长运化有关，与后天的个人努力有关等等。关于人命运探索的课题，那是个非常复杂的巨系统，即使是预测得非常准确了，那也还存在着很大的变化空间。所以在这里告诉大家，人生活于自然及社会之中都需要依事物

的运动、变化和发展的势头而定。从某种程度上来讲，人后天能否努力也有很大的差别，这种运动和变化既可以向好的方面运化发展，也可以向不好的方向转化。所以每个人努力的程度不一样，其结果也都不一样。

当我们遇到了某一个事物的时候，这一事物能够对你的命运产生巨大的影响，使你的命运向正常的、好的方向发生转化；反之，如果人遇到一个相反方向的事物，来促使你的生命能量迅速衰减，那么人就会一下子败亡。这就如同汽车减速一样，本来是应该慢慢停下来的，但一个相反的事物被你撞上了，这就使你的命运向不好的方向急变……

讲人的命运，就是要大家懂得命运的自然属性；同时，在此基础之上，人还要学会调动自己的主观能动性，积极主动地努力！

顺天合时的积极人生

命运可以改变，但人必须建立起积极的、正确的人生观。上遵天命，下合时机！既不能百分之百地等待，也不能盲目地努力。只有像这样去提高认识，才能使自己善对自己的人生，善对人生命运的变化与发展。

我们应该像古时候的了凡先生那样。有个道士把了凡先生的命一算，有几卦都印证了，到了那一时辰，那一刻，预计该发生的事情都发生了。而且在那些预测的信息中，还显示他会短寿。如果他想："干脆我就等吧。"像这样去等待，那肯定是不对的，那就变成了消极厌世。这样一来，人的自我就被消极的人生观所主导。

大家应该明白，消极的人生观和行为活动，有可能使预测中的某些有利于自己生命活动的事物或结果不再出现，而预测中没有显示的某些不利状况反而出现。了凡先生后来在一个禅师的引导下，开始进行自觉修养身心的活动，并在日常生活中积极去做好事、行善事，加强身心修养，所以他的命运并没呈现出减速而短寿的结果，而是呈现为加速的运化与和谐的发展。道士算他命中没有儿子，结果他生了两个儿子。

因此，建立积极向上的和谐的人生观，才能改变我们自己的命运。从阴阳、五行、八卦和四柱八字预测的理论中，虽然可以看出人的命局的走势，但是如果你用消极的思想去等待，那么你的命运就是一个消极的结果；如果是积极的、正确的人生观，那么就会呈现出健康和谐智慧的圆满人生。

我们讲的这些道理，就是告诉人们需要用积极的观念去面对人生，努力地去成长。无论人在人生的旅途中遇到了什么，都需要有一个积极向上的态度，哪怕是对待疾病也是一样的。病来了我就等死了？就不治了？你不治，那就是等死了，一点希望都没有了，生命运行的身心号列车干脆就减速了；你治一治，还可以延缓一点。你积极去治疗，可能会好，当然也可能不好，但总是有希望的，不治就没有任何希望了。保持积极的心态，对身体的康复有很大的帮助；相反的，以消极的心态对待疾病，那么康复的希望就渺茫了。

所以积极的人生观和消极的人生观，都会涉及到人的生命力的大小。天干地支的四柱组合，阴阳五行八字的内容，其实是对一个人的生命力的描述。阴阳五行可以说明你这个生命里边有没有矛盾，就算有些矛盾，如果主动采取一些措施，还是可以避免的。

人这一生，在追求自己理想和目标的时候，不管是在哪个层面上，不管是普通的人还是圣人、至人以及真人，不管人在哪个层面上生活，都会有矛盾的存在，如何去正确对待这些矛盾，就是人生观的问题。人生观是积极的，你就呈现积极的生命力，那就是人五脏六腑的五行气交合、运化得好的缘故，心肾之气交合得好的缘故；有的人交合得很差，生命力就会出现衰退的现象。矛盾、冲突导致了事物的失败或生命的衰亡。比如一个人正当着大官，突然一下，坐牢了，判了死刑，那就是因为人的意识修养不好，矛盾和冲突引起的生命衰竭、灭亡。

人们如果能够从这个角度，从阴阳、五行、八卦、八字的组合去认识生命，是能够帮助我们了解自身生命存在的内容与过程的。所以我们讲一点关于阴阳五行八卦方面的知识，这对于大家如何混化自己的生命活动是有好处的。你能够正确地认识、正确地对待自己的人生，这个非常关键。

有的人总以为成功是通过自己的努力获得的，其实人家也在努力，同班同学都在努力，为什么你的命运要好，他的命运要差一些呢？同样都努力，为什么有人成绩就好，有的成绩就不好呢？从身体方面来说，有个儿高的，就会有个儿矮的……这就是说宇宙自然的运化发展始终是存在着自然的差别的。这个差别是禀受先天之气的影响，是信息元素、能量等级和事物结构的差别在里边起着作用。

或许人在出生的那天，宇宙自然在交合的时候、在混化的时候，它能量大一些，能量演化得很激烈，那么你的能量就大，你一出来就具有天才的潜质。很多人，尤其是挣了钱的、仕途顺利的人，会将这一切的成功都是归功于自己奋斗得来的，实质上既是你努力奋斗的结果，也是命中注定的某些内容；既有“谋事在人”的因素，又有“成事在天”的因素。如果命里没有这些信息，那你再怎么奋斗也不会有大的改变。有的人劳动了一辈子就是没有什么成绩，他难道就没有奋斗吗？像这样的人如果不奋斗，那命运还要更差一些；奋斗了会有所改善，但是只能到这样的程度而已。说这个人是“鸡哈命”，像鸡脚一样在地上找、在地上扒，就是说的这样一种状态。

人首先要认识到：人自身是自然界中客观存在的一部分，然后再去考虑人也是社会中的一部分。你如果没有先把自然存在的这一部分内容搞清楚，那你想了解自己是社会当中的内容，就一定是不完全的，是有偏差的，是主观的，是不现实的。所以人的命运应该从生命存在的自然属性和社会属性这两个方面来分析。

有的人说命运是形而上的主观的东西，有的人说它是形而下的客观的东西，那都是把人放在社会之中来权衡的。我们现在提出的观点：人首先是自然的人。这个观点古人也有提过。我们的观点，与中国传统的智慧教育思想，与现代智慧整体辩证观的思想是一脉相承的。老、庄、孔、孟等诸子百家，尤其是老子、庄子等先哲，他们首先把人看做是自然的客观存在，然后再看做是社会的人。你如果没有把自己客观存在的规律认识清楚，那么你想去认识人在社会当中的存在价值，你想把它搞明白，那是不可能的；你觉得你弄明白了，那也是个主观的臆断而已。

你应该明白自己生命的自然发展趋势是什么样的，然后根据你人生发展的特点，投入到社会中去做你该做的事情，这样就清晰了。你的社会行为与生命的客观存在相符合，那你生命的轨迹就是和谐流畅的；你与客观存在不符合，那么再怎么劳动都是枉然的。

那么我们怎样看待自己是自然的人呢？关于自然的人，得从很多方面去认识它。如道学中、儒学中和佛学中都有很多的内容去谈人的自然存在，有很多关于如何从不自然的主观层面回归到自然属性的方式方法。虽然佛学中的内容大多是从主观唯心的方面去谈的，但是，如果你能够揭示出其中的本质内涵，那么就可以很清晰地认识到那种自然属性存在的内容了。

对此还可以从周易八卦、以及我们现在讲的人的生辰八字、阴阳五行的方面，去了解这些内容，去认识人的自然属性；可以从中医的阴阳五行、藏象、经络学说来看自然的人；可以从生命科学的角度，从健身和养生的生命活动实践的过程中去认识；可以从哲学的角度去认识……这样都行。但是我们的讲课内容，是站在智慧整体辩证观的高度去看待人生的！

天堂与地狱

天堂地狱　皆在人间
当下！　当下！
道本无别法自然
两极同源　一念之间

从古至今，关于天堂和地狱的故事不知有多少，也不知道有多少理论在讲述天堂和地狱，尤其是在宗教学里，涵盖着很多关于天堂和地狱的学说内容，其中还有很多的故事广为人知。那么我们应该怎样来认识天堂和地狱？这是我们需要正确掌握、正确对待的问题，需要有正觉正知的人来阐述和说明关于天堂和地狱的关系。

天堂地狱 皆在人间

有天堂就有地狱，其为事物的一体之两面。东西方文化对天堂与地狱的认识，基本上是大同小异的。从智慧整体观的高度来看，天堂也好、地狱也好都是人造的，都是源自于我们内心世界而衍生演化出来的内容。

在西方，基督教、天主教认为，天堂是非常幸福的、是非常自由的、是非常能够让存在着的生命得到极大享受的乐园，这样一个环境就称之为天堂。在东方，佛教认为天堂和地狱有二十八天①，天堂是一种自由的生命存在形式，而地狱就是不和谐的所在。中国的

① 二十八天：佛学中将三界分为二十八天。欲界六天，色界十八天，无色界四天。

道教对天堂与地狱的认识，也与西方文化中所认识的内容相似。

对地狱的看法，东方的古人与西方宗教对此的认识也非常相似，只是佛教把天堂和地狱分了很多的等级，讲了三世因果、六道轮回。但是归根结底，天堂和地狱都是人心性之中的内容。天堂是我们人的意识本体里面的内容，地狱还是我们人意识本体里面的内容，都是这个参照模式中的内容。所以说，有天堂就有地狱，它是这一事物的两端。

那么天堂与地狱是怎样产生的呢？天堂是修身养性的人在身心修炼的过程当中感受到的那种自由自在的、愉快欢喜的境界，是对那样一种境界的描述；地狱是世俗之人执著于参照系里边的内容而得出的那种分别的、妄想的结果，是得出的那种黑暗的、曲折的、隐晦的、痛苦的这样一个不和谐、不舒服的结果，它也是人们意识活动的反映。

佛学中的《地藏经》就是描述地狱世界的一个理论，我们可以通过这个名称来认识，所谓的大愿，就是从我们人产生思想意识的那个源头中出来的内容。这部经典所讲述的故事内容，都是关于“眼耳鼻舌身意”与思维参照系第七识的模式及标准的内容，是意识本体的运动内容，是一种参照的内容。实质上天堂与地狱都是人主观的思想意识领域里的运动内容，都是被人的感官奴役了的心意活动。在这部经典中也讲述了如何回归自性真心的具体要求和过程。

其实，回过头来看，在佛学里也有关于天堂的学说，它可以比划对应着人的生理上的界线来说明。在中丹田或膻中穴以上到眉间，叫色界；膻中穴以下的生理部位叫欲界，人对各种事物占有的欲望就叫欲界；两眉间的印堂以上，也就是上丹田的部位叫无色界。通常人们说的天堂就是色界以上的部位，色界天为天堂。既然天堂能够与身体相比较来说明，那么更能够证明所谓的天堂就是我们人的意识参照模式里的东西，这就是所谓天堂的根本点之所在。其实是否有天堂，其起因也就在我们人自己的思想观念之中。天堂概念的产生，就是这样的一个发生发展形成的过程。地狱就相似于人的胸部以下，在膻中穴以下的部位，是由欲望带来的贪婪、欲求而形成的地狱。

那么对于我们平常人来说，什么叫天堂呢？我们是应该按照宗教的观念来认识，还是按照世俗的观念来认识天堂和地狱？我想，我们今天讲一个新的观点：关于天堂和地狱的说明，我们不要学习那些宗教中神学和玄学的内容，更不要追求那些虚无缥缈的东西，不要把自己的人生以及信念寄住到那些海市蜃楼的幻想之中。人如果对那些东西认识不清，就会产生盲目的追求，像这样的妄想，会对自己的生命活动产生不好的影响，也可以说是对自己生命的一种摧残。

当下！当下！

站在生命科学的高度，站在智慧整体观的高度上来认识天堂与地狱，那就需要我们修身养性，关注生命存在过程中的每一个当下。如果每一个当下做好了，其结果就会自然呈现出健康、快乐、和谐的人生。人身心健康的生命活动是通过当下来展现的，智慧的呈现也是在当下进入的。

我们应当通过对自己身心健康的锻炼和修养，来提升我们的人格，使自我的心灵得到陶冶、得到净化，使我们生命活动中的五行之气、五脏之气处在那种非常和谐的状态，阴阳平衡常保安泰，这样我们生命之中内在的生生循环之性，就能使自己的身心与周围的环境及事物，达成一种和谐的整体关系。对此，我们称之为天堂。如果是这样的天堂，我们人间都有。如果由于我们的欲望、贪婪、偏执和占有的这些想法，导致了我们的生活或生理上出现了偏差，身心变得疲惫、痛苦、无奈、障碍，对于这些现象，我们就称之为地狱。

很多迷信宗教的人有这样的观点，说我们修来世、修来生。如果在今生之中，你的这个身体与你这个心理的活动状况都是偏执的，那么即使按照宗教的观念，你也是既不能升上天堂，也不会有好的来世的。有些人修佛修了几十年，连自己的这个身体都还不健康，而且自我的思想意识又没能净化下来，按照宗教的说法，就算是有来世，那么像这样的你又怎么能升到佛国？怎么能升到天堂去？怎么会有一个好的来世?!

在佛教中有这样的一种说法：若看前世因，需看今生果。这句话就是说，如果你这一辈子做人做到后来，人没有个人样，鬼也没个鬼样，那就说明了你上一辈子也不好；如果要看下一辈子，那就看你今生的这个因“种”得怎么样。即使是宗教，也存在着对今生今世的认识，那么今生今世做得好与坏就相当的关键。

现在我们不从宗教中找答案，而是站智慧整体辩证观的高度上来认识，那就需要我们以达成身心整体的健康为基础，以意识的净化为根本，这样才能呈现自身生命的和谐，成就智慧的人生。而这一切，都体现在我们生活中的每一个觉行的当下！

所以，我们应该提倡把自己这一辈子过好，把生活、把人生的各种观念都调整到符合身心健康的、符合生命正常运化的那种范畴中来，使我们的身心得以净化，人格得以提升；使我们的情趣得到陶冶，道德得到涵养。这样我们生活在一个和谐的环境中，才能被称为天堂。当我们的内心世界没有任何障碍的时候，那就叫自由，那就是天堂；如果在生活中，遇到了人、事、物不符合自己的想法，当这个想法障碍着自己的时候，因此而产生了怨气、怨恨等等，那就是自己进入到了地狱之中。

其实，我们不需要幻想在未来的某个时候如何去享受天堂、或者是如何遭遇地狱的问题。最现实的要求，就是使自己在当下处在和谐的生活状态中、自觉的生活境界中，这样才能赢得自由、自主、自强、自控的生活，能够达到这样的境界，那就是使自己的身心活动进入到了天堂之中。

如果人总是活在追求外在的感官享受、寻觅外在的物质财富利益的那种所谓的幸福中，那无疑就是自己给自己造了一个地狱的牢房。因为人在世间，不如意的事是常八九的。所以，人在一生当中大多数的时间是生活在苦难、痛苦、曲折、郁闷、矛盾、不顺利等等的过程中，这样的苦难生活就是地狱。当我们高兴的时候，当我们身心愉悦的时候，当合家欢聚的时候，当享受天伦之乐的时候，那就是使自己进入到了天堂的宫殿之中。

如果我们从这样的一个现实的意义上，树立起这样的人生观，快快乐乐过好每一天，那你就一定拥有了天堂。假如说有下一辈子，有来世，你就会有个好的结果。至于说有没有下一辈子，这不是我们探讨的课题，我们探讨的课题就是今生今世的每一个当下怎么觉行、怎么过好的问题！

陶冶性情、涵养道德、净化自我的过程，实质上是对一个人的人生观重新进行设计和调整。当人生观得到修正之后，我们看待、经历、享受人生时，就自然减少了内心的障碍。说到根本上去，那就是人生观的改变可以促进我们心性的净化、意识的净化、性情的陶冶、涵养的提高。

我们如果向着这样一个正确的、光明的方面去发展，无疑我们的人生将迎来一个天堂。如果我们把追求外在的感官享受、追求物质利益作为人生的终极目标和乐趣，树立起这样一个人生观，那无疑就是生活在地狱之中！而且在这个社会上的大多数人都是如此。对地狱最通俗的解释就是这样的，地狱是那个不断折磨人的地方。

其实，不是人家在不断地折磨你，而是你自我意识里存在的各种观念和观点之间的矛盾在作怪，是你的那种满足眼耳鼻舌身意的各种习气在给自己制造麻烦和障碍，是它们在制约和障碍着你的人生，制约着你生命内在的和谐。那种不符合生命活动内容的参照系标准及具体内容，都是障碍人与社会、人与自然各种关系的根本原因；那些满足自己欲望的、偏执的思想意识以及行为活动，都是这个世俗社会的环境内容。世俗的人在这种社会的自然层面上，存在着一种世俗的力量，它在制约着我们人的成长、净化和陶冶。所以我们必须得站在这样一个高度去认识天堂和地狱。

如果种了一个好的“因”，种了一个符合生命活动内容的、符合人与自然及社会关系的“因”，那么我们就能够获得、收获一个好的结果。由于我们有一个非常良好的愿望，是符合生命的、是符合生命和谐性要求的这种自然而然的存在，所以我们才能获得清静无为的身心行为之果。我们只要有了这样的缘起，能够自然地形成这样的一种气氛，形成一种氛围，来改变自己、来塑造我们的人生，那才是正道，才是光明的大道。

平时我们在生活当中会遇到很多事。比如人家差我多少钱，我的心里会烦躁不安，我会因此想办法去要。这样一种内在的矛盾、内在的不和谐，就障碍了我们的生命活动，使我们感觉到了不舒服、不自在。像这样出现了心理活动不平衡的情形，那就是地狱，那就是自己的身心已经堕入到了地狱中。就像我们这儿的一位学员，家里一万多块钱被人偷跑了，几天以来就生活在地狱中。什么叫地狱？人的身心行为被自我的观念障碍住了，心意与情绪都出现了不快乐的现象，那么这种不快乐的境界就叫地狱。

人不能正确地面对人生的曲折，那就是地狱！在世俗的社会生活中，在人与人之间的各种交往过程中，都会存在各种矛盾，这些都是人狭隘的自我观念相碰撞的结果。如果彼此之间没有宽容、没有真爱，那么这就是地狱。

什么叫天堂？内在的根本觉醒就是自由，安处内在的那个本真自性而不去分别执著外在的行为活动的结果，那才叫觉醒者的天堂，那个叫觉行者的自由。什么叫佛性？佛性在中国的称谓其实就是人的根本智慧——实相净寂，也可以上升到道的境界来理解。

道本无别法自然

当人见证了身心皆无碍、言行皆自然的境界时，就能够兼容天堂和地狱，又无所谓天堂和地狱，内在和外在达成了和谐的统一。这就是合道顺德的大智慧境界。

在道这个层面上，应该怎么去看待天堂和地狱？古往今来，那些超凡入圣达真了的人们，他们是生活在天堂还是在地狱？我们说他们既不是生活在天堂，也不是生活在地狱里；同时，他们又是既生活在天堂里，又生活在地狱里的平常人。因为他们的生活内容和过程，是在天堂不喜，处地狱不忧的大觉悟智慧境界。他们不是处于一个小小的假我中，而是呈现出了人与自然及社会整体性的和谐，是这样的一种标准。所以在圣人、在真人的眼中，在佛性得到证明的人的内心世界里面，是没有天堂和地狱之分的。

说菩萨，说观自在菩萨用慈悲心来度众生，而地藏王菩萨要度尽地狱里的众生，说“我不下地狱谁下地狱”。其实，哪有地狱可下！当人成就了内外都没有障碍的智慧境界时，就没有了天堂和地狱之别。这在中国叫“道”，在古印度叫“大梵天”。

在西方，还没有这样的智慧传承教育文化，而仅是停留在对天堂的向往、对地狱的摒弃中。所以，可以说他们还没有彻底究竟的智慧文化，仍然处在对立和分裂的层面，还没有能够体现出人的整体性、人与宇宙自然及社会整体性的文化。

天堂和地狱只是我们人世间对客观事物一体两面的、两个方向的、相对立的认识，是阴与阳的认识，好与坏的认识，和谐与障碍的认识，欢快和郁闷的认识等等。那我们就应该明白，现在社会上的人们追求的所谓自由，追求所谓的物质享受都是建立在哪一个层面的。

当人们把自己追求的目标定义在追求物欲享受、追求利益占有方面时，那么这样的努力方向就决定了自己的身心行为必然会与分别、执著和妄想心产生纠葛，这种定义的目标就直接障碍了人的真心自性，那无疑我们就会生活在地狱之中。人需不需要有自由，需不需要有追求呢？需要！但是追求的理想需要符合对客观世界的认识，符合生存环境的和谐，符合自身生命活动的本然需求，那么这种追求就是必须要的，也是人生存活动的基本要求。如果我们的身心行为活动超越了这样的一个界定的范围，那么你一脚就踏进了障碍，一脚就踩进了泥潭，一脚就堕入了地狱。所谓地狱，在另一个层面上来看待它，就是分别心、执著心、妄想心的矛盾体现，是人处在过去心、现在心、未来心中的困惑显现。

我们把天堂和地狱，与自己的人生、与我们生活的当下结合起来，这样才能赢得一个良性的循环及和谐的认识。当我们认识到这样一个和谐的存在的时候，我们如何去改变自己的人生？我们应该是向内求，内求净化自我的心意，把内在的目标和外在的目标结合起来；不要超越了自己生活的环境，不要超越了自己生存的能力，不要超越了自己禀赋中应该履行的责任与义务，不要住在盲目的理想定义中去追求某个不现实的目标，显然那是达不到的。对任何事物的追求，只要是达不到，那就是妄想。达不到，是因为你有太多太多的分别心和执著心，并且住在了其中。当目标不能成为现实时，我们就会出现矛盾、焦虑、困惑、郁闷和痛苦等不安的心意与情志活动，这样的心意与情志活动就是人生的地狱！因为符合人自己主观的那个感官要求的心意就是假我，假我即是地狱的代名词！

现在，人类的科学技术和社会文化，已经发展到了今天这样的高度，可是人们对周围事物的追求、观念和概念，并没有顺随事物的发展变化而发生变化，从来也没有主动去改变自己的金钱观和物质利益观。所以，在今天的这个社会中，人们对地狱的感受，较古人，那是已经超越了好多倍了，是有过之而无不及的。人们为什么不能觉醒这个问题？是因为见证大智慧的觉悟者太少太少，而绝大多数人不能够认识到生命活动的本质内涵——生命的本真。只有当真正觉悟了的智者圣人们，把这些道理慢慢地讲给大家听、指导大家的时候，我们周围的人才能脱离这样的苦海。

人的欲望就是欲界，那里是个苦海，有欲望就会有执著、分别和妄想。人们就会自然地产生追求金钱的欲望、追求物质的欲望、追求人生感官享乐的欲望、追求人格观念的欲望、追求权利地位的欲望，这些都是人们走向地狱的必然条件。那么难道说我们就不能有追求吗？追求的条件前面已经讲了，就是要符合人自身感官功能本能情趣的自然需求，符合事物客观存在的规律性。这是一方面的内容。

另一个方面，当我们的主观愿望不被满足的时候，当我们的目标不能被实现的时候，我们就不应该有失落的心态；当没有被离弃、被丢失的这样一个心态存在的时候，那我们就不会堕入地狱。人要做到不堕入地狱，那就只能从保持中和之性起修。

人应该要树立起一个什么样的人生观？大多数人总是妄想那些与自己存在的条件、环境、能力、智慧境界不相符合的目标，所以人生才有“不如意的事常八九”的说法。我们说什么叫幸福？满足即为幸福。当一个饥饿的人，有人给他一碗饭吃，当他享受这碗饭的时候，他就会因满足而得到幸福。对此，我们说这就是天堂。所以我们要树立的，也就是这样无所求、但又能够顺随生命活动正常需求的人生观。只有如此，才能自然地顺应生命活动的规律，去用符合自然客观条件的方式来应对事物，这样的满足感就是天堂。

天堂没有什么具体意义，没有什么具体的标准。满足即是天堂，幸福即是天堂；不被满足即是地狱，还有不断地被满足的利益与情感，那也是一种地狱。不断地满足自己对物欲的追求，像这样驰骋外求，就会使人堕到无间地狱里边去。人如果处在不断地被满足的过程中，就会不断地出现新的要求；人如果不断地被满足，不断地有要求，那就肯定是生活在地狱中，这样人自然会堕入到无间地狱中了。

所以说，所有的地狱都是人造的，都是人的那个自私自利的假我的展现；所有的不和谐都是人身心行为活动中表现出来的偏执性造就的。人的偏执性在造出不和谐的同时，还造出来了障碍，对这样不和谐的生活状态就叫地狱。关于这些内容，没有什么更多的道理可讲。

能够明确地认识天堂和地狱的关系，就能使我们走向正知正见的方向。很多人说：人生就是要不断地追求吃、喝、玩来享乐生活、享乐人生。持有这样的人生观，那就一定会不断地出现各种各样的疑虑与困惑，这样就有了不断的矛盾产生和所谓的风险产生，也就使人需要不断地去着急和生气，去自寻烦恼。这些过程就是平常人的愚昧无知、贪欲无明的地狱境界！

所以，人只要明确三个概念就够了：什么是地狱，什么是天堂，什么是无我的觉悟智慧境界。有道的人为什么不会处在天堂与地狱里？因为有道的人无欲无执，所以没有天堂和地狱的分别！娑婆世界就是凡圣同居的世界，就是我们现在的这个人世间，属凡圣同居土——平常人和圣人在一块儿杂居的地方。

两极同源 一念之间

知足者常乐就是天堂！我们要是把天堂和地狱搞清楚了，就会鉴别自己了，有一点不高兴就是下了地狱，高兴了就是上了天堂。

有的人生下来，通过学习文化就可以当官的；而有的人生下来，不管通过多少努力也当不了官，但他却可以做学问。这就是个体生命存在的自然条件以及相互之间的差异性而形成的结果。任何一个人，不要因妄想而超越了自己存在的能力条件。

关于“存在”，是不能做硬性标准规定的，定了标准就是不标准了，因为每一个人存在的自然条件不一样。这个存在本身没有什么天堂和地狱之分，它是客观的东西；只有人超越了自己存在的标准，才有了天堂与地狱之别。什么标准？是以每个人存在的智能条件、能量和能力为基点的。我们谈的天堂和地狱是意识里边的内容，也可以说是自性本心里边的内容，还是社会意识形态中的内容。天堂不是好，地狱不是坏。它只是一个事物的两端。有的人不断地追求，不断地失败，但当追求符合了自己存在的自然条件时，符合了自己的社会生存环境时，符合了自我感官心意的本然需求时，那么他就不是在地狱里边。

每一个人的生命活动内容都具有三个条件，要认识并符合这三个条件，才能正确地对待我们自己的人生。这三个条件是：第一，自己的先天条件，这辈子应该是做什么的；第二，个人与自然及社会的关系，也就是缘，达成某个目标的缘；第三，遵循符合事物的本质内涵，只有这样才能达成人生的目标，成就理想的结果，也就是过去所说的懂得惜缘。这三个条件因人而异，但又具有统一性、同一性。

天堂和地狱，这不是讲事物的本身，而是讲人对事物的觉知觉受有没有“著”！

正确理解生与死

生息消长　万化自然

生命的往复循环

生死同源　泰然处之

生生之厚与贤于贵生

真正的解脱

来不能却　去不能止

以积极心态面对生死

我们每个人都需要形成正确的生死观，正确地认识和面对生死，面对各种事物的生与灭。在我们生活过程的每一天中，都存在着事物的生息消长，都会有新的事物生发和旧的事物消亡。

新事物的出现和旧事物的灭亡，在我们的社会生活中比比皆是，在我们的人生历程中无处不在。例如，昨天对于我们今天来说就已经过去了，而在这过去了的时间之中，也存在着无数事物的消亡，那么已经消失了的事物就相当于死亡；在今天人也同样活在生命的过程中，而且明天还会自然到来。

生息消长 万化自然

在每一天当中，我们人要面对很多的过去、无数个生长与消亡，既可以说是不断经历生，也可以说是不断地面对死亡、经历死亡的过程。为什么？其实大家应该知道，我们人的细胞不仅每一天都会有死亡，而且在我们的身体里边，每一天都会有新生的细胞到来。所以我们每一个人，其实在每一天中都是很正常地在面对自己生命活动的生与死。

可是我们现实生活中的人，并不明白这样的道理。当身体出现了疾病的时候，当自己恐惧疾病而一筹莫展的时候，当这个疾病威胁到自己的生命生存的时候，就会感觉到害怕，有的人的手还会出现哆嗦、出冷汗等现象。但是作为人，其生命存在的意义到底是什么？对此人们一无所知。一个人的生命能够存在多久，应该怎样去活？其实关于这些内容，我们每一个人都应该去认真地了解，或者说是去认识。如果能够真正地通过践行生命活动而了解、见证生命存在的价值，那么人之所生，也没有什么是值得我们去欣慰的；其实对于死亡，也没有什么是值得我们去悲哀的。对于生与死的观念，不管是悲哀还是高兴的，我们每个人都必须得面对，其实这个是非常重要的。能够正确地面对生与死，对咱们每一个人来说，都是会有帮助的。

关于这些方面的内容，宗教里面已经说得很多了，可是我们不能从宗教神学的意义上去认识。人这个生命不是说在生死之间怎么样了，而是说你如何把握在认识到自己的生命存在价值的时候其所展现出来的生命意义。生命展示出来的存在意义，就在于每个人活着的时候，不管你生活在社会的哪一个层面，无论你是处在何种地位上，你都必须得使自己认识到，生与死皆是自然界生命长河中的一个过程而已。任何人生命存在的内容，都是自然的存在内容，而且也是自然的流动过程，这些都是我们需要认识的。即使是自己认为，自我的生命存在过程不好，内容也不好，那么同样也是必须要我们去认识和面对的。

生命的往复循环

刚才讲到了人的生命当中，每一天都会重复着生的、新生的，以及过去的、死亡了的这些内容和过程。但是，由于我们人对此客观存在的现象还是一无所知的，所以常常当疾病尚未显现的时候，不懂得涵养，无谓地消耗生命力；而当疾病来临的时候，还是会产生无明的害怕，或是无知的担忧，害怕与担忧自己的生命会因疾病而导致消亡。当然，有些内容是于显在的思想意识过程中，也有的会出现隐在的思维活动内容——潜意识中。其实这些只是我们作为人来说自己所产生的主观意识活动，是主观的思想意识领域里边的参照内容在作怪，是对生命的一种妄想与执著。

实际上人的生命是可以有多种存在形式的。我们看水的存在形式，人的生命存在形式就像水一样。我们知道水的存在形态是液体，而当以汽化的这种雾态形式存在的时候，当以固态冰的形式存在的时候，它的属性一点都没变，同样是水的分子结构，没有变。在我们人的生活当中，例如说电，我们大家都是知道的，当它有电流流过的时候，在一定的条件下，是会给我们带来光明的。然而当光明呈现以后，它必须要从零线回去，一个火线，另一个是零线，为什么要有零线呢？因为电流流动它需要形成一个回路。那么当电能产生转换的时候，可以是热能也可以是光能，然而用完了以后，它还会以电子流的流动作为一个循环。像这样举例仅仅只是帮助大家理解的方便之法，请大家不要执著于水和电流的这种循环现象。

我们要知道，宇宙自然间的一切物质存在，没有不是循环往复存在的。只不过每一个事物的循环过程与循环周期，没有被我们大家知道而已。无形无相的事物是循环的，有形有象的事物同样是循环运动的。那么人的生命存在呢？人生命的存在也是一样的，生命的存在是一种无形与有形的复合生生循环存在形式。

所以人不要执著于假我。什么是假我？就是执著于感官功能的要求为标准的参照系，以及因此形成的僵化偏执的心意思维模式，这个内容就是假我，就是假我的存在。像这样的内容在佛学里边，被称之为“我相、人相、众生相、寿者相”的内容。

为什么我们会提到健康？其实健康对于我们每一个人来说都是需要的，也是必需的。但是当人有了健康以后，就不要执著于健康的概念了。当你做健身运动的时候，可以获得健康的时候，不要执著于自己认为的所谓的健康态，然后按照符合生命活动的运动变化规律来进行健身锻炼，并且能够保持身心的协调统一。只有这样，人才能获得身心健康的人生，享受身心健康的生命活动内容。即使像这样去做，其生命的存在到了某一天的时候，它还是会自动消亡的。

例如，我们人身体中的细胞，各种各样的细胞所呈现出来的不同生灭周期，构成了我们人这个生命的整体存在。当然，人的这个生命整体相对于宇宙自然的整体存在而言，仅仅只是其中的非常渺小的一部分；相对于整个的人类社会来说，同样是非常微小的一分子。就像我们人身体中的红细胞、白细胞，它的生命相比较于人这个整体的生命存在而言是比较短暂的。在我们的身体里边，有的细胞生命是以小时计算的，还有的细胞生命是以分钟计算的，尽管如此，但那同样还是一个生命体的生与死。

大家现在就知道了，我们人的生命是由无数个小的生命体组合成的集合整体存在。其实当我们这个生命存在的时候，生命是会处在不断地运动变化发展之中的，只有这样才能展示正常人的生命活动。人是一个活体，然而这个生命如果因为衰老、疾病或是突如其来的变故等不存在了，那么所谓的活体形式就会消亡，这样人的生命本质就会以其他的形式而存在。关于这些内容，我们人类的老祖宗中的古德圣贤们已经讲得很多了，说人死了以后到哪去，应该怎样去面对生与死的问题等等。在这些内容中，起码有一点是可以告诉我们大家的：任何生命的存在，不仅其存在形式是多种多样的，而且其所展现出来的各种各样的现象都是由其内容与本质属性来决定的。

如果这么讲不好理解，那我们可以回忆一下，上中学的时候，在我们所学的物理课中有关于物质能量的守恒定律。在我们人所能够认识到的世界里是存在能量守恒这一规律的，要不然这个物理学定律就发现不了。我们讲这些道理的目的就是告诉大家，当疾病或突发事件来临的时候不要惊恐，不要畏惧；当人真正要走向死亡的时候不要畏惧，当死亡将要面临的时候，就预示着新的事物即将诞生。

其实，人的生与死只是生命存在的某个环节而已，这也是一个对生命存在过程的认识。

生死同源 泰然处之

如果我们能够驾驭自己的感官心意，把自己产生偏执的思想意识模式改变了，改变成符合生命法则要求的内容，并按照这样的内容去行，那么我们就会自然而然地获得健康，获得觉悟，获得自由的境界。不管我们是以现在的这种生命方式存在，还是以未来的某种形式存在，在这个周期之中，只要我们的生命活动是健康的、智慧的、自由的，那么其生命是会延续的。在这个过程中，没有什么是值得我们恐惧的，因为我们自己每天都会生出那么多的细胞，而又有很多的细胞正在走向衰亡。这其中最关键的是，要学会用积极的心态去迎接新生，这是很关键的内容。这些同样也是我们每天都要面对的内容和过程。

像这样的知识，我们每一个人都应该去学习和了解。如果一点都不了解，那么当疾病和其他什么突发事件来临的时候，人就会出现紧张害怕的现象。例如，有位学员她要从我们这里回家的时候非常地紧张。我告诉她说：不要紧，这一时半会儿你是死不了的。可是到她离开下楼的时候，还是跟她的儿子说：我不想离去……

大多数老年人，都会有这样共同的心态。有的人说我不惧怕那个，但这不是你惧不惧怕的问题，而是我们大家需要去学会如何迎接未来的问题；这不是惧怕还是不惧怕的问题，关键在于每个人都要学会去正确面对。

即使是某个人活上几百岁了，不也还得面对吗，去面对自己生命过程中的生长壮老已，是不是这样？就是说，当你通过修身养性而达到了很高的水平，达到了出神入化的水平，同样还会遇到这样的问题。即使你能够把自己的生命体一下变成一个光态的存在，那也不还是需要面对旧有事物的灭亡和新生事物的诞生吗?！肉体的生命消亡了，不存在了，那么就会有新的光体生命存在；我们现在有形的生命不存在了，但是无形的生命信息态却产生了。

所以我们是通过这样的方式来讲的，希望大家能够高高兴兴地迎接每一个明天，过好每一个今天，这样未来就会在高高兴兴的过程中流过，这样我们就自然地享受了今天，而又拥有了昨天。但是我们不会停留在昨天，也不会去妄想明天，因为我们正在把握今天。而且通过不断地践行，我们还会进步，学会把握每一个当下。

人活着就不要有沮丧的心理，哪怕是自己得了重病，也不要产生其他乱七八糟的想法。一想“自己恐怕不行了，命也到头了”等等，像这样的心态是最要不得的，其实这是对自己的诅咒。当你产生紧张、恐惧、消极情绪的时候，这样的心理活动是会直接影响你的生命活动的，就会更快速地走向死亡。

所以希望大家能够高高兴兴地迎接未来。即使自己真的要走了，也要保持良好的心态。通过学习，我们每个人都需要用正确的心态来面对自己和周围的人。像我父亲走了，去世了，我们就简简单单办个事就完了，因为知道他在死的同时而又获得了新生，知道生老病死对于每一个人、每一个活体事物来说，都是最自然的存在状态和过程。所以我家在处理这件事的过程中，没有像别人家那样一大清早就弄个乐队来吹吹打打的，搞得隔壁邻居都不安神，其实像这样做既不利于死去的人安魂，也不利于活着的人养神。讲那些所谓礼节的人，并没有真正地认识人的生命存在价值，并没有从根本上珍惜人的生命健康。

以前我有一个学员，医生通过诊断怀疑她是肺癌。可是这位学员很娇气，因为自己的儿子有钱嘛，就给她这么看、那么看，但是看不好，后来到我们这儿康复。有一天她儿子来看妈妈，儿子说：“妈妈，不要紧的，如果看不好，那么等你死后我会好好地给你安葬的，给你安排得好好的，负责给你排场一下。”他妈妈听了之后是哭笑不得，是既生气，又无奈。其实那个在她眼中算是不孝的儿子也没有什么不对，他坐了10年牢，出来以后就做服装买卖，做得有钱了。他平时语言少，只有初中文化，所以只能说出这样的话来安慰自己的妈妈。

我自己的妈妈和姐姐一起出了车祸，去世的时候应该是非常悲伤的，可是自己知道人死是不能复生的，过分地悲伤不利于自己的身心健康，不是真正报恩和告慰亲人的方式。所以作为妈妈的儿子，作为姐姐的弟弟，我是流过一些眼泪的，但是不多，最后把她们安顿好就完了。从这一件事中可以了解到这一点，那就是只要我所学过的理论是有利于自己身心健康的内容，我就会照办。我知道妈妈与姐姐的这个生命历程就是这样的，没有谁能够改变。如果能够安慰死者，那么最大的方便就是好好地照顾好自己。

讲这些内容的目的，就是让我们大家要明确学以致用的道理。同时也要明白，在任何时候不要把死当作生命的结束，而要认识到人的这个生命体的消亡，正是预示着另一个新生的开始；既是高高兴兴地欢送，又是热烈地迎接。只有像这样坦然地去面对生离死别，才会呈现出健康的心态，这样既有利于我们自己，也有利于走向死亡重获新生者顺利度过变迁的状态。

其实在我们人的自然观念中没有什么是生的，也没有什么是死的。在自然界中，生与死本是互根的，只要我们不执著自己的观念、观点和那些概念，那么哪有一个巴掌能拍响的？我们用自己的一只手能拍响吗？不过可以再打个比方，你看，人高兴了会拍巴掌，那么像这样拍一下手掌，不知道会有多少细胞受到伤害，手上的细胞可能会因为你的高兴、鼓掌而被你拍死了。因为你不觉得，所以你不会感觉到悲哀。这是因为在你的脑子里面没有损伤或死亡的概念，并不觉得自己损失了什么，其实死亡已经发生了。

那为什么当真正死亡来临的时候，人们会觉得哀伤呢？因为通过几十年的经历和人生的所谓经验告诉自己，人们都是这样认为的——好生恶死，对此自己形成了参照标准，形成了固有的思维模式，所以就产生了相应的应对结果；而没有建立起来这样的参照标准：一种生命存在形式死亡了，那么就会出现新生，这是自然的生命流转过程。

大家没有建立起来去欢送死亡、迎接新生的参照思维方式，没有建立起生死同源、生死无别的事物参照标准，根本原因就在于不明真相，没有明白这就是宇宙自然的生生运化不息、循环往复不止的规律所致。

尤其是当人的生命垂危而不可逆转的时候，更应该满怀喜悦。希望我们在座的人能这样去做，当然包括我在内。人是总会有那么一天的，是会进入另一个生命存在形式环节的，进入另一个生命的周期的。就像秋天树叶落了，回归土地变成养分滋养了树根一样，当春天来临的时候，就会有新芽生发，新芽是带着前一年落叶的信息和能量的新生存在。

所以正常的人生应该在任何时候都是高兴的、快乐的，无论是聚散、得失还是生死，都能够以享受的心态、以愉悦的心态去面对，面对我们生活中每时每刻所发生的事物，这样就好了。在脑子里边把那个关于生与死的概念拿掉，当死亡降临的时候预示着一个事物的新生和开始，这是值得高兴的事。

生生之厚与贤于贵生

老子说：“人之轻死，以其生生之厚，是以轻死。夫唯无以生为者，是贤于贵生。”就是说人怕死，总想逃避死亡，是因为人有生与死概念的分别，因此产生了“厚生”的观念——执著自己这个有形有象的身体存在，重视这个生的过程，而厌弃死亡这个自然的生命过程，不明了宇宙自然生长化收藏的规律。这样会造成什么结果呢？

就会为了长生不老，利用各种违背人自身生命活动的方法想去延长寿命，结果因为背道而行，反而使死亡来临得更快更早。

中国上千年来那些帝王，为求长生误食丹药而中毒死亡的也不少啊。我们现在的人呢？为求身体健康，盲目进行不符合身体状况的运动，强健了四肢的同时，生命力却耗损了；为求年轻、长寿，饭也不好好吃了，认为服维生素科学，就滥服营养药，这些东西你吸收不了，在你体内变成垃圾阻塞正常的气血循环，结果反倒害病，甚至把命丢了。这就是贪欲引起的无明，就是愚昧无知的盲目。

你不按正常的生命活动规律来行，妄想凭己力促成更加强盛的状态，无异于拔苗助长。这就好像只发放而不收藏，就把生命能量给挥霍了。我们消耗能量，就要适时适度地培补能量。这种能量的根本，中国古代养生家称之为“元气”，当其消耗过度了，维系不了正常的生命活动需求了，原本和谐有序的生理平衡也就打破了，身体就会产生不舒服、虚弱、衰老、生病的现象。这时我们就应该知道，不能再发放能量了，得注意休息静养，内敛涵藏，使内在元气得以补充、修复，这样身体机能就又可以平衡有序地运转了。

如果这个时候你不去藏养，而是使用类似激素功能的药物、营养品，那么很可能虚、衰、老、病的现象会很快得以缓解，但这不是涵养了元气的缘故，而是更多更快地发动元气的缘故，把你那点家底儿都给发动出来任你消耗。这样过不了多久，你的身体状况会更加快速的下滑，把家底儿都败光了。

现在的人就是好动不好静，求盛贪满，干什么都图快，所以除了自身消耗，就是尽找那些治标不治本的办法，甚至饮鸩止渴的办法。这就是愚昧、盲目！什么原因造成的？是不明根本，“厚生”的缘故。只追求光鲜的外在现象，而不从根本、不从基础方面下手去自身修复，不节制，知长不知养，这样想健康长寿可能吗？就好像是败家子，光会花钱，表面鲜亮的，可是不会存、不会赚，金玉其外，败絮其中，这样就会使家里变得越来越穷。

所以老子说“物壮则老，谓之不道。不道早已”，盛壮的现象是能量发放消耗的表现，这时不节制涵养，必然趋向衰老，加速了自己的灭亡。当能量收藏的时候表现出的是什么样的状态呢？老子讲是“静”、“虚”、“柔弱”，就像到了秋冬季节草木显现枯萎的状态，其实是收藏而不耗散能量了，在涵养储备，这样才可能有第二年春夏时的生命力勃发。

人的生命活动是这样的规律，应对事物也是这样——欲成反败，欲得反失。刚才我们讲了，造成这种情况的原因何在？就是因为你有生死得失的分别，你有贪生恋得、畏死惧失的观念，所以反应在行为活动上，就是不顺应事物自然的发展规律，背道而行。“不道早已”，你说是不是自己在耽误自己、祸害自己？

这里并不是说没有生和死，而是说不要被生死观念所障碍，不要偏执于一隅，自然呈现生命活动状态就可以了。我们追求健康长寿可不可以？可以！我们的主观能动作用符合生命活动的运化规律，有什么不可以的呢？只是“无以生为者，是贤于贵生”，就是说不能去有为地凭自己的想象幻想来造作、干预这个自然的发展过程，违背生命自然的运化规律，妄想改变本能的有序化生命运化状态；而是要顺应这个自然的发展变化过程，符合生命活动的规律去行，对于生老病死、消长循环，能够安然面对、泰然处之，人只有这样才能称得上是无为而“贤于贵生”的，这是养生长寿的诀窍。

真正的解脱

所以我们讲能够自然面对生死，说到底还是智慧境界、觉悟层面的展现，最关键的还是养性的问题。要想长命，就不但得修身，还必须得养性。生死大事，要能真明白了这个问题才行，我们的人生将是自然自觉、自觉自由的。如何面对生死，就是我们人生最大的课题。《道德经》中讲了很多，比如“以其不自生，故能长久”、

“死而不亡者寿”等等，我们在讲《道德经》的过程中会深入详尽地讲解到。所以说，如果我们能够以这样的自然的心态面对人生，那么自己就能超度自己的灵魂了，这就是自觉、自由、自主、自控，这就是解脱，这就是有生死不落生死、有因果不昧因果的本质内涵。

很多人很害怕，当真正大病来临的时候就这样了，就不断地悲哀：“我这一辈子做了多少好事，为什么会遭受这样的罪业，我还没享着福。”其实我们应该客观地面对自己，看待自己。你这一辈子做人，不管是辛劳还是曲折，不管是富裕还是贫穷，不管是享乐还是痛苦……都只是你这个个体生命环节当中的具体内容和过程，属于个体生命运化的内容与过程，不需要、也不可能与别人相比较。可是我们平常人总是跟人比较，把那些不可比的事物进行对比，这样差别就产生了。这些不同差别的产生就是典型的分别、执著、妄想心使然，是人不能明了自然运化规律的本质内涵所造成的。

任何一个个体的人都不存在可比性，因为每一个人生命孕生和运化的时间、方位、地理环境、生活习惯、气候条件等等都是不一样的。父母的情感状态、受孕时的心理状态和生理状态、父母各自的遗传信息、精卵结合后的遗传基因状态、父母各自的智能条件等等，都是不一样的；宇宙空间中能够与地球发生关系的各种引力、能量、信息，以及万事万物生成运动、变化、发展的状态等等，这些条件对人的影响都是不一样的。所以，每个个体生命成长的要素和基本条件、关键条件等等也都是完全不一样的，每个人出生成长的外界条件与内在因素是没有办法尽说的。

如果对各种各样存在的运化内容进行比较，那么分别心就自然产生了。如果有了这样的想法：“我这一辈子跟他比我不合算。”那么你有什么是不合算的呢？你这一辈子不就是这么活着吗？绝大多数人的活法不就是这样的吗？虽然每个人都会存在个体差异，但是在自然与社会中的生活内容却是基本相似的。不管是哪个人，无论他再有钱也只能睡一张床、吃一碗饭，对不对？弄 100 个菜摆在面前他还是只能到吃饱肚子的程度而已，穿得再好也还是只能穿一身衣服。没有人是这样的，为了漂亮就同时穿两套礼服，认为这样才是潇洒，能行吗？

所以在世俗社会之中的人，对生命存在意义的认识会是这样的，认为有钱就是幸福，认为劳动者就是低贱的，就是痛苦的人生。实质上不是这样的，人活于世应该健康是福，劳动是福。因为任何人都是通过不停地去做事来谋求生存的基础。只有那些病人，身体不健康的人，心理不健康的人才会懒惰；真正健康的人，他会是一个喜欢运动的——生产劳动也是一种运动形式——具有生命活力的人，这是每一个人的生活内容和必须要经历的生存过程。

当人的生命自然地消亡的时候，当这个环节来临的时候，我们也得按照平常的这个观念去面对它，去迎接它。前天有一个旧识给我打电话，说他有一个朋友是老板，现在才48岁，很有钱，头天还好好的，第二天去世了。所以人不是因为有钱就能活命的，也不是因为你贫穷就短寿，不是这样的。其实贫穷的人与富裕的人是等价的，生命存在的那个价值是相等的，只是人的能力大小上有差别。这些个体差别是因为先后天的各种因素造成的。

我们有很多人总是比较，说他有钱就会幸福快乐，会很舒服。告诉你，这些都只是你自己个人的想法，你跟他生活过吗？有钱人是在享受舒服的生活，可是他们的曲折与痛苦你看到没有？如果我们都没看到，仅凭自己认为的观点或是看到的现象来看待问题，那么显然这些都是我们脑子里边的固有的观念、观点和概念在作怪，是自己选择的想象中的那种美好妄想参照的结果。

因为我们脑子里边参照标准出了问题、有了差别，所以人就有了痛苦。人如果感觉上有了差别，那么自然地就有了幻想，有了差别就产生了妄想心，然后就用差别来面对自己，这就使人走向了痛苦的深渊。人如果有了这种生活的模式，那么活着还不如死了，就是平常人说的“生不如死”，这些都是常人的生活态度决定了的。

其实我们很多人，虽然人还活着，但是还赶不上一个死人，为什么？我们人会因自己的固执僵化观念而渐趋死亡，你的生命活力死了，灵性死了。这些现象就是我们平常人世俗观念下的产物——走向没落、衰败，所以在生命中就很少见欢快的、愉悦的、健康的、符合生命法则的生活内容和过程。

只有我们自己认识到了这些内容，我们每个人才能真正地去面对生活当中经历的任何过程。在我们人生的漫漫长河当中，我们看到了很多的故事，我们自己也经历过很多的故事，这些都可以告诉我们人生的道理，但是我们不会去总结这些内容，因为自己不是一个有心人，这就是需要我们在现实的生活之中去认识和提高的地方。

有的父母，是在我们还没有成长为一个正常的、有能力的、独立的人的时候就离开我们了，然而我们在没有父母的时候，还是能够照样生存下来，同样生活着、工作着，完成着这一生生命存在的职责和义务。当我们这个生命要走的时候，要变换一种生命存在形式的时候也是这样的，你既不要有对自己情感的眷恋，也不要有对未知的恐惧。不要！不管自己的未来是好的，还是艰难的，都需要以高兴的心态、以活泼的心态、以快乐的心态去面对它，当然包括死亡。这就是我们讲课内涵的意义之所在。

另外，在宗教教义的内容里边也有类似的说法，告诉人以安安静静的心态、以高高兴兴的心态、以崇敬的心态去迎接未来。但是我想告诉大家，生命的存在需要升华，人就必须要有一个健康的心理和健康的生理内容与过程。一个人只有把自己活着时候的健康内容充实了，把它活跃起来，把它健康起来、完善起来，这样我们这个生命的任何一种转化才可能会是积极的、健康的。

来不能却 去不能止

人谁无死，这样的自然现象为什么我们不能够安然地面对呢？可能有的人还能做到不看重生，但是不畏惧死亡的就非常稀少了。很多人说自己不怕死，可真到了快不行的时候，比谁都怕。所以对于死亡这个自然现象，我们还需要进一步地去理解和认识。

我看到过这样一个小故事，说一个女人的儿子意外去世了，她十分伤心，来求佛陀使他的儿子复生。佛陀告诉她："你去城里吧，如果你能找到哪家没有死过人，我一定答应你的请求。"她听到了这一线希望，什么也没想，只抱着这个信念去找。她挨家敲门，问是否家里从没有过死人，得到的答案当然只可能有一个，没有办法满足她的愿望。她渐渐灰心了，但想起儿子，还是坚持去找，她想：哪怕只有一家合乎这样的要求，我就成功了，也许真的就有这样的人家呢？就这样一直找到晚上，她疲惫不堪，而且茫然失措。

就在这时，她忽然明白了，她跑去佛陀那里，带着欢欣说："我知道了，死亡是必然的，也是自然的，我也应该像面对生一样的面对死。我不再请求您让死去的人复活，现在，我请求您教会我如何了脱生死而达永生。"人只有明白了生命的内涵，才可能懂得应该去追求永恒的根本智慧、永恒的道。

当我们无法直面死亡，无法直面亲友离世时，究其根本原因还是未明了生死犹如日出日落、花开花谢，完全是生命的自然运化。就像庄子所说的"生之来不能却，其去不能止"，最可悲的就是世俗之人"以为养形足以存生，而养形果不足以存生"。想要这个外在形体不死，或是通过维系这个形体达到久生，那都是妄想。只有全性养真，超然物外，你才能够直面生死，来者不惧，逝者如斯；只有达生知命，懂得了生死真义，才能在活着的时候更加顺应、善待身心整体的这个生命存在，在濒死的时候安然平和地接受"去不能止"

的运化法则。

庄子的妻子过世的时候，惠子去吊唁，看到庄子叉着两腿坐在地上敲打着瓦盆唱歌。惠子很不理解，质问庄子说："这个人和你相伴多年了，为你生养子嗣，为你劳碌衰老，现在她去世了，你不哭也就罢了，怎么还敲盆唱歌呢？这不是太过分了吗？"

那么庄子是怎么回答的呢？庄子说："并不是你想象的那样啊。我妻子刚刚过世，我怎么可能不慨叹呢?！可是想到她最初本没有生命，不但没有生命，连有形的身体都没有，不但没有形体，而且连无形的气、信息都没有。于世间无形生有形，有形达成生命的存在状态，如此才生成了这样的人、这样的人生。现在她不过是又复归于原本的无形，就像春夏秋冬四季更迭，循环往复不止地运行一样。她是回归到大自然那个更广阔的世界了，而我却反要为此悲伤恸哭，我认为这样是不通达时运命理的，所以实在不必悲恸啊。"

人都把获得、存在当成可喜的事，把失去、死亡当成可悲的事，其实就是一个字——贪！贪生则怕死。人一贪就要去更多地获取，想尽办法、用尽手段地追求更大的物质、情感等等的满足，这样必然会违背事物的自然发展规律而行，那么人自身平衡状态，以及人与人、人与事物间和谐共存的状态也必然会被破坏掉。所以求之不得，反而失之。

以积极心态面对生死

不管是什么事物，只要能够呈现出和谐的状态，那么就会有好的信息存在，所以我们每个人都得按照符合和谐性的要求去做，以这样的方式去迎接自己的每一天。不管自己是在痛苦的时候，还是当疾病给自己带来感受上的障碍的时候，我们都要以童心去面对，以人生当中最高兴、最愉悦、最自然的心态去面对。

人的心态一变，什么事都会跟着变的，就好像今天下午我们看天空的时候，天是湛蓝湛蓝的，好长时间不见这个湛蓝的天空了，生命的健康信息存在也是以湛蓝为背景的。蓝色的天空给我们带来了生机，给我们带来活泼之性。我们人需要不断地改变观念，正确地面对每一天的生与死。时间流逝，对于昨天来说它就是死亡的过程，可是我们从来没害怕过，不会说“昨天已经死亡了”，因为在我们的脑子里边，昨天不代表死亡，没有这个概念，我们总是满怀着信念，迎接着明天。

所以不管是我们现在的生命过程，还是下一个生命环节的开始，其展示的内容都是需要我们以一个健康的心理去面对它、迎接它的，就是这样的。这个过程没有什么更多的内容可讲，对于身边的人及身边的事，需要我们把这个观念转过来。一个拥有健康的人，他生命的每一个细胞都应该是喜悦的。所以我们只有获得了健康，见证到了根本智慧，生命的永恒才能得以展现。

其实，佛教神学相信什么？只能证明生命的存在与其他事物一样，是一种轮回的。说你这辈子修不成，还有下一辈子，这是已经被神化、玄学化了的宗教文化内容。你这一辈子没弄好，这一辈子还有这个疾病、那个疾病，什么都没搞好，你下一辈子能好吗？你今天都不行，妄想明天能好，你明天能好吗？就这么简单的道理，为什么就明白不了呢？如果说今天什么都不做，明天能好吗？那么我们回头看一下自己的昨天，如果你的昨天不行、有问题，那么你的今天所展示出来不就是昨天的结果？一个人好与不好，在你自己的心中不是非常地明白吗？如果昨天自己是非常快乐的，那么你的今天照样会延续着快乐。生与死就是这样一种关系，也就是这么个过程，道理也就是这么简单，没有什么别的奥秘在里边，没有！

我们要知道，学会做人的根本内容，就是需要去不断地改变自我的思想意识观念。可大家就是不能于每时每刻中去把握自己的心态，做自己心态的主人。当人有一点沮丧的时候，总是把过去那些沮丧的心态不自觉地联系起来，形成了一串串不正常的思想意识活动的内容，因此人就没办法高兴了。当我们有一点郁闷的时候，我们能不能把过去所有高兴的事联系起来，把我们自己所看到的一切高兴的事把它串起来，改变一下自己的思维模式？那么这样我们迎接的将不仅仅只是那些痛苦的内容。

所以人的主观世界对客体的生命具有统帅作用，不管是宗教的、还是世俗的人们都相信这点，也都证明了这点。人的主观能动性统帅人的行为活动是真实的，所以需要我们以积极的心态面对自己的人生，面对自己的未来，面对生长壮老已，面对生命存在的各种形式和内容。

矛盾与和谐

矛盾是促进事物发展的动力

矛盾与和谐的辩证统一

动态平衡的生命更新

加强修养现和谐

矛盾是促进事物发展的动力

学生：我练呼吸操，家里人老反对，但是他们也不敢明说，就老是干扰你，干扰得你静不下来，真是怪事。我不管这些，“事过不留”嘛。虽说周围环境的阻力有些大，但我还是能控制住自己，好好练。

家务事和家里的大小矛盾，无论你是修身养性，还是不修身养性，都是存在的，只是在以前浑然不觉罢了。人活于世，无论是在社会上，还是在家庭里，各种各样的矛盾总是会存在的。只要你是一个活人，只要你在社会中生活、学习和工作，那么肯定是避免不了的。任何的一个人，在这个社会上生存就离不开矛盾；而且这些矛盾的存在，还是促进事物发展的一种动力，这是其一。

其二，我们现在练了呼吸操以后，家庭里本来是很小的矛盾，可能会因为家庭中的其他成员，在无形之中感受到了你的五脏之气，以及因此而引起的自己情志活动的变化，并把这些情志活动的信息放大了，所以就变成了一些莫名其妙的矛盾。因为这时人的心态变化了，随着呼吸操的习练，改变了家庭中原有低级的五行气的运化状态，那么人的情绪活动也就随着你们习练呼吸操时引起的五脏气机的变化而变化了。所以才会发生这种情况——情志活动的反应与家庭中的各种小事结合起来，因此才产生这些所谓的矛盾现象。

由于你自己才刚开始习练呼吸操，还不知道习练呼吸操后应该有哪些反应，应该如何应对那些反应。由于你还没有这方面的理论基础和素养，而且在以前可能也没有认真去践行陶冶性情、涵养道德这方面的内容，所以才会出现这些“怪事”的现象。但是我们这些年对于此种现象已经了了如常，即使是遇见也会“见怪不怪，其怪自败”的呀。

我们这个呼吸操应该算是“加行法”了，加行法是加快身心健康速度、提高心性修养水平的一种健身方法。呼吸操还应算是非常快的“加行法”，它跟过去的练法不一样了。由于你促进健康的速度快了，那么产生的变化和能量场的质量也不一样了。你的家人虽然不理解、不了解，但是他们在不知不觉中能够感觉到这个变化。可是他们不明白其中这个道理，他们就会在不知不觉中感到不安与烦躁，就会无缘无故地起矛盾和冲突。

当你开始进行净化自我、陶冶性情之后，由于加行法的缘故，很多矛盾和冲突都会集中起来反应了。这时最关键的，就是迅速地加强修养理论方面的学习，提高涵养道德和净化意识的修养水平，建立起警觉点。为什么会像这样集中反应？因为人命运的节奏在变，那么矛盾也在变，可能是十年的矛盾会集中到两三年内爆发出来，大家一定要注意这个现象。

矛盾与和谐的辩证统一

我们讲生命的运化发展规律，你家里的这个相对不和谐的情况，就是真正的生命运化规律中出现的一些正常现象。一般来说，人们认为自己已经开始修养意识了，也练健身呼吸操了，就一定要产生和谐才对啊。其实这是因为那些人还不懂得修身养性的内涵，没有真正地经历过修养心性的过程，也没有接受过智慧传承教育理论的指导，修养水平不够，也根本没修进去、练进去。因为不会正确地应对，身心修养的水平都不够，所以在应对的过程中，本来应该是和谐的，但结果却变成了不和谐。当然对于这样类似的现象，如果通过修养理论的学习，是会很快地发生改变的，那么在生活中出现了不和谐的因素，就又会变成和谐的了。

事物就是这样循环往复地向前发展的，这样就在更高的层面上不断地建立起新的和谐，这才是实际生活过程中展现出来的真实和谐。矛盾是促进事物发展的动力，是事物向更高层面和谐状态发展的基本条件。如果没有矛盾的产生，事物的发展就会停滞不前，这种所谓的“和谐”是死的，也就会因阻断循环往复的生生之性而走向衰亡。从整体观和智慧辩证观的层面来讲，矛盾本身就是和谐的内容和表现形式之一。

老子在《道德经》中讲：“有之以为利，无之以为用”，“反者道之动；弱者道之用。天下万物生于有，有生于无。”这就是告诉我们，人生的旅程总会出现这些现象的，即使你不进行这方面的锻炼，也会照样出现“祸，福之所倚；福，祸之所伏”的现象。为什么会出现这样的现象呢？因为宇宙自然中的一切存在都是“负阴而抱阳，冲气以为和”的。因此，我们要学会用辩证的思维方式来认识矛盾与和谐的关系。

动态平衡的生命更新

对于任何人来说，只要旧有的平衡通过修养心性和呼吸操等健身法的习练而被打破了，那么就会开始不断地在更高层面上，向创造新的和谐方向发展，直接冲向更高的身心健康层面。这样你的身体里边透出来的能量和信息，别人在生活、学习和工作中都会不自觉地感受到。在这期间，会有人感受舒服，也会有人感受到不适应，那么自然地就会出现和谐愉快与困惑矛盾的现象了，这就是产生和谐与矛盾的因缘。这些现象的出现，也是我们每一个修身养性之人净化意识的“增上缘”。

所以说，在我们进行身心修养的过程中，家里起点纷争是正常的，这个纷争是由你自己引起的，那么就需要你自己能够学会和谐地应对。怎么引起的？是因为你自身能量场的变化引起的，你的能量场的变化太快了，别人在不知不觉中感受到这种变化而产生的。其中有的人感到舒服就和颜悦色，有的人感到不舒服他就要起矛盾，对不对？这就是这个“怪”现象的根本原因啊。

学生：是啊，好多事情原本挺好的，现在却变成这样。烦！可能就是这个能量场起变化的缘故，而且现在我变得还不愿讲话了。

是的，这些都很正常，所以做人就需要开阔胸怀来调和矛盾。开阔胸怀，不是简单的一句口号的问题，别人不包容你时，是因为你的气机变了；你能包容他们，是因为你的胸怀开阔了。圣经里边说，“你要学会爱你的敌人。”这句话是讲得蛮好的，这是对社会中每一个人的共同要求；我们说：在生活中需要大家学会展现觉悟智慧的胸怀，直面人生过程中的一切矛盾。

什么叫和谐？一方面，不要有分别、执著和妄想心的现实生活内容与过程，这就是和谐；再一方面，在人生的旅途中，任何的异议、曲折、困惑与矛盾，只要你能和谐应对，那么它们自己都会自然地平息、平和下来的。

因为你自身的能量场在不断地向和谐方向转化，人内脏气血的通透程度不断提高，使得内脏的气机会出现上下波动的现象，只要还没有达成平衡，那么就会出现各种各样的情志活动反应和生理活动的反应。当然，出现了不愿意讲话的这种现象也是很正常的。我们自身的这个能量场变化了以后，也会影响别人，也会给别人带来情志反应，可能是高兴的、悲哀的、烦躁的，或者是恐惧的、害怕的等等。这是我们在“加行”阶段会遇到很多对立面、很多矛盾的原因，而且会在很短的时间内爆发，但这种种的现象会随着人气血的平衡而迅速地归于平静，所以我们认为这样类似的现象都是很正常的事情。可一般人理解不了，他们会干扰你，让你没得办法前进，这就叫世俗的力量。如果他们一烦，你就想那我不练了，那你就正陷入世俗的深渊，脱不开了，这样想获得身心健康的愿望就变成了梦幻泡影。

过去讲“跳出三界外，不在五行中”，你就跳不出来了，就没法进步了。“天、地、人”为三才，“金、木、水、火、土”为五行。人身体中的五脏正好对应着木、火、土、金、水，也就是说，人肝、心、脾、肺、肾的情志活动——怒、喜、思、忧、恐，只要一动，那么你的五行之气就会影响到别的人了，就影响了别人的肝、心、脾、肺、肾的气机的运化状态。这样在不知不觉的过程中就干涉了别人的“内政”，明没明白？你的这个原有的低水平平衡就被打破了，进而演变为一个相对不平衡的、不平常的状态，但这种身心活动的状态确实是处在上升的过程中：原来的生命活动状态是逐步衰老的，现在却是突然发生更新、更新再更新。

像这样加快了五脏六腑气血的运化速度，提高了新陈代谢的功能效率，同时就自然地促进了我们自身的健康——身心方面的发展，所以他们承受不了了。就好像你原来和他们是拉着手走，你现在跑起来了，他们跟不上，就表现出气喘吁吁的样子。所以当出现了这样的情况之后，我们要认识到这是个好现象。当家里出现不和谐的声音时，你们要看到，这是你们的生命力的力量在展现啊。你不要想：“这是为什么啊？刚开始他们赞美我，说‘你锻炼身体好啊’，现在却极力反对，为什么?”要注意，当别人开始赞美你的时候，你的对立面也就快要来了。

就像王先生一样，刚开始家人赞美他，然后家人就不让他练功，还吵嘴，再后来就又好了。当你达到一个新的平衡的时候，他们又感到一种舒服，他们就会又好起来。所以到最后，家里人感到蛮舒服，又开始赞美你了，对不对?!每个修身养性的人都会经历这样的过程。其实这个过程不是一个情感变化的现象，它就是这个能量场的变化。变化了，他们就会在原来旧有的状态参照下感觉不舒服，反对你；然后再达成一个新的平衡状态，又感到舒服了。

这就是通过练功，你的命运发生了改变。你不断地前进、前进，进入了一个稳定区之后，和谐又出现了，而且展现出的是在更高层面上的、更大的、更新的和谐。原来是一个小小的和谐，经常被打翻，经常发生碰撞，然后变成了不和谐；不和谐是和谐的前奏，现在又建立了一个新的和谐，对于这样的过程就叫做转命运或叫命运转的过程。

加强修养现和谐

学生：可是他们老有意无意地干扰你。

环境越恶劣，越能够锻炼人的品质。你这不能算是恶劣的环境，只能算是噪声。以后还可能起更大的矛盾，那时他们就会明确地反对你。你要是坚持下去了，最后就会达成自然平衡。

因为你这个生命能量场变了，他们感到不舒服，不过以后通过你自身的涵养，促使自己意识的修养变了，这样身心健康就都会得到很大的提高，能量场也随之渐趋平稳化、和谐化，这样慢慢就会好了。这是你修涵养的一个过程啊。要是道理你同家人讲不通，那你只要坚持去做就行了。

所以说，我们在讲到修身养性的理论时，强调要有谦卑、要有诚信啊。谦卑是从我们人的内在——心性之根本处升起，会展现在生活的方方面面的；诚信的产生也是这样的过程。有人问："明师的对治法是什么?"没有定法，法无定法。明师的对治法就是：针对每个人的不同情况，运用分别智不同对待。

我们要有这样一种信念，去战胜不断变化的反应。你们现在所能够遇到的情形，还只是一个开始。大家知道吗，这才是刚刚开始啊！所以无论是身体的锻炼，还是心性的修养，都要坚持啊！

修养意识与转命

重在主观能动性

命运转变 心性为本

提高警觉 当下放下

点滴入手 平常中磨

假真真假莫当真

实事求是的本质内涵

净化意识是人生必修课

重在主观能动性

学生：老师，您觉得我的意识改变了吗？

你只是有做买卖的意识，修身养性的意识还没出来，还得三到五年，看看能不能培训、培养出来。也不能叫培训，那得非常刻苦地用功精进才行。改变意识是很痛苦的，而且修转变思想意识的功夫也是一个漫长的逐渐提高的过程。如果人想在改变思想意识的过程中转快一些，那是很困难的，而我自己也是慢慢转过来的。我们这位李老师比较难转，他的问题就是观点特别多，杜老师也是一样的，观点特别多，但是他们知道自己是需要转变的。

学生：人的意识要转过来得多少年呢？

把常人的思维模式和参照标准体系，转变为智慧的思维参照模式，转变为修身养性的意识境界，那就需要在老师的帮助下，自己调动好自己的主观能动作用，主动地去转变自我的思维参照模式。即使是像这样去修正意识，做自我净化的功夫，那也得花三至五年的时间才能有所转变。你们如果做不到，如果不主动地去转变，那再给你们 15 年的青春年华也是不够的，也转变不过来；能够主动去转意识，用三到五年的时间就可以入门了，听到没有？这种入门的修养功夫是属于很浅的、比较初级的意识修养境界，还仅仅只是具备了初级的破习气的警惕性，即在这种境界中，能够省察到自我僵化的思想意识活动中的某些观念。

像这位女士，她也想转意识，可就是转不动。大家应该知道，即使是由于自己的习气太重，转不动不好的习气，那也得努力去转，听到没有！人要想获得真正的改变，那就必须要学会克出我执，去做修养意识的功夫。只有这样人才有可以获得思想观念的转变，只有当人的思想观念发生了根本性的转变，那么人的命运也就自然地跟着转变了。

人的思想意识真正转了，那人就会在逐渐转变思想意识的过程中生和气。只要人能够不断地生和气，那么其生命力就会逐渐旺盛起来，人的生命力旺盛了，那“和气”就会生发得更多，俗话说“和气生财。”这样穷命就会跟着自己身心健康的变化而逐渐变成富命了，曲折的命运就会变成和谐的福命了。当然这个穷与富、祸与福的命运转变也是相对的。

思维模式和衡量事物、参照事物的标准变了，那么人的意识肯定会变，这个转变必须是符合生命运化规律的转变，这样才能转命运。如果真是这样的话，那长功夫是快得很的，一练功夫就上去了。在密宗里也有种说法，说你这个人穷，如果你修不到转命运的程度——穷转富，你想得大成就那是不可能的。你们首先得转命，但是转变命运就必须要以修持心性为根本、为主体。

命运转变 心性为本

学生：转命运的这种说法只是一个现象吧？

人命运的转变不是一种说法，而是自我意识净化的结果，是自己主动进行修身养性的修炼结果，这种说法不是指的某种现象，每个人只要是能够达到这种智慧功夫的境界，那么转命运是一种必然的结果。

从人的生理基础来说，如果一个人身体好，肾气足，五行之气的运化和谐，那么这样的人才会有福气、有财气；如果一个人肾气不足、发虚，还没开始做事就会出现腰痛、腿疼的现象，也没有意志力支持自己去创事业，那还有谁能给你带来身心的健康和财富呢？从意识修养的根本上来说，“积善之家，必有余庆；积不善之家，必有余殃”，你想命享“余庆”之福，连亲友、后代子孙都覆及到这个福，那你就得向善全性，否则你就会有遭殃的可能，而且周围的人际交往也会矛盾重重。这不是个现象，而是从遵循人的身心整体性同事物自然的运化发展规律下手的，是本质性的东西。

学生：转意识，像我们很难转的，干脆就闭关吧。

其实，闭关并不是一件容易的事，非常人可为。即使是在闭关之后，你还得到社会上去转意识，还得净化自我，必须到社会上去经历磨砺。因为只有在人与人交往的过程当中，才能检验出来你的意识活动究竟转没转，心性是否清净。

学生：有一个好办法，拉下脸去要饭，要个半年饭，意识就能转。

如果执著要饭，那意识也转不了。其实你只要在社会生活的过程当中，与周围的人和事自然地进行磨合就行了。在磨合的过程中，慢慢地把那些过去、现在和未来心磨掉，把那些分别、执著和妄想心都磨掉，人的命运一定会转，人也会证得觉悟智慧。

再说了，你一挺大个子的人去要饭，人家会认为你想不劳而获，莫不如力所能及地去作为。对于修身养性来说事无大小，如果在平常事中你都做不好、行得不称法，那么还有哪些事是你能够做的呢？日常生活中的每件事，没有哪一件事不是在磨砺你的啊。只要你有警觉点，那身边随便一件事你都能觉察到自己的心动没动，有没有执著、妄想和分别心的存在。

提高警觉 当下放下

学生：老师，这个警觉点是警觉什么呀？

警觉点就是警觉自己的起心动念。看看自己的起心动念符不符合人与事物的和谐度。警觉点是人在做任何事时自然呈现出来的警惕性，警惕性的目的就是警惕自己的起心动念的内容与过程。我一做这事，就会产生那种全自动的反省状态，遇事就能出现这样的警惕性的状态，就是警觉点。

人修身养性的意识是从点滴上做起的，是平常当中慢慢做出来的。人家说你一句，你心里面不舒服，这时就要看你有没有警觉到，“哎呀！我这个不舒服又出来了”，要这样去反省。“哎！他为什么能做好，我为什么做不好呢”等等，这样的内心活动需要自己去注意、去观察。像这样慢慢体验，自然就有很多东西学会了。

关键是你们不喜欢细观察，如果人能够观察得越来越细致，那就自然会呈现智慧，也就自然会做得很好。人需要舍得放下那些障碍自己的观念，放下能使自己感觉到痛苦的那些观念，而且是需要行在当下放下。不该想的事，不该牵挂的事，就不要牵挂、不要想。想一下没关系，没问题，但是要知道，不要让所想的问题障碍自己的时间太长，长了就变成牵挂了，就损耗了自己的生命能量。如果有某一个问题，使你的情绪活动或思虑出现了纠缠不清的现象，而且想它的时间很长，无法解决，告诉你，那就是你证得了“坐牢”的境界。坐什么牢？就坐这个“想事”的牢。因为这样的想法已经占住了你整个的心灵，而且还挥之不去，这就是困在思虑的困惑之中。如果你喜欢思虑各种事，那就说明你喜欢坐思虑的牢房。

刚才所说的那种情形，就是人处在典型的不自由状态，就是人自己的观念把自己的自由给圈住了。什么样的情形才叫自由？就是高高兴兴地处理各种事物。能处理好就处理完毕，如果处理不了，那么就放下，这就是自由自在的一种智慧境界。那什么样的状态才不是坐牢呢？只有在任何事物发生发展的过程中，能够做到当下放下，当出现了这样不执著分别、不执著妄想的境界时，那就是觉悟智慧呈现的结果，是自己于当下获得了真正自由的智慧境界，那才不是坐牢的状态，也不是地狱的状态。

人需要自自然然地活着，需要高高兴兴地应对各种事物。当然，应对各种事物并不是让你去手舞足蹈，不是。和谐地应对事物就是一种愉悦，自足而充盈，很安祥①的愉悦。这是个很重要的标志。

点滴入手 平常中磨

所以我讲的这些内容，希望大家能够在平时的生活当中去做，要放得下平常生活过程当中的任何事，把自己存在的各种不切实际的想法及各种感官的要求与欲望，都要能放下来。你能放得下，那你就没有妄想的欲望了，没有欲望就没有矛盾。即使是有任何的矛，却没有任何的盾与之相对，这样矛与盾之间就没有对抗的条件了；即使是自己有了任何的盾，那也会没有矛来攻击你，这样盾也就不起作用了，是不是这样？

打个比方，你觉得别人工资拿得高，自己的心里产生了不平衡，这样就开始起矛盾了，就不舒服了。如果你明白这些道理，认为人家拿得再高那是他的事，是他那个命运自然运化的结果；而你自己的工资拿不高，也同样是你命运运化的结果。如果能够认识到这些现象都是自己命运自然运化的结果，哪还会有什么不平衡的心态产生呢？这样一来，就只是踏踏实实地做事，自己也就不会去操那些冤枉心了。“哎呀！伊拉克的战争没完没了”，这也需要你操心吗？你能为这事起到什么实际作用？你脑子里面总是不清净，命怎么能

① 安祥：形容恬静而又安然祥和的心境。

转呢?

如果你自己总是把平时需要应对的事做好，没事的时候不要去妄想、分别，那结果就一定是和谐的。改变意识的过程就是这样的，从古至今也都是这样的修正内容和修养过程，没有新的方法，我能够讲的内容都讲出来了。

再比如，我们有些人写意识修养日记就是这样的心理：我今天不想写日记了，明天再写；到了明天还是不想写，后天写吧；后天有事，那再后天写；或是我写一次可以管两天，两天以后又有事，那就再过两天写一篇吧。拖来拖去，半个月过去了。哎呀，那就半个月写一篇吧，最后就一个月写一篇。后来干脆就不写了，心想这太麻烦了，不想再做修养意识的功夫了，就这样放弃了改变命运的机缘。

大家以为修身养性是修别人吗?是修正自己！是让自己走出自我观念的牢笼，跑出自我概念的地狱。人世俗的思想观念就是牢笼，困惑与磨难即是地狱。什么“他对我好”、“他对我不好”等等，如果每天就讨论这些东西，那不就是把自己的身心圈在了牢笼之中吗?如像我们这位熊大姐一样，她好像比较喜欢“坐牢”式的痛苦生活模式。无论是谁，只要说她两句话，她就会跟你生气。像这样去应对生活中的琐事，根本就不符合修养自我意识的要求。

大家可以从她平时的身心行为活动来看，她的思想意识修养根本就没有任何提高。如果自己的思想言行不能发生改变，那又有什么用呢?难道她不知道在与别人交往时，需要做到“不生气、不固执、不狭隘、不僵化”的道理?人只有在觉悟智慧的状态中，才是自觉的智慧境界，才是自性自度的自由人生。这些都是她以前学过的道理，她也不是没听清，而是听过多遍的。关键是人在学了这些道理之后，能不能主动去改变自己固有的思维模式和参照标准。如果自己不能产生积极主动的愿望，去改变自己的身心健康。那肯定是不可能改变自己愚昧无知的那一面的。

人需要学会主动去改变自己的命运。鉴别人命运是否获得了改变，其实质就在于改变自我狭隘的利益心态和思维参照模式，即自私自利的人生观。人要想改变这种偏执性的人生观，就在于提高自我修养水平，即主动去净化自己的思想意识，还要提高对生命运化规律的认识，对生命科学理论知识的认识，而不能随自我的主观想象去追名逐利、贪求物欲。如果人住在这样的妄念之中，那就会引发很多矛盾、困惑和磨难。所以人像这样活在虚妄不实的情形下，肯定是不会获得健康快乐和幸福自由的。如果人执意追求那样的生活方式，我可以明确地告诉持这种观点的人，那是永远都不可能实现的。人要想真正地改变自己的命运，就应该首先把自己的身心健康搞好，把自己的智慧境界提高，把自己与周围的环境和谐好，这才是硬道理。

假真真假莫当真

就说有位同学吧，他送过我一套衣服。那天我穿了另外一套衣服，我故意说这个衣服就是他送的。他看了看说这衣服不是他送的，还强调真的不是他送的。我说是他送的。结果他很认真，非要表达出自己的观点，他对我说："哎呀！你这个家伙怎么搞的，这衣服不是我送的。"呵呵，平常人的思维惯性总是在分辨真假，但也总是以假为真，以真为假。一个人如果没有大智慧，根本就不知道什么是真、什么是假。其实，真也是假，假也即真。

我不是写了个"真假歌"吗？是这样写的：人们啊！为什么总是把假来当真、真来做假，其实是真真假假，假假真真；真不是假来，假不是真，真真假假才是真；真亦假来假亦真，真真假假都不是真；真是假来假是真，一切假真真假莫当真。

学生：老师，你常说我是夹生货，那是什么意思啊？

在我们这里过去有句俗话说"生苕甜，熟苕粉，就是把那个夹生苕没得整”，苕是什么意思呢？就是地瓜。生地瓜甜，熟地瓜粉，把那种夹生地瓜就没得整。夹生地瓜不好吃，滋味是又不脆、又不香、又不甜、又不粉。

学生：粉是什么意思？

就是吃在口里，很绵的。你说你夹不夹生？你是经常犯这种夹生病，当然现在已经改了不少，希望你能全部改完。

学生：我以为“苕”是傻的谐音。“苕”在我们那儿就是傻的意思。

你看你这个分别心就重了吧。你非要分别干什么，差不多就行了。搞得那么精确，那就是个“彪”。

学生：彪是个子大、没头脑，感觉就是这样的。

还是夹生地瓜的意思。在平时，像这样的话不要精确，你精确又有什么意思啊，对吧！打个比方，别人说你错了，你说你没错，他非要说你错了，那好，那就随缘了，不要再争论。你纠正不了别人，又何必非要去纠正呢？如果你非要说他错了，即使是你说对了，那也是你错了，知道吗？就跟那位同学一定要强调那衣服不是他送的道理一样。

实事求是的本质内涵

什么是实事求是呢？于任何事不执著、不分别、不妄想，那样一来，人、事、物之间的关系就会自然地融洽起来，这便符合了实事求是的本质内涵，因此从形式上看就一定是实事求是。如果人进入到执著、分辨、妄想的境界中，那便导致了人思维意识的主观世界与客体存在关系的分裂，这样也就不能达成实事求是的智慧境界了。

人们脑子中的所谓实事求是的概念，都只是从人、事、物存在的形式上去认识或定义的，属于外求法衍生出来的东西。如果你持这样的观点去看待人生、应对人事物之间的关系，那就会产生与此观点相同的结果：你不是祸害他人，就是祸害自己。比如，本来我是想帮助你的，我帮助你的想法是实事求是的想法，但是你又不愿意接收，而我自己又执著于这种所谓“帮助”的念头，那就祸害了自己。怎么说是祸害了自己呢？大家应该开动一下脑筋想想这个问题，去悟。

像这样的事情在我们的平时生活中还少吗？所以说，是既浪费了自己的时间和精力，又浪费了别人的时间和精力，弄不好还会因此起矛盾，对吧？你如果执意要讲实事求是，但又没有形成整体辩证的思维模式系统，那怎么可能做到真正的实事求是？

实事求是，也是需要符合相对的、辩证的和整体的原则的。如果这个道理搞不明白，你们还会继续犯病。实事求是是唯物辩证法里面的一个具体内容，是一种对事物存在的自然认识。所以希望大家一定要学会用运动变化发展的观点去看待世界、看待自己、看待人生。

净化意识是人生必修课

学生：就是说和自己生命运动不相干的事，对也行，错也行，要这样看；和你生命运动有关系的，比如说修身养性、修正意识的问题，都一定要认真对待。

对了，净化意识是社会中每个人的人生都需要进行的必修课和经历的过程。

学生：就对这一个事认真——修正意识！别人骂你，你也别生气，就非得这样做。

哎，对！但修正意识它不只是这一个方面的事，而是涉及生活中的方方面面以及需要应对的各种事物。

学生：吐你一脸吐沫，不动心，你要有这个本事。

如果能够在当下做到“不动心”那修养心性的本事就大了。

学生：到现在我还只是会说，却不会做。

首先要会说，要明理，然后去践行。

学生：我最大的错误是什么？我自己犯了错误，总是想掩盖，这是我犯的最大错误。

是啊，这就是你经常犯的错误，也是不觉悟的人共同所犯的错误。由于人常住在偏执性之中，所以才会出现随时都想掩盖自己错误的现象。大家就都处在这样的境界中，一直到现在还是这样的，呵呵，这就是不按照实事求是办事的案例嘛。你错了，但你还是啥也不修正。你如果是想尽听好话，那就会被糖衣炮弹淹没了。

学生：这是被宠坏了。

是啊，知道自己是被宠坏了就好，行在当下放下就完事了。这些都是需要修正的内容。糖衣炮弹，这是买卖人之间交往惯用的技巧。但是，只要你能把思维模式和参照标准转过来就行了，把自身的各种习气给破了才行。你应该是非常有魄力的人，是一个能够改变自己的人。